Л. В. Грызлова
доцент, кандидат биологических наук
ФГБОУ ВПО «Мордовский государственный педагогический институт
имени М. Е. Евсевьева», Россия, г. Саранск

ОСОБЕННОСТИ ОСТЕОГЕНЕЗА ПОД ВЛИЯНИЕМ СОЛЕЙ ТЯЖЕЛЫХ МЕТАЛЛОВ

В настоящее время одной из ведущих проблем является изучение антропогенного воздействия солей тяжелых металлов на состояние здоровья человека и животных. Среди таких соединений одно из первых мест занимают соли свинца.

Известно, что свинец относится к ядам политропного действия. В механизме действия свинца важная роль отводится энзимопатическому эффекту. Все соединения свинца воздействуют на живые организмы сходным образом, разница силы токсического воздействия обусловлена неодинаковой растворимостью различных свинецсодержащих соединений в биологических жидкостях.

Свинец способен кумулироваться в организме человека, где он может находится в двух видах. Большая часть металла (90-95 % у взрослых) депонируется в костной ткани и представляет собой стабильную фракцию. Около 70 % свинца, находящегося в скелете человека, приходится на трубчатые кости. Наличием депо в костной ткани объясняется, что повышенное содержание свинца в крови человека может наблюдаться долгое время спустя (месяцы и годы) после прекращения контакта со свинецсодержащими веществами. Соответственно, по уровню свинца в костной ткани можно судить о его длительном суммарном воздействии на организм [4, 56].

Существуют математические модели обмена свинца в организме человека, но все они имеют ряд недостатков [2, 46]. Одной из естественных биологических моделей для изучения повреждающего воздействия экзогенных химических веществ может служить система мать-новорожденный, тем более что воздействие металлов на фетоплацентарную систему рассматривается многими авторами как одна из причин нарушения состояния здоровья детей на ранних этапах онтогенеза [1, 83; 3, 45]. Тем не менее, до настоящего времени недостаточно изучены последствия, вызываемые в организме потомства свинцовой интоксикацией. В связи с этим возникла необходимость изучения действия свинцовой интоксикации материнского организма на развитие костной ткани потомства, поскольку этой ткани принадлежит важнейшая роль в поддержании гомеостаза организма и обеспечении его адаптации к условиям внешней среды.

В ходе эксперимента нами получены данные, подтверждающие

способность свинца проходить через плацентарный барьер. Проницаемость плацентарного барьера не является постоянной величиной в течение беременности. Установлено, что при однократной затравке самок белых крыс ацетатом свинца в дозировке по свинцу 50 мг/кг, на разных стадиях беременности наибольшее количество свинца проходит плацентарный барьер в период начала плацентации (4 день беременности). Это приводит к развитию плацентарной недостаточности, наиболее интенсивно проявляющейся в лабиринтной зоне плаценты, и сопровождается различными дегенеративными изменениями: приближением кровеносных сосудов лабиринта к краю трофобластической балки и истончением цито- и синтитиотрофобласта; вакуолизацией и просветлением цитоплазматического матрикса; образованием полостей в цитоплазме компонентов трофобласта. В результате происходит накопление этого металла в эмбрионах. Согласно полученным данным, содержание свинца в эмбрионах опытной группы, превысило содержание в контрольной в 3 раза.

Для изучения процессов оссификации зачатков конечностей исследовали эмбрионы на 16-20 сутки от начала беременности крыс. По данным литературы, на этой стадии окостенение конечностей столь хорошо выражено, что возникающие отклонения в этом процессе могут быть легко замечены, а степень задержки может быть сравнима с предшествующими стадиями [5, 29].

При анализе результатов измерения средних величин участков окостенения в закладках трубчатых костей конечностей у эмбрионов на 20 сутки развития при свинцовой интоксикации материнских особей, обращает на себя внимание ростоугнетающий эффект. Измерение участков и ядер окостенения показало, что их размеры в диафизах конечностей у плодов в опыте была меньше, чем в контроле. Следовательно, свинец нарушает процессы, предшествующие началу оссификации хрящевых зачатков длинных трубчатых костей конечностей. Это нашло свое подтверждение в исследованиях участков окостенения у новорожденных первого дня жизни. Средние величины участков окостенения у этих плодов снижены по сравнению с контрольными. Дальнейшие исследования показали, что нарушение процессов внутриутробной оссификации ведет к существенным изменениям процессов роста и формообразования костей скелета в раннем постнатальном онтогенезе. Этому свидетельствуют микроскопические изучения, и измерения эпифизарной пластинки длинных трубчатых костей. У крысят контрольной группы, начиная с 20-суточного возраста, толщина эпифизарной пластинки уменьшилась от 235,09 мкм до 106,09 мкм (p<0,05), а у крысят от матерей, принимающих свинцовую добавку уменьшение толщины наблюдалось уже в возрасте 10 суток (p<0,05). Причем, уменьшение толщины эпифизарной пластинки произошло за счет уменьшения толщины всех зон:

индиферентного покоящего хряща, пролифирирующего и дефинитивного хрящей. То есть, свинцовая интоксикация вызвала нарушение физиологической возрастной закономерности.

Морфометрические исследования показали, что у опытных крысят, позже, чем у крысят контрольной группы (начиная с 20- суточного возраста), достоверно уменьшается длина трабекул первичной кости (спонгиозы) диафиза. Кроме того, у животных опытной группы под влиянием свинцовой интоксикации снижается количество остеобластов спонгиозы и пролифирирующих клеток в зоне пролифирации.

Следует отметить, что все результаты, полученные при исследовании материала экспериментальной группы животных, не имеют полной достоверности. Достоверными данными являются лишь измерения в локтевой, бедренной и большеберцовой костях. Очевидно, обмен веществ в каждой изучаемой кости различен по времени, а возможно и по специфичности.

Таким образом, возникающие в результате свинцовой интоксикации морфофункциональные изменения гемато-плацентарного барьера приводят к нарушению процессов внутриутробной оссификации скелета и к отставанию развития костной ткани в раннем онтогенезе. При этом наиболее чувствительными и максимально ранимыми структурами являются трубчатые кости, а в них эпифизарный хрящ и периостальная зона диафиза.

Литература

1. Атчабаров, Б. А. Некоторые механизмы токсического действия свинца / Б. А. Атчабаров, М. Н. Тихонов // Актуальные вопросы промышленной токсикологии. – Алма-Ата, 1989. – С. 83-89.

2. Безель, В. С. Моделирование обмена свинца в организме человека / В. С. Безель, О. Г. Архипова, Н. А. Павловская // Гигиена и санитария. – 1984. – № 4. – С. 46-48.

3. Зайцева, Н. В. Свинец в системе мать-новорожденный как индикатор опасности химической нагрузки в регионах экологического неблагополучия / Н. В. Зайцева, Т. С. Уланова, Я. С. Морозова, Г. Н. Сеутина, Л. В. Плахова // Гигиена и санитария. – 2002. – № 4. – С. 45-46.

4. Измеров, Н. Ф. Свинец и здоровье. Гигиенический и медико-биологический мониторинг / Н. Ф. Измеров. – М. : Наука, 2000. – 256 с.

5. Корбакова, А. И. Свинец и его действия на организм (обзор литературы) / А. И. Корбакова, Н. С. Сорокина, Н. Н. Молодкина, А. Е. Ермоленко, К. А. Веселовская // Медицина труда и промышленная экология. – 2001. – № 5. – С. 29-34.

Андреева А.С., Присный А.В.

аспирант, Белгородский государственный национальный
исследовательский университет;
доктор биологических наук, доцент, Белгородский государственный
национальный исследовательский университет
E-mail: prisniy@bsu.edu.ru

ФАУНА И ПИЩЕВАЯ СПЕЦИАЛИЗАЦИЯ ЛИСТОЕДОВ ПОДСЕМЕЙСТВА CHRYSOMELINAE (COLEOPTERA, CHRYSOMELIDAE) БЕЛГОРОДСКОЙ ОБЛАСТИ

Подсемейство Хризомелины (Chrysomelinae Latreille, 1802) – одно из крупнейших в семействе листоедов (Chrysomelidae) на территории европейской части России. Индекс фауны данного региона рассчитан А.О. Беньковским и выглядит так: Halticinae – Chrysomelinae – Cryptocephalinae. Этот индекс сходен с таковым для Европйской части бывшего СССР в целом и других регионов Восточной Европы. Такое соотношение подсемейств справедливо для регионов с наиболее благоприятными для жизни листоедов условиями – лесостепной и степной зон [1].

В.М. Бровдий [2] на территории Украины обнаружил 102 вида листоедов подсем. Chrysomelinae, относящихся к 19 родам. Наиболее богаты видами роды Chrysolina (40), Oreina (Chrysochloa) (11), Chrysomela (7), Gonioctena (7), другие роды представлены лишь 1-5 видами каждый. Подавляющее большинство (около 60%) хризомелин заселяет гигрофитные луговые биотопы: пойменные, околоводные и болотистые. Меньшее количество их обитает в мезофитных (25%) или ксерофитных (15% фауны) биотопах. По питанию среди хризомелин можно выделить полифагов (42), олигофагов (54) и монофагов (6 видов). В поймах рек Северский Донец и Оскол в пределах Харьковской области отмечено 38 видов данного подсемейства [3].

И.К. Лопатин и О.Л. Нестерова [4] для фауны Беларуси приводят 57 видов хризомелин, относящихся к 16 родам.

В фауне Вологодской области подсемейство Chrysomelinae наиболее богато видами, их количество составляет 38 [5]. В списке видов листоедов (Chrysomelidae) для регионов России, составленном А.О. Беньковским и М.Я. Орловой-Беньковской [6], для Воронежской области указанно 24 вида из семи родов, для Курской – 7 видов из двух родов.

В монографии А.В. Присного [7] содержится фаунистический список листоедов района южного макросклона Среднерусской возвышенности, включающего большую часть Белгородской области и смежные территории Курской, Воронежской, Луганской и Харьковской областей. Здесь перечислено 29 видов подсемейства Chrysomelinae. Перечень видов обнаруженных на территории области, приведенный в справочном издании

«Научные коллекционные фонды «Музея зоологии» при кафедре зоологии и экологии Белгородского государственного университета» [8], включает 31 вид из 9-ти родов.

Пищевые связи листоедов, в силу их высокой хозяйственной значимости, изучены сравнительно полно и обобщены А.О. Беньковским [9; 10]. Однако региональные особенности состава их кормовых растений рассматривались редко.

Таким образом, состав фауны листоедов в целом и хризомелин в частности на территории Белгородской области требует лишь уточнения, а их связи с кормовыми растениями в полном объеме здесь ранее не изучались.

Материал и методы

Собранный и смонтированный материал, поставленный в коллекцию кафедры биоценологии и экологической генетики Белгородского государственного национального исследовательского университета, насчитывает 284 экземпляра. Около 70% его представляют выборку из общих учетных кошений стандартным энтомологическим сачком более чем в 120 пунктах. Остальная часть – специальные сборы на кормовых растениях. Сборщики – А.В. Присный и А.С. Андреева. Период сборов – 1987–2013 гг.

Идентификация видов производилась по определителям жуков-листоедов А.О. Беньковского [9; 10].

Результаты исследования

Ревизия коллекционных фондов и дополнительно проведенные исследования, а также проверка материала М.Е. Сергеевым (ДНУ, г. Донецк) и А.О. Беньковским (ИПЭЭ, г. Москва), за что авторы выражают им свою глубокую признательность, позволяют более точно охарактеризовать современную фауну хризомелин Белгородской области. По полученным данным она представлена 29 видами, отнесёнными к 12-ти родам. Подтверждено наличие 24 видов, приводимых нами в предшествующих публикациях. Ниже представлен фаунистический список указанного подсемейства с распределением видов по трофическим группам и указанием их кормовых растений в пунктах учетов. При этом мы не исключаем, что личинки отдельных особей или видов листоедов выкармливались на одних видах растений, а собранные имаго получали дополнительное питание на других видах.

Большинство видов подсемейства Chrysomelinae, обнаруженных в регионе, являются олигофагами. К олигофагам в данной статье мы относим виды, питающиеся на растениях одного семейства, даже если кормовой спектр ограничивается только видами одного рода. К полифагам отнесены виды, питающиеся на растениях двух и более семейств, а к монофагам – на одном виде растений. Такое распределение имеет предварительный характер, поскольку оно основывается на результатах лишь пятилетних целенаправленных наблюдений.

Полифаги.

Chrysolina sanguinolenta (Linnaeus, 1758). Известно питание на видах рода Льнянка – *Linaria,* (семейство норичниковые – Scrophulariaceae), и Подорожник – *Plantago* (семейство подорожниковые – Plantaginaceae) [10]. В районе исследований кормовые растения не установлены.

Chrysolina haemoptera (Linnaeus, 1758).). Известно питание на видах родов Подмаренник – *Galium* (семейство Мареновые – Rubiaceae), Льнянка – *Linaria* (семейство норичниковые – Scrophulariaceae), Подорожник – *Plantago* (семейство подорожниковые – Plantaginaceae) [10]. В районе исследований кормовые растения не установлены.

Chrysolina limbata russiella Bienkowski & Orlova-Bienkowskaja, 2011. Питается на растениях семейств: Gramineae, Rosaceae, Plantaginaceae, Compositae, Labiatae, Caryophyllaceae [10]. В районе исследований кормовые растения не установлены.

Chrysolina sturmi (Westhoff, 1882) = *violacea* Müll. Известно питание на видах рода Подмаренник – *Galium* (семейство Мареновые – Rubiaceae), будре плющевидной – *Glechoma hederacea* (семейство Labiatae), бодяках – *Cirsium* spp. (семейство Compositae), льнянках – *Linaria* (семейство Scrophulariaceae) [10].

Chrysolina staphylaea staphylaea (Linnaeus, 1758). Известно питание на подорожниках – *Plantago* spp. (семейство Plantaginaceae) и растениях семейств Labiatae и Ranunculaceae [10]. В районе исследований кормовые растения не установлены.

Chrysolina cerealis (Linnaeus, 1767). Известно питание на растениях семейств: Gramineae, Compositae, Labiatae, Leguminosae, Euphorbiaceae [10]. В районе исслелдований обнаруживался только на полынях *Arthemisia* spp.

Chrysolina graminis graminis (Linnaeus, 1758). На растениях семейств Compositae, Labiatae

Entomoscelis adonidis (Pallas, 1771) На территории области отмечен на адонисе весеннем – *Adonis vernalis* (сесмейство Ranunculaceae), и на горчице белой – *Sinapis alba* (семейство Cruciferae).

Phratora vulgatissima (Linnaeus, 1758). Известно питание на видах родов Ива – *Salix* и Тополь – *Populus,* семейства Salicaceae, на берёзах – Betula, семейства Betulaceae [10]. В районе исследований кормовые растения не установлены.

Олигофаги.

Семейство Мареновые – Rubiaceae.

Timarcha goettingensis (Linnaeus, 1758) =*coriaria* Laich. На подмаренниках северном – *Galium boreale* и настоящем *G. verum*, ясменнике розовом – *Asperula cynanchica*.

Семейство Пасленовые – Solanaceae.

Leptinotarsa decemlineata (Say, 1824) На картофеле – *Solanum tuberosum*, паслёне сладко-горьком – *S. dulcamara*, паслёне черном – *S. nigrum*, томате – *S. lycopersicum*, табаке – *Nicotiána tabacium*, баклажане – *S. melongena*, белене – *Hyoscyamus niger*. Основной, экономически значимый, вредитель культурных пасленовых.

Семейство Сложноцветные – Compositae.

Chrysolina marginata marginata (Linnaeus, 1758) На территории области зарегистрирован на полынях – *Artemisia* spp.

Семейство Губоцветные – Labiatae

Chrysolina polita polita (Linnaeus, 1758). На видах родов Мята – *Mentha* и Шалфей – *Salvia*.

Chrysolina herbacea (Duftschmid, 1825). =*menthastri* Sffr. На яснотке крапчатой – *Lamium maculatum*, черноголовке крупноцветковой – *Prunella grandiflora*, белокудреннике черном – *Ballota nigra*.

Семейство Зверобойные – Hypericaceae.

Chrysolina hyperici (Forster, 1771). На видах рода Зверобой – *Hypericum* spp.

Chrysolina varians (Schaller, 1783). Нами подтверждено питание на зверобоях продырявленном – *Hypericum perforatum* и пятнистом – *H. vaculatum*.

Семейство Гречишные – Polygonaceae

Gastrophysa polygoni (Linnaeus, 1758). В регионе зарегистрирован на горце птичьем – *Polygonum aviculare*, горце почечуйном – *Polygonum persicaria*, щавельке – *Rumex acetosella*, щавеле конском – *R. confertus* и гречихе съедобной – *Fagopyrum esculentum*. Последней незначительно вредит.

Gastrophysa viridula (DeGeer, 1775). Нами отмечен на видах рода Щавель – *Rumex*.

Семейство Ивовые – Salicaceae

Gonioctena viminalis viminalis (Linnaeus, 1758). На ивах – *Salix*, и тополях – *Populus*. Незначительно вредит зеленым насаждениям.

Plagiodera versicolora (Laicharting, 1781). В регионе подтверждено питание на видах рода Ива – *Salix*.

Chrysomela vigintipunctata (Scopoli, 1763). Нами отмечен на видах родов Ива – *Salix* и Тополь – *Populus*. В отдельные годы сильно повреждает иву ломкую – *S. fragilis*, иву белую – *S. alba*, а также в питомниках виды рода Тополь – *P. nigra* и *P. tremula*.

Chrysomela populi Linnaeus, 1758. Отмечен на тополях – *Populus*, преимущественно на молодых и порослевых побегах. Незначительно вредит в культурных насаждениях.

Chrysomela saliceti saliceti Suffrian, 1849. На видах рода Тополь – *Populus*. Чаще – на осине – *Populus tremula*. Незначительно вредит в культурных насаждениях.

Семейство Крестоцветные – Cruciferae.

Phaedon cochleariae cochleariae (Fabricius, 1792). На территории области зарегистрирован на сердечнике недотроге – *Cardamine impatiens*.

Colaphus sophiae (Schaller, 1783). Нами отмечен на сердечнике недотроге – *Cardamine impatiens* и пастушьей сумке – *Capsella bursa-pastoris*.

Семейство Лютиковые – Ranunculaceae.

Hydrothassa marginella (Linnaeus, 1758). Нами зарегистрирован на лютике едком – *Ranunculus acris* и калужнице болотной – *Caltha palustris*.

Монофаги.

Chrysolina carnifex (Fabricius, 1792). Подтверждено питание на *Artemisia campestris*.

Chrysolina besseri (Krynicki, 1832). На полыни равнинной – *Artemisia campestris*.

Chrysolina fastuosa (Scopoli, 1763) По нашим данным, – только на яснотке белой (глухая крапива) – *Lámium album* (семейство Labiatae).

Распределение семейств растений как кормовых для листоедов хризомелин представлено в таблице.

Таблица

Кормовые растения листоедов хризомклин на территории Белгородской области

Объем семейств растений в Белгородской области		Имаго хризомелин-потребители, число видов	
семейство	число видов *	монофаги + олигофаги + полифаги	хозяйственно значимые
Злаки – Gramineae	133	0 + 0 + 2	0
Ивовые – Salicaceae	26	0 + 5 + 1	4
Березовые – Betulaceae	6	0 + 0 + 1	0
Гречишные – Polygonaceae	26	0 + 2 + 0	1
Лютиковые – Ranunculaceae	41	0 + 1 + 2	0
Крестоцветные – Cruciferae	86	0 + 2 + 1	3
Зверобойные – Hypericaceae	5	0 + 2 + 0	0
Розоцветные – Rosaceae	56	0 + 0 + 1	0
Бобовые – Leguminosae	75	0 + 0 + 1	0
Молочайные – Euphorbiaceae	9	0 + 0 + 1	0
Губоцветные – Labiatae	72	0 + 2 + 6	0

Пасленовые – Solanaceae	10	0 + 1 + 0	1
Норичниковые – Scrophulariaceae	58	0 + 0 + 2	0
Подорожниковые – Plantaginaceae	7	0 + 0 + 4	0
Сложноцветные – Compositae	170	1 + 2 + 4	0
Мареновые – Rubiaceae	30	0 + 1 + 2	0
Крапивные – Urticaceae	2	0 + 0 + 1	0
Гвоздичные – Caryophyllaceae	59	0 + 0 + 1	0

* – по: [11].

Подавляющее большинство хризомелин питаются на растениях крупнейших семейств области. Наибольшее число видов специализируются на растениях Семейств Сложноцветные, Губоцветные и Ивовые. При этом на Губоцветных питается наибольшее число видов хризомелин – 8 (75% которых являются полифагами), все они – представители одного рода – *Chrysolina*, Motschulsky 1860. Все представители рода *Chrysomela* Linnaeus, 1758 – олигофаги семейства Ивовые. Также на растениях этого семейства питаются виды родов *Gonioctena*, Motschulsky 1860, *Phratora*, Chevrolat 1837, *Plagiodera*, Chevrolat 1837, каждый из которых представлен одним видом. Здесь надо отметить, что все четыре рода приурочены к древесным породам, преимущественно ивовым, в отличие от остальных восьми родов использующих в пищу травянистые растения.

Растениями самого крупного семейства растений на территории Белгородской области – Compositae питается 24% видов изучаемого подсемейства. Все эти виды относятся к роду *Chrysolina*, Motschulsky 1860. Единственный монофаг из хризомелин, обитающих на территории Белгородский области – *Chrysolina carnifex*, – также питается на растении семейства сложноцветные – *Artemisia campestris*.

На растениях семейства Plantaginaceae кормится 14% видов подсемейства Chrysomelinae, все эти виды являются полифагами и относятся к одному роду – *Chrysolina*, Motschulsky 1860. С крестоцветными связанны виды двух родов: *Phaedon* Dahl 1823 и *Colaphus*, Dahl 1823, каждый из которых представлен на территории области одним специализированным видом. Оба представители рода *Gastrophysa*, Chevrolat 1837 являются олигофагами и питаются на растениях семейства Polygonaceae. На растениях остальных семейств питаются по 1-3 вида хризомелин.

Также можно проследить кормовую специализацию на подродовом уровне: виды из подрода Chrysolina (Chalcoidea) питаются на полынях, из подрода Chrysolina (Stichoptera) – на льнянке, Chrysolina (Hypericia) – на зверобое.

Хозяйственное значение.

Из 29 видов хризомелин фауны области к хозяйственно значимым можно отнести только 5.

Самый значимый вредитель культурных растений в регионе, единственный представитель рода *Leptinotarsa* Chevrolat 1837 в регионе, адвентивный вид – колорадский картофельный жук. Впервые на территории области он был зарегистрирован в 1966 году в одном из её западных районов (Ракитянском), а через четыре года заселённая им площадь во всех 18 районах области (на то время) составила почти 11 тыс. га [12]. Против него ежегодно проводятся защитные мероприятия с использованием химических инсектицидов [13].

Культурным крестоцветным незначительно и локально могут вредить следующие виды: *C. sophiae, Ph. cochleariae cochleariae, Entomoscelis adonidis.*

К вредителям древесных пород, в частности, видов семейства ивовые, могут быть отнесены *Chrysomela saliceti s*aliceti, *Ch. populi, Ch. vigintipunctata, Plagiodera versicolora.* В 2011 году была отмечена вспышка численности двадцатиточечного листоеда – *Ch. vigintipunctata,* который уничтожил до 90% ассимилирующей поверхности листьев разных видов ив в западных районах области.

Щавелевый листоед – *Gastrophysa viridula* локально вредит щавелю, но не относится к экономически значимым.

Заключение.

Большая часть хризомелин связана со следующими семействами растений: Сложноцветные, Губоцветные и Ивовые. Для большинства видов, представленных в фауне региона, подтверждены ранее известные пищевые предпочтения.

Как наиболее значимый вредитель сельскохозяйственных культур отмечен колорадский картофельный жук – *L. decemlineata.* Древесно-кустарниковым растениям периодически вредит листоед двадцатиточечный – *Ch. vigintipunctata.* Остальные виды как вредители культурных растений малозначимы.

Литература

1. Беньковский А.О. Жуки-листоеды (Coleoptera, Chrysomelidae) Европейской части России / Монография по материалам докторской диссертации http://ashipunov.info/shipunov/school/books/benkovskij2011_listoedy_evrop_ross.pdf

2. Бровдий В.М. Видовой состав и экологические особенности листоедов подсемейства Chrysomelinae (Coleoptera, Chrysomelidae) фауны

Украины // Материалы седьмого съезда всесоюзного энтомологического общества. Ч. 1. – Л., 1974. – С. 13-14

3. Левчинская Г.Н., Прокопенко А.А. К эколого-фаунистической характеристике листоедов (Coleoptera: Chrysomelidae) пойм рек Северского Донца и Оскола в пределах Харьковской области. // Вестник Харьковского ун-та. – 1980. – № 195. – С. 73–75.

4. Лопатин И.К., Нестерова О.Л. Насекомые Беларуси: Листоеды (Coleoptera, Chrysomelidae). – Минск: УП «Техноппринт», 2005. – 294 с.

5. Уханова Е.А. Фауна семейства Листоеды (Coleoptera, Chrysomelidae) Вологодской области // Актуальные проблемы биологии и экологии: материалы докладов тринадцатой молодёжной научной конференции Института биологии Коми НЦ УрОРАН (Сыктывкар, Рес-ка Коми, Россия, 3-7 апреля 2006 г.). – 2007. – С. 254-256.

6. Беньковский А.О., Орлова-Беньковская М.Я. Списки видов листоедов (Chrysomelidae) для регионов России. – http://www.zin.ru/ animalia/ coleoptera/rus/regtaxbo. htm. – 2012.

7. Присный А. В. Экстразональные группировки в фауне наземных насекомых юга Среднерусской возвышенности. – Белгород: Белгородский гос. ун-т, 2003. – 296 с.

8. Присный А.В., Воробьёва О.В. Научные коллекционные фонды «Музея зоологии» при кафедре зоологии и экологии Белгородского госуниверситета. Вып. 1. Насекомые – Ectognata. Жесткокрылые – Coleoptera. – Белгород: ИПЦ «ПОЛИТЕРРА», 2005. – 64 с.

9. Беньковский А.О.. Определитель жуков-листоедов (Coleoptera Chrysomelidae) Европейской части России и европейских стран ближнего зарубежья. – М., 1999. – 204 с.

10. Benkowski A.O. Leaf-beetles (Coleoptera: Chrysomelidae) of the Eastern Europe. New key to subfamilies, genera and species. – Moscow: Mikrin-print, 2004. – 278 p.

11. Колчанов А.Ф. Растительность (зональная и ландшафтная характеристики) // Природные ресурсы и окружающая среда Белгородской области / Под ред. С.В. Лукина. – Белгород, 2007. – С. 284-289.

12. Присный А. В. Оценка комплекса напочвенных хищных жуков как энтомофагов колорадского жука на примере юга центрально-чернозёмного района РСФСР. Автореф. дисс. ... канд. биол. н. – Л., 1984. – 23 с.

13. Рекомендации по применению средств биологического происхождения в системе защиты плодово-ягодных, овощных культур и картофеля от вредителей и возбудителей болезней / Под научн. ред. Борисова Б.А. – Рамонь, 1999. – 45 с.

Федорова О.И., Карлина А.А.

Федорова О.И., д. б.н., доцент кафедры зоологии и физиологии
Алтайского государственного университета ,oifedorova50@mail.ru
Карлина А.А., студентка 6 курса вечернего отделения
биологического факультета АЛтГУ, k.a.a.1389@mail.ru

ОКОЛОГОДОВЫЕ РИТМЫ АГРЕССИВНОГО ПОВЕДЕНИЯ ЮНОШЕЙ И ДЕВУШЕК В Г. БАРНАУЛЕ

Введение. Агрессивность детей и подростков является одной из наиболее острых проблем современности. Установлены социальные, психологические, биологические факторы агрессивного поведения [1, 2]. Вместе с тем, психическое состояние и поведение здорового человека подвержено влиянию природных геогелиофизических циклов [3, 56; 4, 27]. Экономическая, социальная и демографическая ситуация может порождать региональные особенности периодичности поведенческих реакций в популяции. [5, 200]. Реакция организма на природные факторы зависят от текущего психофизиологического состояния человека, от пола и возраста [6, 11]. **Цель** настоящего исследования: изучение окологологодовой динамики агрессивного поведения лиц юношеского возраста в   г. Барнауле.

Материалы и методы. Динамика агрессивного поведения оценивалась по данным посуточных значений количества насильственных преступлений (НП), совершенных в г. Барнауле лицами в возрасте от 15 до 17 лет обоего пола за период с 2000 по 2007 г.

Таблица 1

Характер преступлений, учтенных при анализе

Номер статьи УК РФ	Содержание статьи
Насильственные преступления (НП) (агрессивные акты)	
105	Убийство
111	Умышленное причинение тяжкого вреда здоровью
112	Умышленное причинение средней тяжести вреда здоровью
115	Умышленное причинение легкого вреда здоровью
116	Побои
119	Угроза убийством или причинением тяжкого вреда здоровью
131	Изнасилование
132	Насильственные действия сексуального характера
Ненасильственные, корыстные преступления (КП)	
158	Кража
159	Мошенничество
161	Грабеж
167	Умышленные уничтожение или повреждение имущества
166	Неправомерное завладение автомобилем

В таб. 1. даны характеристики насильственных преступлений (НП) согласно статьям Уголовного кодекса РФ. Контрольную группу составили лица, совершившие ненасильственные (корыстные) преступления (КП) (таб.1). Данные представлены МВД г. Барнаула. Всего за эпоху исследования девушками было совершено 77 агрессивных актов и 669 ненасильственных действий, а юношами – 578 насильственных и 7721 ненасильственных преступлений. Использованы данные о посуточных значениях Ар-индекса магнитного поля Земли с сайта NOAA: www.swpc.noaa.gov). Применялся кросспектральный анализ, позволяющий определить взаимовлияние колебательных процессов в сравниваемых временных рядах и их когерентность по показателям коэффициентов детерминации, значимыми из которых являлись коэффициенты, превышающие 0.44, что соответствует значению коэффициентов корреляции, превышающих 0.66).

Результаты. На рис. 1 видны отчетливые окологодовые изменения частоты преступлений, что особенно выражено при увеличении объемов выборок. В исследованиях, проведенных нами ранее, установлено присутствие в исследуемых рядах колебательной составляющей с периодом в 1 год [7, 313].

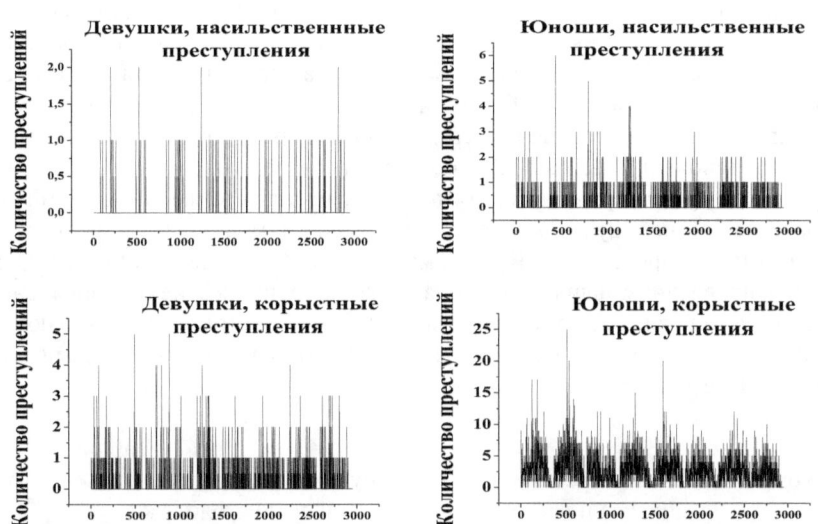

Рис. 1. Динамика количества преступлений, совершенных юношами и девушками. По шкале абсцисс – сутки за период с 2000 по 2007 г.

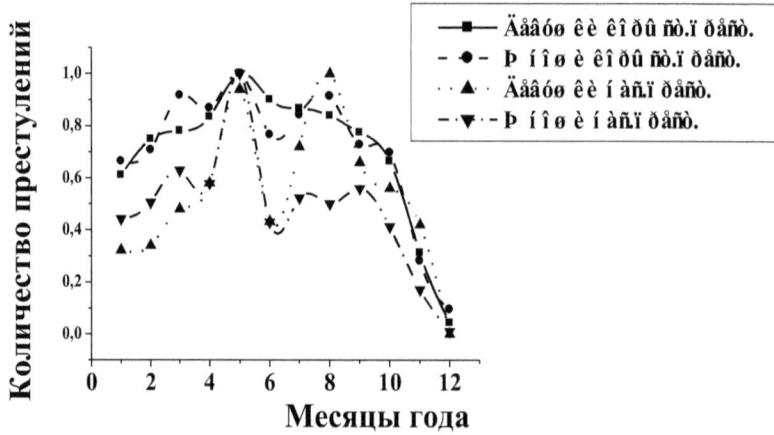

Рис. 2. Окологодовая динамика частоты преступлений в исследуемых группах (нормированные и сглаженные методом скользящего среднего ряды)

На рис. 2 представлены данные о частоте преступлений в окологодовой динамике за период 200-2007 г. по усредненным за каждый месяц данным. Динамика частоты насильственных и ненасильственных преступлений имеет общие и различные черты: 1) максимум насильственных преступлений среди девушек приходится на май и август, а среди юношей – на май; 2) максимальная частота ненасильственных преступлений, совершенных девушками отмечается в мае, а юношами – в марте-мае (рис. 2).; 3) совпадение максимумов насильственных и корыстных преступлений в мае может свидетельствовать об однонаправленном влиянии сезона года на психические и социальные процессы. Кризисные социально-экономические обстоятельства влияют на психологию масс, что создает неблагоприятный фон для повышения уровня агрессии в обществе год [8].

Таблица 2

Коэффициенты когерентности между внутригодовыми колебаниями Ар-индекса и частоты преступлений среди молодежи

Период (мес.)	Группа			
	Девушки, НП	Юноши НП	Девушки КП	Юноши КП
6,00000	**0,770323**	**0,669573**	**0,618041**	**0,893604**
4,00000	**0,600150**	0,396362	0,440933	**0,614201**
3,00000	**0,541717**	0,392615	0,444478	0,122807
2,40000	0,194202	0,327351	0,333435	0,079208
2,00000	0,043882	0,054084	0,027383	0,206499

Во временных рядах частоты насильственных преступлений среди девушек присутствуют внутригодовые колебания, синхронные с колебаниями Ар-индекса с периодами 6, 4 и 3 мес. Связь частоты преступлений, совершенных юношами, с внутригодовой цикличностью Ар-индекса наиболее выражена на частоте с периодом 0.5 года.

Заключение. Частота агрессивных актов и корыстных преступлений, совершенных юношами и девушками в г. Барнауле, обладает окологодовой ритмичностью. Максимум насильственных преступлений среди девушек приходится на май и август, а среди юношей – на май; наибольшая частота ненасильственных преступлений, совершенных девушками отмечается в мае, а юношами – в марте-мае. Во временных рядах частоты преступлений среди девушек присутствуют внутригодовые циклы, синхронные с колебаниями Ар-индекса с периодами 6, 4 и 3 мес., то есть они более чувствительны к цикличности геомагнитного поля. Колебания частоты насильственных преступлений, совершенных юношами, синхронны с полугодовыми циклами Ар-индекса геомагнитного поля.

Список литературы

1. Налчаджян А.А. Агрессивность человека. – СПб.: Питер, 2007. – 734 с.
2. Берковиц Л. Агрессия: причины, последствия и контроль. М.: Прайм - Еврознак, 2002. – 510 с.
3.Поскотинова Л.В. Индивидуальные особенности связей динамики вегетативных регуляторнх процессов с гелиометеофакторами / Биология, химия, 2007. – Т.20. – №1 – С.47 – 57.
4.Поскотинова Л.В. Вегетативная регуляция ритма сердца и эндокринный статус подростков и молодых лиц в условиях Европейского Севера России/.Автореферат дисс. на соиск. уч. ст. д. б.н.– Архангельск – 2009. – 36 с.
5.Авдонина Е.Н., Самовичев Е.Г. Некоторые гелиофизические характеристики серий особо опасных преступлений // Биофизика, 1995. – Т.40. №5. – С.198 – 200.
6.Серпов В.Ю. Особенности динамики суицидов под влиянием космофизических факторов // Экология человека, 2006. – №6. – С.9 – 11.
7. Федорова О.И., Михайлова Д.В., Корогод Ю.А. Влияние солнечной активности на агрессивное поведение лиц подросткового и юношеского возраста в условиях г. Барнаула/ Материалы Всероссийской научно-практической конференции «Психологическое здоровье человека: жизненный ресурс и жизненный потенциал». - Красноярск, 23-24 ноября 2012 г. – 2012. – С. 307-313 / http://www.medpsy.ru/library/library138.php
8. Назаретян А.П. Политическая психология: предмет, концептуальные основания, задачи //Общественные науки и современность. – 1998, №1. – С.153 – 162 с.

Aleksandr Vladimirovich Slashchev, Aleksandr Germanovich Redkin
The Student of the Altai State University

THE ACTUALITY OF TEACHING LINGUISTICS IN THE SPHERE OF TRAVELING AND SERVICE

The development of contemporary studies in the field of tourism is multidimensional. The study in the sphere of traveling and service includes a large number of applied sciences, from humanities and to statistical analysis and economics.

Notwithstanding the fact that these sciences, which are connected with general linguistics, cultural linguistics and intercultural communication, are not given a high emphasis, the necessity of learning these disciplines in this field grows daily.

Nowadays there are almost no serious obstacles and barriers for international tourists. Currently, the Russian Federation occupies not the first place in the rating of the incoming tourism among the countries whose attitude is amicable for international tourists. But the number of tourists grows annually, increasing the number of incoming tourists and, consequently, so does the need for communication with all these people. So, the worker in the field of tourism should not only be able to speak foreign languages, but obtain the basic knowledge of the cultural peculiarities and differences of the tourist's native country as well.

Foreign tourists go to the places which are attractive for them, and the Russian Federation is in a high priority for them as a little-investigated territory. Still, a relatively comfortable environment is necessary for international tourists, both psychological and physical, in that case intercultural communication plays a significant role.

The object of cognitive linguistics is human cognition – the correlation of perceptual structures, conception and producing the information verbally. [2, 30] The main cultural cell of the mental world of any human is the concept.[6, 43] It is impossible to see the so called tangible medium of the concept, it exists only mentally. Thus, what we can see is only one of its expressions in a particular language. The concept is abstracted from the lingual differences, the word interpreted from one language to another can denote the concept to only a small extent.

For instance, a resident of Barnaul decided to invite an American. Leading him to a multi-storey apartment house, he exclaimed: "This is my house!" The foreign guest was strongly astonished and puzzled. The point is that in the English language (especially in American English) the word "house" denotes a little bit different reality than the Russian word "дом". Besides, the difference of the English words "house" and "home" is not always clear for a person who learns the English language, but an English word-combination "my house" denotes the belonging of the whole house to the speaker, the house where they live.

Consequently, a conceptual worldview can differ, making obstacles for an intercultural communication. Thus, even if an international tourist speaks the flawless Russian language, the comprehension can be distorted, and sometimes we can lose the meaning of what has been said.

Of course, concepts "house" and "дом" exist in a mutual space, where they are located, but they barely cover each other, and have common cognitive space, forming the sphere of concepts of different nations.

All this has a place because the spheres of concepts in different cultures can be strictly different. The field structures of the concepts determine their meaning, and there are almost no identical field structures. The more the field structure of the concept differs, the more it differs from the similar concept in another language. Moreover, every person has their own sphere of concepts, sometimes it is restricted by the number of denotations that hinders intercultural communication as well.

Moreover, there are lacunae. Lacunae are the concepts which exist in one language, but do not exist in another one. [3, 216] If the majority or all of the elements of the sphere of concepts do not coincide in different languages, this concept can be named as lacuna.

Our goal is to minimize the cases of misunderstanding from the point of sociocultural concepts. Still, wrong decoding of the sphere of concepts of the interlocutor, in our case the other-culture-bearer, can cause a conflict. For example, an attempt of the simplification of the comparison with some artifact will be inappropriate ('like in Brooklyn'), or generalization and stereotyping ('I know you, all of you do in such a manner'). A general advice in such a case is a preliminary analysis of the general foreground concepts of the specimen of a foreign culture (for example, the necessity of private space, independence, family, traditions, etc.), and the most possible delicate discussion of the conflictual concepts of different countries (the "nationality" concept in Russia and the USA). Certainly, the most difficult is the consideration of an individual component of the sphere of concept of specimen of a different culture. However, exactly this component allows to instinctively find the theme for a conversation and find the common ground.

Accordingly, we come to a conclusion, that learning the elements of cognitive linguistics, cultural linguistics and intercultural communication is necessary during the study in the sphere of traveling and service in the current context. This does not mean that students should learn only theory of linguistics and cognitive science, but this means an appliance of their elements in different disciplines. For example, during the study of a foreign language to place more emphasis to a cultural aspect.

The intercultural communication can be important as well, where theory could be supplemented by practice, creative tasks, round-table discussions, having meetings with foreigners and people who study the cultures of other countries. All this together can help the students to acquire a wealth of experience and prepare them for a work with international tourists.

References

1. Тер-Минасова С.Г. Язык и межкультурная коммуникация. — М.: Слово, 2000 — 624 с.

2. Kegel G., Zur Operationalisierung des Menschen: Die psycholinguistische Sicht der kognitiven Wissenschaften // G. Kegel ed. Sprechwissenschaft & Psycholinguistik: Beiträge aus Forschung und Praxis. – Opladen: Westdeutscher Verlag, 1986. 9-38.

3. Гак В.Г. Сравнительная типология французского и русского языков. - Л.: Просвещение. Ленингр. отд-ние, 1977. - 300 с.

4. Маслова В.А. Когнитивная лингвистика — М. ТетраСистемс, 2008. — 266 с.

6. Соболь, И.Б. Геокультурное пространство как основа развития туристской специализации региона [Текст] : монография / Соболь Инесса Борисовна, Редькин Александр Германович. - Барнаул : Изд-во АКИПКРО, 2012. - 144 с.

6. Степанов Ю.С. Основы общего языкознания. - М., 1975.

7. Зинченко, В.Г., Зусман В.Г. Межкультурная коммуникация Учебное пособие / В.Г. Зинченко, В.Г. Зусман (в электронной библиотеке: http://www.gumer.info/bibliotek_Buks/Linguist/m_komm/index.php)

8. А.В.Соколов. Общая теория социальной коммуникации (В электронной библиотеке: http://sbiblio.com/BIBLIO/archive/sokolov_social_communication/7.aspx)

Коломиец В.Л.
кандидат геолого-минералогических наук, kolom@gin.bscnet.ru
Геологический институт СО РАН, г. Улан-Удэ
Бурятский государственный университет, г. Улан-Удэ

ОСОБЕННОСТИ ФОРМИРОВАНИЯ ПЕСЧАНЫХ ТЕРРАС ПАРАМСКОЙ ВПАДИНЫ (БАЙКАЛЬСКАЯ СИБИРЬ)

Парамская впадина находится в пределах Муйской рифтовой долины и расположена у подножья южного склона Северо-Муйского хребта (Байкальская Сибирь). С юга низкогорной грядовой перемычкой она отделена от Муйско-Куандинской депрессии. Днище Парамской впадины разделяется на три участка: два из них – западный и восточный – опущены, плоские, заболоченные, а третий, центральный – увалистый и сложен значительными по мощности песчаными разновозрастными отложениями. По гранулометрическому составу осадки разделяются на две толщи – крупнозернистые, слагающие высокие (VII-V) террасовые уровни, и мелкозернистые, принадлежащие низким (III-II) надпойменным террасам [1,169].

Отложения высоких уровней представлены субгоризонтально-, наклонно- и волнисто-слоистыми ритмичными средне-мелкозернистыми песками (x=0,1-0,3 мм) с редкими включениями (1-2%) мелкого гравия и примесями (15-20 %) алевритово-глинистого матрикса. Имеют в основном хорошую, реже умеренную сортировку, коэффициент которой σ (стандартное отклонение) равен 0,09-0,26. Модальность распределения сдвинута в сторону крупных частиц – коэффициент асимметрии $S_k<0$, а коэффициент асимметрии α положителен в пределах первых единиц (табл. 1). Параметры эксцесса τ, в свою очередь, тоже больше нуля, иногда резко возрастают. Коэффициенту вариации ν свойствен сравнительно небольшой диапазон значений – от 0,4 до 0,8, соответствующий величине разброса средних показателей усиления динамики водотоков в области совмещения озерных и речных фациальных обстановок седиментации. Следовательно, такой комплекс статистических показателей подтверждает аквальный генезис песков высоких террасовых уровней и позволяет утверждать, что накопление их могло происходить в режиме стационарного проточного озерного водоема со слабым волнением и придонными течениями.

Поступающий в бассейн материал привносился блуждающими естественными потоками равнинного типа (Fr <0,1) с площадью водосбора >100 км^2 в благоприятных и очень благоприятных условиях состояния ложа и свободного движения воды (n=35-42) (табл. 2). Поверхностные скорости течения палеорек не превышали 0,5 м/с, уклоны водного зеркала составляли 0,5-2,5 м/км. Максимальные глубины в меженный период колебались от 0,3-0,5 до 1,5-1,8 м, ширина русел в фазу предельного наполнения водой до выхода на пойму варьировала от 7 до 40 метров. По числу Лохтина (Λ=1,5-2,5) такие водотоки приближались к конечному водоему, что и обусловило дробление русел в придельтовых условиях на ряд рукавов-проток. φ-критерий равновесия русел определяет их незначительную подвижность (<100 единиц) с замедленным характером протекания русловых перемещений.

Таблица. 1

Средние значения статистических параметров отложений террасовых уровней Парамской впадины

Террасы	Средний размер x, мм	Коэффициент сортировки σ мм	Коэффициент асимметрии S_k	Эксцесс τ	Коэффициент вариации ν
$a^2Q_3^2$	0,15	0,14	>0; <0	>>0	0,85
$a^3Q_3^1$	0,13	0,11	>0; <0	>>0	0,74
$al^5Q_2^{1+2}$	0,17	0,08	<0	>0	0,45
$al^6Q_1^2-Q_2^1$	0,20	0,12	<0	>0	0,64
$al^7E_2-Q_1^1$	0,23	0,15	<0	>0	0,63

Таблица 2.

Средние значения палеопотамологических характеристик отложений террасовых уровней Парамской впадины

Террасы	Срывающая скорость $v_{ср}$,	Скорость отложения	Скорость потока v, м/с	Глубина H, м	Ширина B, м	Уклон I, м/км	Критерий Ляпина β	Коэффициент шероховатости п	Число Лохтина Λ	Число Фруда Fr
$a^2Q_3^2$	0,27	0,17	0,30	1,12	20,9	0,2	0,17	38,0	1,7	0,03
$a^3Q_3^1$	0,24	0,15	0,31	0,90	12,0	0,2	0,14	43,2	1,7	0,03
$al^5Q_2^{1+2}$	0,26	0,18	0,34	0,83	6,5	0,3	0,16	42,3	1,8	0,04
$al^6Q_1^2-Q_2^1$	0,29	0,18	0,39	0,80	10,2	0,35	0,20	37,1	1,8	0,04
$al^7E_2-Q_1^1$	0,30	0,18	0,41	0,80	12,1	0,5	0,23	35,1	1,9	0,06

Следовательно, субгоризонтально-слоистые алевриты и пески из высоких террасовых уровней формировались в береговых и прибрежных фациальных обстановках неглубоких проточных озерных водоемов, а наклонно-, волнисто-слоистые средне-мелкозернистые и мелко-среднезернистые пески русловых и пойменных фаций –

однонаправленными слабодинамичными речными потоками с замедленными скоростями течения ввиду подпора воды.

Отложения низких террас являют собой наклонные, субгоризонтальные, субгоризонтально-волнистые тонкослоистые алевриты, алевритово-тонкозернистые, а также тонко-мелкозернистые пески (x=0,07-0,25 мм) абсолютной и хорошей (σ=0,03-0,18) сортировки. Мода в распределениях смещена как в сторону крупных, так и мелких частиц (примерно в равных количествах). Эксцесс резко положителен ($\tau \gg$ 0), значения коэффициента вариации варьируют от 0,65 до 1,34 (реже – комплексная лимно-аллювиальная, чаще – аллювиальная среда седиментации).

Подобная трансформация главных гранулометрических признаков осадков свидетельствует о появлении своеобразных условий аккумуляции и путей доставки отложений, непохожих на обстановки накопления терригенного материала высоких террас. Главной отличительной особенностью новой ситуации явилась устойчивая динамика привноса материала за весь промежуток образования наносов, сравнительно спокойное протекание тектонических событий и низкая мобильная активность поступательных водных потоков с субламинарным и переходным типами осаждения при довольно малых скоростях перемещения вещества.

Палеореки Парамского водосбора на этот период характеризуются следующими показателями: поверхностные скорости течения 0,3-0,4 м/с, уклоны профиля 0,1-1,5 м/км, меженные глубины 0,3-1,5 м, ширина русел 10-50 м. По гидродинамическим параметрам они имели слабоподвижные ($\varphi < 100$) русла равнинного типа (Fr<0,1) с площадью водосбора >100 км^2 в естественных, весьма благоприятных условиях состояния ложа со свободным течением воды (n>40) и могли передвигать осадки по предельному диаметру транзитных фракций от алевритов и пелитов до средне-мелкозернистых песков. В фациальном плане отложения низких террас соответствуют пойменным, старичным и прибрежным фациальным группам.

Исследования поддержаны грантом РФФИ-Сибирь №12-05-98071.

Библиография

1. Коломиец В.Л. Седиментогенез и палеогеография неоплейстоценовых отложений аквального генезиса Парамской впадины (Северное Прибайкалье) // Геология, тектоника и металлогения Северо-Азиатского кратона. Материалы Всероссийской научной конференции. 27-30 сентября 2011 г. – Якутск: Издательско-полиграфический комплекс СВФУ, 2011. – Т. I. – С. 169-171.

Зайцева Л.А.
аспирантка Красноярской государственной академии музыки и театра
Красноярский колледж искусств им. П.И. Иванова-Радкевича,
преподаватель
gofman484@mail.ru

ЗВУКОВОЙ АККОМПАНЕМЕНТ ФРАНЦУЗСКОГО ДВОРА (ИЗ ИСТОРИИ ПРАВЛЕНИЯ ЛЮДОВИКА XIV)

Один из самых блистательных и ярких периодов в истории Франции – это время правления короля Людовика XIV, которое длилось в течение 72 лет (1643-1715). На протяжении всей своей жизни король неустанно проявлял внимание ко всему происходящему в его стране, к любому явлению. Подобное стремление охватить все своим могущественным взглядом проявлялось и в сфере искусства, вплоть до личного участия в процессе создания очередного произведения во славу короля.

Целые армии художников, архитекторов, музыкантов, певцов, исполнителей, все лучшие деятели искусства сосредотачиваются в Версале, «их фанфары и симфонии – это чудесный звуковой аккомпанемент двора» [2, 417]. Постоянные выезды королевской свиты, церемониалы и торжественные приемы, концерты в парке Версальского дворца и камерные музицирования в королевских покоях, игры и театрализованные представления – все это требовало постоянного музыкального сопровождения, четко продуманной системы организации многочисленных форм дворцовых церемоний и праздников. Не случайно Людовик XIV поддерживает и создает целую систему новых *институтов,* благодаря которым искусство в период его правления достигает невиданных ранее высот. Так появились Академии музыки, архитектуры, балета, гобеленов и т.д.[1]

Основными музыкальными институтами этого периода были *Chapelle-Musique, Musique de la Chambre du Roi* и *Musique de la Grande Ecurie*[2]:

---

[1] Академия танцев (1661), Королевская мануфактура «Гобелены» (1662), Академия художеств, Академия надписей и словесности (1663), Академия Франции в Риме (1666) и др.

[2] Данная информация получена из важнейшего источника – «Les États de la France» - «Книги королевских штатов», содержащие списки служащих короля, королевы, членов королевской семьи, их обязанности, условия найма и работы, оплаты и пенсий, права и привилегии. Первая из известных книг напечатана в 1644 году, последняя – в 1789. Небольшие тома (от 1 до 6 на указанный год), содержащие сотни имен и должностей, в числе которых значатся и музыканты, книги штатов выпускались не ежегодно; сохранились они отчасти в нескольких экземплярах, отчасти – в единичных [4].

Maison du Roi de France – Королевский дом		
Chapelle-Musique– Музыка церковной Капеллы	Musique de la Chambre du Roi – Музыка королевских апартаментов, или Камерная	Musique de la Grande Ecurie – Музыка Большой конюшни

Приведем в пример некоторые цитаты современников Людовика, которые описывали обычное время препровождения короля в своих покоях: «*Вчера, в субботу 24 августа, на одиннадцатый день болезни, Его Величество, ужиная прилюдно в спальне <…> после короткого утреннего сна, король обрел достаточно сил и бодрости, чтобы разрешить придворным присутствовать на обеде. Сегодня праздник св. Людовика, день тезоименитства Его Величества, и поутру барабанщики пришли приветствовать его. Кровать стояла в глубине комнаты, и, чтобы лучше слышать, он вышел на балкон, прося барабанщиков подойти ближе. Двадцать четыре скрипки вместе с [Большими] гобоями играли в соседнем зале Бычий Глаз во время обеда, и король повелел шире открыть двери, чтобы были лучше слышны. Малый ансамбль, славно игравший обычно у мадам де Ментенон и иногда в королевских апартаментах, приготовился войти к нему к семи часам*» [1, 1].

Король всегда озабочен музыкой и в своей церкви, ибо именно это – один из главных элементов королевской литургии на протяжении столетий. Приводимые ниже цитаты дают возможность понять, насколько важна была для короля музыкальная составляющая литургии: «Король вошел в новую церковь, которую тщательно изучил снизу доверху. Он велел спеть мотет, чтобы увидеть, какой *эффект* производит в этой церкви *музыка*» [3, с. 182]. Делаланд, органист и композитор при дворе, писал: «Его величество приходил проверять несколько раз на дню и заставлял вносить поправки до тех пор, пока не остался доволен» [3, 186].

Интересно, что Людовик «не дозволял принять певца в капеллу, не прослушав его самолично, причем несколько раз» [3, 183]. Как писали в своих мемуарах современники, «он мудро судил, что существует огромная необходимость прослушать голос несколько раз перед тем, как принять решение запустить его на службу в капелле» [3, 183]. Прослушав трижды кандидата, он высказывал свое решение. Участие Людовика XIV не прошло и мимо оперных спектаклей. Например, в предисловии к опере «Амадис» Люлли писал: «…к удовольствию, которое я чувствую, предлагая Вашему Величеству оперу, для которой вы соблаговолили выбрать сюжет» [3, 156]. Благодаря королю были выбраны сюжеты для таких опер Люлли как «Неистовый Ролланд», «Армида».

Действительно, участие короля в сфере искусства было

неотъемлемой составляющей его политики: быть всегда в центре внимания и оставлять свой след в создании очередного шедевра являлось обязательным правилом. В свое время Людовик получил и достойное музыкальное образование[3], так же известно его постоянное участие в балетах. В балете «Празднество Вакха» (1652) король исполняет шесть (!) ролей: пьяный жулик со шпагой, прорицатель, вакханка, Ледяной человек, Титан, Муза; в «Балете Ночи» - шесть ролей (1653), в балете «Свадьба Пелея и Фетиды» - четыре роли (1654). Можно удивляться тому, какое разнообразие образов и ролей исполнял Людовик: Игра, Страсть, Ярость, Фурия, Огонь, Развратник, гений танца, Безумный дух, Воздыхатель, Ненависть, Демон, Мавр, Смех, Восходящее Солнце, Рыцарь старого закала, Весна… Создано невероятное количество росписей и портретов, произведений разных художников, скульпторов и многих других, которые пытались в очередной раз воссоздать образ «любимого» короля, но не без его участия. Все, что было создано – во имя короля: «нельзя внимать Расину и Люлли, читать Боссюэ или любоваться Лебреном, чтобы на филиграни не проступил образ Короля-Солнца» [3, 7].

Литература

1. Березин В. Трубачи и скрипачи Большой конюшни в архивах и документах французского двора. – рукопись. – Москва, 2009. – 6 с.

2. Блюш Фр. Людовик XIV. – М., 1998. – 809 с.

3. Боссан Ф. Людовик XIV, король-артист. – М., 2002. – 272 с.

4. Les États de la France (1644-1789). La Musique. // Recherches sur la musique francaise classique, XXX. – Paris, Picard, 2003.

---

[3] Обучение игре на инструментах спинете, лютне и гитаре.

Матвийцева Е.В.,
аспирантка Красноярской государственной
академии музыки и театра
Научный руководитель: Найко Н.М.,
кандидат искусствоведения, доцент

НОВАЯ ЖИЗНЬ ГАЯТРИ-МАНТРЫ В ЕВРОПЕ

Стремление европейцев к преодолению дисбаланса в разных сферах жизни, поиск альтернатив духовно выхолощенной массовой культуре послужили импульсом для обращения жителей западных стран к традиционным культурам Востока. И это привело к новым творческим результатам. Одним из феноменов музыкальной жизни последних десятилетий XX века стало распространение в Европе аудиозаписей исполнения мантр духовными учителями востока – прежде всего, Индии и Тибета (таких как Саи Баба, Бабаджи, Бхагван Раджниш/Ошо), – с инструментальной аранжировкой. Кроме того, многие широко известные артисты (Кришна Дас/Джеффри Кагель, Снатам Каур – США, Хейн Браат – Нидерланды, дуэт "Rasa" – США-Германия, Дэва Премал – Германия) включают в свой концертный репертуар и в издаваемые большими тиражами CD-альбомы композиции, основанные на пении классических индийских мантр под аккомпанемент.

Одной из самых древних, священных и сильных является Гаятри-мантра. Как говорил Шри Сатья Саи Баба, принадлежащий к числу авторитетных духовных учителей современной Индии, она предназначена для всех людей, независимо от их вероисповедания и места жительства [4, 22]. Её транскрипция с санскрита на русский язык выглядит так: Ом бхур бхувах сваха / тат савитур вареньям / бхарго девасья дхиимахи / дхийо йо нах прачодаят [3]. Приведем вариант перевода мантры на русский язык: «Лучезарное сияние Солнца созерцаем! Да дарует Оно нам истинное понимание!». К концу XX столетия Гаятри-мантра получила широкую известность в западной Европе, её аранжировки стали самобытным явлением, репрезентирующим жанровую сферу популярной медитативной музыки. Они и стали предметом рассмотрения в предлагаемой статье.

Один из традиционных образцов звучания Гаятри-мантры представлен в пении Саи Бабы. Амбитус напева составляет большую терцию (приблизительно g-h в малой октаве). Опорные тоны лада – a и h (переменная опора). Точное отображение ритма при помощи традиционной европейской нотации практически невозможно. Каждая строка мантры отделяется небольшой цезурой. Более крупными длительностями подчеркиваются ударения, некоторые же слоги произносятся очень ровно, даже несколько монотонно.

Аранжировка напева мантры, существующего в аудиозаписи, – явление, характерное уже для европейской культуры, своеобразная «адаптация» специально для европейского слушателя. В Интернете можно найти несколько вариантов аранжировок записи Гаятри-мантры в исполнении Саи Бабы. Остановимся на двух из них. Первая обработка довольна проста. Напев делится на четыре фразы в соответствии с цезурами словесного текста. Каждая строка масштабно расширяется за счет её повторения в динамически приглушенном звучании, словно голосу певца отвечает эхо или находящийся в отдалении хор. К вокальной партии добавлены протянутые тоны бансури (индийской бамбуковой флейты), обыгрывающие восходящее минорное трезвучие от a^1. Кроме того, последняя фраза сопровождается позвякиванием колокольчиков. В другой аранжировке Гаятри-мантры в исполнении Саи-Бабы масштабы еще более увеличены – повторяются не только строки, но и вся мантра целиком. В качестве основы взят уже обработанный вариант. К вокальной партии в разное время подключаются голоса певчих птиц, цикад, звуки плещущихся волн, грома, ветра, журчащей воды, крики чаек, краткие мотивы флейты, гобоя, переборы щипкового инструмента, близкого гитаре, звон колоколов и позвякивание маленьких колокольчиков.

Аранжировки направлены на создание художественного образа и эстетического впечатления от прослушивания музыки, обращены к синестезийности восприятия. При общей малособытийности развития, повторности материала, на первое место выходит красочность звучания, даже картинность. Важнейшими средствами выразительности оказываются многоплановая фактура, своеобразные тембровые краски «с налетом» экзотики и, собственно, ладовый колорит. Для традиционного исполнения мантр такая обработка оказывается достаточно органичной.

Помимо тиражирования записей с голосами духовных учителей Индии и Тибета, существует целый класс певцов, специализирующихся на концертном исполнении мантр, и записи альбомов мантр в современной обработке. Гаятри-мантра, по-разному аранжированная, открывает и завершает альбом «The Essence» («Сущность») европейской певицы Дэвы Премал. Первая композиция звучит около 10 минут. Мантра повторяется 29 раз, мелодия (за исключением первого проведения мантры) остается неизменной, главным средством развития является фактурное обновление. Форма, в целом, напоминает вариации на сопрано-остинато, при этом отметим постепенное наращивание количества голосов с различными функциями, а затем – возвращение к исходному варианту в заключительном разделе. Благодаря фактурной организации, в композиции выделяются три раздела – начальный, (выполняющий функцию вступления и экспонирования), центральный (с функцией развития) и заключительный. Они включают в себя, соответственно, 5, 22 и 2 проведения мантры. Таким образом, возникает форма второго плана, основанная на принципе обрамления.

В целом, колорит звучания несколько экзотичен для европейского слушателя, несмотря на отсутствие «скользящих» интонаций, вызывающих ассоциации с восточной музыкой. Погружению в атмосферу таинственности и благоговения способствует аккомпанемент – длящиеся «педали» струнных и электронный звук, воссоздающий веяние ветра. Наряду с традиционными «эстрадными» инструментами (гитара, тарелки, синтезатор), применяются и этнические – гилабада, кханджира, бансури, колокольчики.

Нерегулярная акцентировка текста определяет метрическую переменность, сильная доля все время «ускользает». Подобное «свободное дыхание», создаваемое смещением сильных долей, не вполне характерно для западноевропейской музыки, где в большинстве случаев господствует квадратность и четкая структурированность. Вместе с тем, гармоническая система: созвучия, образуемые по вертикали (трезвучия, секстаккорды), окончание композиции в ля-миноре с обыгрыванием тоники – все это типично для жанра эстрадной песни и соответствует канонам европейской музыки.

Концертное исполнение мантры, по сути, представляет собой признак новой жанровой сферы, синтезирующей восточную практику чтения мантр, западные традиции эстрадного исполнительства и стилистические элементы индийской и европейской музыки. Новые условия бытования, в которые помещена мантра, позволяют говорить о коренном переосмыслении жанра, поскольку изменено его предназначение. Идея духовного очищения, как это следует из высказываний певицы [2], остается актуальной, но, разумеется, что присутствие на концерте несопоставимо с личным «духовным деланием», и артисты способны просто привлечь внимание к красоте внешней формы религиозной практики индуизма или буддизма.

Вместе с тем, принцип остинатности, действующий на разных уровнях и согласующийся с практикой джапы, способствует отключению внимания слушателей от внешних факторов и достижению особой его концентрации на словах мантры. Художественный эффект остановившегося времени, достигаемый за счет вышеперечисленных факторов, состояние завороженности, наслаждение красотой и гармоничностью звучания, в целом, соответствуют предназначению популярной медитативной музыки – отрешению от мирской суеты, выходы за пределы собственного ума и тела навстречу созерцанию высшей реальности.

Литература:

1. Воронина Ю. Путь через мантру. // http://www.magicwish.ru/publ/5-1-0-143
2. Дэва Премал. Официальный сайт. // http://www.devapremal.ru/
3. Загорулько Б. А. Гаятри и Саи Гаятри Мантры. Херсон, 1997 // http://scriptures.ru/g_sg.htm
4. Лонген И. Мантры. Звуки, дающие силу. СПб., 2006.

Степанская Т.М.

доктор искусствоведения, профессор, член Союза художников России, зав. кафедрой истории отечественного и зарубежного искусства Алтайского государственного университета, г. Барнаул, e-mail: stm@art.asu.ru

НАЦИОНАЛЬНОЕ НАСЛЕДИЕ – ИСТОЧНИК СВОЕОБРАЗИЯ И ДУХОВНОСТИ СОВРЕМЕННОЙ РОССИЙСКОЙ КУЛЬТУРЫ

Россия - страна регионов:подлинным лицом ее культурыявляется не столько столичная, сколько культура провинции, менее модернизированная и более национальная.Академик Д.С. Лихачев углубляет это мнение, неоднократно отмечаяв свое время, что именно провинция держала уровень не только численности населения, но и уровень культуры России, подчеркивая при этом: столичные города собирали все лучшее, объединяли, способствовали процветанию культуры, но «гениев рождала именно провинция». В изобразительном искусстве много имен подтверждающих эту мысль. Мы обратимся к феномену первого профессионального художника на Алтае Г.И. Гуркину (1870-1937). Его творчество – плод взаимодействия столичной и региональной национальной культуры с ее этническими истоками. При изучении наследия Г.И. Гуркина обнаруживается непосредственная связь слова как универсальногосредства выразительности и живописи.

Словом можно выразить чувства, описать видимый мир, выразить свое отношение к нему, т.е. заявить свою мировоззренческую позицию.

Авторское мировоззрение предстает важнейшей скрытой или выпукло выраженной гранью художественной деятельности. Без изучения авторской мировоззренческой концепции зачастую невозможно понять особенности художественного языка, авторскую идею, запечатленную в произведениях. Важной составляющей мировоззрения первого профессионального живописца на Алтае Г.И. Гуркина как художника является поклонение природе, глубокое переживание ее красоты и любви к ней, ее символизация. Для Г.И. Гуркина символическим образом Алтая предстает кедр. Художник искренно, восторженно и лирично писал, обращаясь к Алтаю: «Ты, как могучий зеленый кедр, который растет вдали от многолюдных сёл и городов, тебе не по душе суета и толкотня людская. Какими красками опишу я тебя, мой славный Алтай? И какой линией очерчу твой стан? Уподоблю тебя могучему зеленому кедру! Вот он, пышный широко разросся во всю ширь и мощь: удало развернул свои ветви на свободе! Крепко цепляясь корнями по расщелинам скал, взбежал он до грани холодных белков. И там, на просторе, вблизи вечных снегов, где одни лишь туманы гуляют, – там он любит, свободно качаясь, вести с буйным ветром беседу. Таков ты, мой любимый Алтай!». [1, с.2]

Слово – носитель духовности. Искусство и духовность – проблема, обсуждаемая в трудах мыслителей с давних времен. Вспомним размышления Платона о том, что художник-творец постигает «некую мудрость», которая характерна природе, и «сообразуясь с ней» творит. При этом Платон утверждает: «... присущая природе мудрость вовсе не слагается постепенно из теорем или доказательств, но сразу есть единое целое; она не слагается из множества в единство, а, напротив, раскрывает свое единство во множестве». [2, с.98]Ощутить это единство – приобщиться к духовности. Широко известен труд австрийского историка искусств Макса Дворжака «История искусств как история духа». Основная идея М. Дворжака состоит в том, что в самой основе создания произведения лежит «духовное выяснение отношений между объектом и субъектом как таковых. На место художественных форм как объекта исследования приходит выражающаяся через него и в нем история духа». [3, с.322] Восхождение художника к духовному плану бытия происходит через общение с природой.

Как высказанные тезисы соотносятся с творчеством сибирского пейзажиста Г.И. Гуркина? В чём уникальность и непреходящая жизненная сила творчества Г.И. Чорос-Гуркина? Очевидно, в авторской мировоззренческой концепции. В 2010 году исполнилось 140 лет со дня рождения первого профессионального алтайского живописца, но и в наши дни творчество Г.И. Гуркина воспринимается органичной школой художественности. Л.Н. Толстой в свое время определенно резко отозвался об одной из выставок живописи русских художников-современников, выделив лишь И.Е. Репина, Н.Н. Ге, П.Н. Орлова и Л.О. Пастернака: «Там ничего похожего на картины как произведения человеческой души, а не рук – нет». [4] Как известно, искусство для русского мастера мировой литературы было выражением знания «о назначении и благе». Мировоззрение Гуркина отражает национальное народное видение окружающего мира, в котором присутствуют одушевление, одухотворение, особое восприятие пространства и особое переживание времени. Быт и бытиё. Замкнутость и беспредельная открытость. Конкретность мига и вечность.

Реалии сегодняшнего дня вновь и вновь подтверждают тщетность попыток человека возвыситься над природой. Рельефно обозначился крах этой идеи, порожденной во многом утратой цельности восприятия мира, разрывом тысячелетних связей. «Драматический итог противопоставления человека и природы осознаётся сегодня как подлинная катастрофа». [5, с.118] Отчуждение человека от природы, потребительское отношение к ней находят отражение в искусстве, его формах и содержании: человек и природа всё более превращаются в произведениях современных авторов в условные знаки, умозрительные конструкции, невнятные объемы, не организующие пространство, в мыслительные модели, в механические жесткие изолированные от природной живойгармонии замкнутые схемы, в пятна зашифрованных текстов. Все это можно обозначить таким понятием, как «самозамкнутость», то есть нечто лишённое дыхания жизни в пространстве света, воздуха, духа природы. Зачастую в творчестве современных художников отсутствует эстетическое кредо, авторское мировоззрение размыто, неясно, коньюктурно, эгоцентрично. Творчество Гуркина актуально, так как воплощает идею целостного восприятия мира. Дневниковые записи и другие письменные документы художника отражают его способность ощущать космические масштабы природы. Художественное восприятие пространства — источник целостности и гармонии пейзажных композиций Гуркина. Живописно-пластические решения то открытых, то закрытых пространств диктовались реальным пространством места («Озеро горных духов» 1910, «Хан Алтай» 1907). Письменные тексты Гуркина, как и его картины, раскрывают эстетическое кредо художника, основанное на личной природной гедонистической способности к созерцанию реальной природы, для воспроизведения которой Гуркин использовал профессиональную школу, освоенную им в мастерской русского пейзажиста И.И. Шишкина в Российской Академии художеств. «Школа не пришла в противоречие с природой художника». [6, с.18]

В XX в. появился феномен взаимодействия не только разных видов искусств, но и взаимопроникновения разных уровней человеческого мышления, например, художественного и рационального. На рубеже XX-XXI вв. обозначилась тенденция расширения творческого поля художественного процесса и усиления в нем роли авторского мировоззрения. В этом смысле творчество Г.И. Гуркина являет собой пример единства этнографического, исторического и художественного пространства, что наиболее полно отвечает критериям художественности.

Художественное пространство – сложная структура, формирующаяся под непосредственным влиянием природы, этнографической среды, особенностей исторического развития, мифопоэтического восприятия и религиозной культуры. Большую роль в созидании общего художественного пространства играет индивидуальное художественное пространство личности, которое человек приобретает в детстве, то есть ментальность.

Ментальность – это устойчивая характеристика творца, она сохраняется в течение всей жизни, но в течение жизни она и обогащается общением с другими территориями, с другими культурами, возвышая творчество до понимания общечеловеческих ценностей, среди которых природа – главная.

Красиво, образно, точно сказали об этом русские мыслители. Вспомним слова философа В.Соловьева: «Природа есть живое воплощение небесного начала на земле... красота растений, живых существ и самого человека есть первоисточник творчества». Мастера русского пейзажа, среди которых И.И. Шишкин – учитель Г.И. Гуркина, всей своей художественной практикой соответствуют суждению философа. Сопоставив эту мысль В.Соловьева с текстом на одном из рисунков Г.И. Чорос-Гуркина под названием «Моя молитва – Алтаю» (1916 г.), мы поймем, почему русская академическая школа не пришла в противоречие с ментальностью художника-этнического алтайца: «Сам Алтай – сама Любовь... А туманы, а горы, озёра: их чистота, вечное спокойствие – величавое, грандиозное. А воздух – прозрачная синева – даль гор. Великий творец «Ульген» – моя душа в созерцании всего прекрасного на твой Чистый Алтарь мирового храма приносит молитву любви, которая родилась и живет в лучах этого света!» [7].

Профессиональное образование в Российской Академии художеств строилось на обучении профессиональным навыкам в традициях европейской и русской реалистической школы, при этом каждый воспитанник академии обладал яркой индивидуальностью, так как между профессиональной подготовкой и ментальностью художника осуществлялась «соответствие» при создании произведений [6, с. 17]. Г.И. Чорос-Гуркин – один из первых профессиональных художников Сибири. Его ментальность, ментальность этнического алтайца, основанная на поклонении природе, не противоречила, но напротив, перекликалась с ментальностью русских живописцев, так же испытывающих благоговение и восторг перед природой России и вообще перед природой земли. Чтобы еще раз подтвердить этот тезис, обратимся к размышлениям русского философа И. Ильина о Горном озере: «...Горное озеро – тихое великолепие, живое средоточие... Природа умеет беречь свои тайны и хранить священное молчание... Каждый, кто посмотрит в его глубину, унесет с собой утешение, свет, жизненную радость и смирение духа. О, созерцательность покоя! Око мира, воспринимающее и хранящее». [8, с. 295] Не правда ли в словах Ильина та же тональность, что и в «Молитве Алтаю» Гуркина?

Современные исследователи выделяют три исторические парадигмы отношения к культурному наследию и традиционной культуре: «отсутствие прошлого», «память-преемственность», «культурный диалог». [9, с. 14] В основе этих парадигм лежат такие установки, как представления о чрезвычайной культурной значимости исторической памяти. Социокультурная ситуация в современной России убеждает в том, что «высокая» культура не выдерживает столкновения с рыночным мышлением и, уступая рынку, зачастую выходит из борьбы за умы и сердца людей. Этнокультурные традиции в настоящее время выполняют функцию восстановления и развития духовно-нравственной связи между поколениями, между этносами, функцию сохранения национального своеобразия, в том числе и в художественном творчестве. Вот почему творчество Г.И. Чорос-Гуркина, рожденное на основе мифопоэтического национального мироощущения и русской художественной академической школы, является образцом высокой художественности и непреходящей актуальности. Умея оторваться от повседневности, умея стать внутренне свободным для свершения целостного творческого порыва, Г.И. Чорос-Гуркин создал своё искреннее художественное пространство, не утратив национальной духовности.

Феномен Гуркина – явление не только подлинной художественности, но и особенной актуальности для начала XXI века, когда обострены противоречия между «старым» и «новым». Новое в социокультурной динамике – не только технологическая модернизация, но преимущественно синтез традиции и нововведения. Однако, длится и не прерывается художническая традиция переживать такие этапы создания произведения, как «осенение» (осенило!, т.е. художник попал под «Сень» космическую или божественную, духовную), «озарение» (постижение идеи, её пластического воплощения), наконец, материализация образа в эскизе, наброске, картине и т.п. Все названные этапы связаны со словом, предшествующим материализации образа.

Традицию Г.И. Гуркина записывать свои впечатления от природы продолжает первый Народный художник России на Алтае М.Я. Будкеев. Будкеев ведет дневник, читать который доступно не всем, но те, которым художник доверился, изумляются богатству языка, богатству слова автора горных пейзажей: «Чуя» — набирать звучание через обобщение, контрасты, звон, восторг! Левая скала – в тени – плотный силуэт и среди воды – камень с отражением в воде... «камни тяжелые, мокрые, загадочно мерцающие»... «Чуя под облаками» — весь мотив светлый; «пороги, перекаты, шумы»... «все серебристо, светло, прозрачно»,... «деревья — силуэты разлапистые»... Быть может, к такой выразительности русского языка художники приобщаются, слушая мелодии, шумы, грохот рек, шепот озер и горных туманов Алтая. Всю эту музыку они воплощают в своих произведениях.

В современной научной литературе утверждается мысль о том, что для каждой культурно-исторической эпохи характерен свой тип творчества. Быть может, это так. К сожалению, для художника XXI века проблемой является не природа, не гармония, не мир, а метод, способ, приём, как писать природу, как писать о мире. Для алтайского художника Г.И. Гуркина и его духовных восприемников главной задачей творчества есть выражение идеи единства мира, его гармонии. В этом причина неизбывной глубины художественного пространства живописцев — поэтов слова и кисти! Наши мысли о провинциальной культуре как форме бытия общенациональной культуры хочется заключить суждением великого русского писателя И.А. Гончарова о том, что деревня – это сама Россия, которая умеет терпеть, страдать и не падать, потому что здесь любят добро, людей и землю на которой живут. Современные цивилизационные процессы, современный техницизм, глобализация экономики прогрессивны, но не способствуют сохранению уникальности национального наследия. Эта проблема обостряет внимание гуманитарного знания к этническим истокам искусства как источника своеобразия и духовности современной российской культуры.

Библиографический список:
1. Чорос-Гуркин Г.И.: Каталог выставки / Национальный музей Республики Алтай имени А.В. Анохина. - Горно-Алтайск, 1995.
2. Платон. Избранные трактаты. Т. 1. М., 1994.
3. Дворжак М. История искусства как история духа. Спб, 2001.
4. Толстой Л.Н. Собрание сочинений. М., 1983.
5. Никульшина Е.Л. Соотношение традиций и инноваций в национальной культуре в эпоху глобализации // Культурная память: актуальные проблемы и связь времен:мат. международной научной конференции. Воронеж, 2001. - с. 224.
6. Чирков В.Ф. Пространство реальное и художественное: проблема соответствий // Традиционное и актуальное в искусстве Сибири: сб. матер. науч.-практ. конф.
15-16 ноября 2005. Красноярск, 2006.
7. Гуркин Г.И. Моя молитва – Алтаю. Рисунок из фондов ГУК РА «Национальный музей Республики Алтай им. А.В. Анохина».
8. Ильин И.А. Возвращение. Минск, 2008.
9. Каминский С.Ю. Актуализация археологического наследия в современных социально-культурных практиках / С.Ю. Каминский. Екатеринбург. Изд-воУрГУ, 2009.

Портнова ТВ.
доктор искусствоведения, профессор

ЖАНР ТЕАТРАЛЬНОГО ПОРТРЕТА В ТВОРЧЕСТВЕ ХУДОЖНИКОВ "МИРА ИСКУССТВА"

Балетный портрет является частью богатого наследия русского театрального портретного искусства рубежа XIX-XX веков. Портреты артистов балета и балетмейстеров заслуживают отдельного рассмотрения как особого жанра в изобразительном искусстве, поскольку они составляют немалую часть всех балетных произведений, но между тем не выпадают из общего характера творчества художников « Мира искусства» и безусловно представляют одно целое с остальными произведениями на данную тему. Для «мирискусников» в облике артиста балета воплощается новый идеал, который олицетворяет поэзию и силу их искусства. Он не мог не волновать их творческого воображения и возвышал их над обыденностью и прозой жизни Прежде чем перейти к непосредственному рассмотрению творчества художников, работавших над балетным портретом, нужно понять, каковы могут быть цели и задачи автора произведения, предмет которого артист балета.

Портрет балетного артиста может представлять собой фигуру в рост, полуфигуру, внимание может быть сосредоточено только на лице, артист может быть показан в танце и вне его. Подобная задача требует своих методов решения, она рассматривает балетную пластику и гармонию, скорее склонную к духовному началу и использует модель (лицо, полуфигуру, фигуру в рост) как средство для ее отражения, искания художников в портрете связаны с психологией балета, исследованием личности артистов.

В работе над портретом танцовщика художник может поставить задачу - передать артиста в определенной балетной роли, уловить его неповторимые черты таланта, поскольку жизнь танцовщика, как и любого другого артиста неразрывно связана с героями, которых он воплощает на сцене.

Другая категория портретов связана с показом балетных артистов в будничной обстановке, поскольку артисты, как и все люди, не изолированы от окружающей жизни. В работе над таким портретом художник исходит прежде всего из конкретной психологической характеристики персонажа, учитывая в то же время и черты его творческой индивидуальности.

Галерея портретов балетных артистов принадлежит «мирискусникам»: А.Баксту, К.Сомову, А.Головину, М.Добужинсому, Б.Кустодиеву, К.Коровину. Нельзя сказать, что все они работали плодотворно в этом жанре. Из всех, только Бакст и Добужинский оставили немалое наследие, остальные же создали лишь несколько произведений, кроме того, часть из них числится по каталогам, местонахождение их неизвестно, поэтому при анализе остановимся только на некоторых из них.

Портреты Л..Бакста, изображающие «А.Павлову», «А.Дункан» (1918, ГМИИ), «Л.Мясина», «В Цукки» (1917, собр. за рубежом) и портреты К.Сомова, изображающие танцовщика Н.Познякова (1910-1913, ГРМ, ч..с Москва) отличаются глубоким вниманием художников к лицу модели, Каждый, внимательно наблюдавший балет, наверное убеждался не раз, что сама природа классического танца сиюминутно напоминает нам о постоянных законах строения формы у человека в балете. Нетрудно заметить, что художники в портретах ищут такие нюансы, такое положение портретируемыо, выражение их лиц, наклон головы, в которых наиболее полно запечатлелись бы типичные черты артистов балета. Достигается это прежде всего удивительно плавным линейным рисунком у Л.Бакста, и мягкой, бархатистой светотеневой проработкой у К.Сомова. В законченном портрете и в одном из вариантов к «портрету Н.Познякова» Сомов лишь в некоторых местах намеченными линиями подчеркивает легкость образа. Л. Бакст в «Портрете А.Павловой» и «А.Дункан» избирает точку зрения на модель немного снизу, при которой шея танцовщиц обретает изящный изгиб, текучее движение, кат сам танец. На серо-голубой бумаге мягким итальянским карандашом художник убедительно прорисовывает облик балерин, не пытаясь наметить элементы костюма, как бы боясь нарушить и прервать льющиеся линии, очерчивающие овал лица, шею и плечи. В мужских портретах Л.Бакст «Портрет Л.Мясина» и Сомов «Портрет Н.Познякова» применяют тот же прием, обнажают шею танцовщиков, мягкой тушевкой выявляя рельефность мускулов, гибкость и подвижность. Создать образы, созвучные тем, которые были воплощены на сцене, наиболее удалось Л.Баксту в «Портрете А.Павловой».. Улавливая гибкую плавность движения, прелесть легкого поворота головы на зрителя, фиксируя полузакрытые глаза и отведенный в сторону взгляд, применяя легкую штриховку, художник тем самым достигает настроения некоторой отрешенности, подчеркивает призрачную хрупкость пластического облика, свойственного для ее балетных ролей

.

Если в портретах Л.Бакста образ артиста довольно разработан и закончен, то совершенно по иному выглядят портретные зарисовках М.Добужинского: два «Портрета С.Лифаря» (1936,1937), два «Портрета Т.Тумановой» (1935), «Портрет В.Немчиновой», четыре «портрета Т.Карсавиной» (1914, 1915, 1923). они представляют собой своеобразные, моментальные зарисовки графитным карандашом, передающие натуру во всей ее непосредственности. «Портрет Т.Карсавиной» и «Портрет Б.Немчиновой» - это наброски танцовщиц в жизни. Если в портретахЛ. Бакста и К.Сомова танцовщики представлены в первую очередь как артисты балета, то в этих портретных зарисовках у М.Добужкнского наряду с артистической подчеркнута человеческая сущность. Постоянная внутреняя самодисциплина балетного артяста не делает его героев сверхлюдьми, им свойственны обыкновенные человеческие чувства - усталость, раздражение, стремление уйти в себя, отстраниться от конкретной обстановки, «Портрет Т.Кярсавиной» (1914) запечатлевает танцовщицу во время репетиции балета Н.Стравинского «Петрушка». Хотя дано одно профильное изображение головы, немного намечен головной убор, мы сразу узнаем Т.Карсавину в этой роли, настолько правдиво трактован образ. Достижение удивительного сходства основано прежде всего на предельно лаконичной, по точной характеристике общей формы головы с акцентом на ее ярких индивидуальных особенностях.

Другой аспект в области балетного портрета прослеживается в роботах Л.Бакста, К.Сомова, А.Головина, К.Коровина, связанный с попыткой заменить в портрете напряженность позирования свободным поведением артиста, перенесением его в будничную обстановку. Подобные поиски мы только что наблюдали в портретных зарисовках М.Добужинского, но если там они только наметились, то в работах: Сомов «Портрет В.Фокиной»» (1921, ГРМ), А.Головин «Портрет балерины Е..Смирновой» (1910, ГТГ), «Портрет балерины Ж..Шиманской» (1916, КОКГ.), Л. Бакст «Портрет В.Нижинского на пляже Лидо» (1914, ч.с.), «В.:Нижинский и другие артисты на пляже Лидо»(част.собр.), «А.Дункан на пляже» (1909, с.з), К.Коровин «Танцовщица» (1918, ч,с. Москва), «Портрет В.Трефиловой» (1924, с.з) они ярко выявлены. Для художников в артистах важнее не профессионал, а человек, именно поэтому они изображают отдых артистов, моменты покоя, сцены вынужденного отстранения от труда. На светлом фоне, освещенная театральным светом, с большой осязаемостью и вместе с тем несколько загадочно, выступает фигура В.Фокиной, присевшей отдохнуть на репетиции, с одухотворенным лицом, полуоткрытым ртом, внимательными глазами и артистичным: руками с гибкими музыкальными пальцами. Простой графитный карандаш превращается в руках К Сомова в исключительно богатое и неисчерпаемое средство. Карандашные пятна художник доводит до бархатистой темноты или делает их нежнейшими, словно легкая тень, упавшая на бумагу. Все вплоть до направления штриха пронизано одним я тем же состоянием - состоянием творческой жизни артистки во время минуты отдыха. Такими же выразительными средствами А.Головин решает « Портрет балерины Ж..Шиманской». В изображенной полуфигуре так же сделан акцент на руках танцовщицы. Здесь они такие же, как и у Фокиной красноречиво выразительные, но совсем по-другому трактованные. Там гибкие и подвижные, передающие внутреннее напряжение, творческую мысль, здесь, напротив изящные и плавные, подчеркивающие лирическую настроенность образа.

В живописных портретах А Головина, К.Коровина, Л.Бакста фигуры перенесены в конкретную окружающую обстановку: Головин «Портрет Е.А.Смирновой» - пейзаж, Бакст «Портрет В.Нижинского на пляже Лидо» - пейзаж, Коровин «Танцовщица» - комнаты, «Портрет В.Трефиловой» - артистическая гримерная. Если в «Танцовщице» и «Портрете В.Трефиловой» К.Коровин не пытается уловить портретное сходство, трактует фигуры обобщенным широким мазком, главное для него выразить общую атмосферу отдыха, отключенности артиста из мира творческого напряжения в мир будничной расслабленности, недаром он отодвигает фигуры танцовщиц в глубь холста, желая оставить больше места для воздуха и светаа, наполняющих помещение, то в портретах Л.Бакста «Нижинский на пляже Лидо» и А.Головина «Портрет балерины Е. Смирновой», несмотря на показ моделей в пейзажной обстановке внимание заострено скорее на облике, выдающих их как артистов балета. В «Портрете Нижинского на пляже Лидо» стройная фигура танцовщика с атлетически развитым телом л обнаженными мускулистыми ногами, с рельефно моделированными светотенью формами, напоминает образы богов и героев древней Эллады. В«Портрете Е.Смирновой» А.Головин выделяет фигуру балерины из окружающего пейзажа с поразительным, почти фотографическим сходством передавая своеобразие осанки, неповторимую индивидуальность жеста, манеры держаться. Если такое выявление профессиональных черт у К.Сомова в «Портрете Фокиной» и у А.Головина в «Портрете Шиманской», как мы наблюдали, было выражено прежде всего через лицо и пластику рук, то в этих портретах скорее через силуэт, через рисунок позы изображенной модели.

Иной подход к рассмотрению балетного портрета демонстрируют художники, когда они стремятся показать балерину в танце, благодаря чему в их произведениях показ чисто профессионального момента играет основополагающую роль. В таком портрете скорее подчеркивается процесс труда артиста, внимание акцентируется больше на передаче движения, чем на самой личности. Однако в произведениях Л.Бакста: «Портрет И.Рубинштейн» (1921), «Портрет И.Рубинштейн в роли Антигоны» (1906), «А.Дункан танцующая» (1907, с.з), Б.Кустодиева: «Портрет В.Ивановой» в испанском танце пандерос в балете А.Глазунова «Раймонда» (1921, ГЦТМ), варианте «портрета В.Ивановой» (ДХМ) при всем показе танцевального движения убедительно нарисованы образы каждой из балерин, достоверно переданы их портретные черты.

Не вдаваясь в их подробное рассмотрение, можно сделать вывод, что портрет, как особая область балетной темы в изобразительном искусстве в творчестве художников «Мира искусства» имеют более реалистичные черты, чем их же произведения иной тематики. Ретроспективизм, свойственный для их творческого мышления в меньшей море коснулся этого жанра. Объясняется это тем, что объект изображения в портрете - сам балетный артист, его лицо, фигура, наконец его творческая натура требующая от художника достоверного воспроизведения. Балетный портрет в творчестве «мирискусников»- это коллективный портрет целого поколения русских танцовщиков с их особым мироощущением, складом мышления и системой ценностей. Определяя художественные достижения в области балетного портрета, можно ответить, что лучшие из созданных произведений раскрывают своеобразие актерских личностей, индивидуальное творческое начало, внутренний мир, в чем и состоит их основное и непреходящее значение.

Принятые сокращения

ГЦТМ – Государственный центральный театральный музей им. А.Бахрушина.

ГТГ – Государственная Третьяковская галерея.

ДХМ – Днепропетровский художественный музей

КОКГ – Калининская областная картинная галерея.
С.з.- собрание за рубежом.
Ч.с – частное собрание.

Беговатов Е.А., Лебедев В.П.

Беговатов Е.А., доцент, к.ф.-м.н., Казанский федеральный университет, *Evgeniy.Begovatov@ksu.ru.*; Лебедев В.П., к.ф.-м.н., пенсионер, *vpleb@mail.ru.*

МОНЕТНЫЙ КОМПЛЕКС X века I СЕМЁНОВСКОГО СЕЛИЩА (РЕСПУБЛИКА ТАТАРСТАН)

В работе приводится описание монет, найденных на I Семёновском селище: 116 серебряных, 2 медных восточных, одной западноевропейской монет. Старшая восточная монета – обломок сасанидской драхмы рубежа VI–VII вв. Младшая– дирхем саманида Нух б. Мансура, Самарканд,366 г.х. (976/ 977); западноевропейская- динарий Свена Эстридсена(1047- 1075 гг),

In this paper we describe the coins that were found at the Semenovo I settlement, namely, 116 silver coins, 2 Oriental copper coins, and a Western European one. The oldest Oriental coin is a fragment of a Sassanid drachma dated to the turn of the VIth century, the youngest coin is a dirham of the Nuh b. Mansur Samanid dynasty , 366 AH(976/977), and the Western European coin is a denarius attributed to Svend Estridsen (1047- 1075),

Семёновское I селище расположено на месте бывшей д. Семёново, на одном из многочисленных островов низовья р. Камы в 5 км западнее с. Измери Спасского р-на РТ. Часть монет, найденных во время археологических разведок этого памятника Е.П.Казаковым и Е.А.Беговатовым в 1970- 1990-х гг. были кратко изданы Г.А. Фёдоровым-Давыдовым в его сводках находок восточных монет [4,92 № 13). В основном, это дирхемы династии саманидов Средней Азии 932- 977 гг., нескольких экз. монет династии бувейхидов и одного денария Дании. Ниже приводится подробное описание ранее опубликованных и неопубликованных монет.

Состав монетного комплекса Семёновского I селища.

1.**Сасаниды**, по типу драхм Хосрова II (590-628), обломок; Foto 2 №1.

2-3. **Аббасиды**, IX в., не определимые обломки в ¼ и ½.

4.**Абу Даудиды**, с именем Ахмада б. Исмаила, халиф ал- Муктафи, Андераба, 295 г.х. В=3,53 г.; ρ=10,34 г/см^3. [1,173 №46].

5.**Саманиды. Ахмад б.Исмаил**, халиф ал-Муктадир, аш-Шаш, 298 г.х., В=2,60; ρ=10,5. (В-вес, ρ- плотность). [1,122 № 241]. Foto 1 №5.

6.Тоже, но город и год не видно, обломан.

7.Тоже, **Наср б.Ахмад**, халиф ал-Муктадир, Самарканд, 310 г.х. В=2,2. [1,130 № 455). Foto1 №7.

8.Тоже. **Наср б.Ахмад**, халиф ал-Муктадир.?.?.Foto1 №8.

9.Тоже, но 317 г.х. В=2,82; ρ=10,23. [1,134 №549]. Foto1 №9.

10.Тоже, Аш-Шаш, 321 г.х. В=2,66; ρ=10,16. [1,135 № 585].

11. Подражание дирхему Насра б. Ахмада, 320 г.х. В=3,54, Foto1 №11.

12. Саманиды.(**Наср б.Ахмад**) с именем Нуха, (Балх 320 г.х.). В=0,73 (обл.).

13. Тоже, **Наср б.Ахмад**, халиф ар-Ради, Нишапур, 324 г.х. В=3,00. [1,137 №630).

14. Тоже, аш-Шаш, 324 г.х. В=3,63; ρ=10,15. [1,137 №622].

15. Тоже, халиф ал-Муттаки, Самарканд, 324 г.х. В=1,52 (обл.). [1,137 №625).

16. Тоже, аш-Шаш, 330 г.х. На о.с. внутри внешней круговой надписи кругом колечки «о». В=2,53; ρ=10,33. [1,139 №680].

17. Тоже, **Нух б.Наср**, халиф ал-Мустакфи, аш-Шаш, 335 г.х. Вверху л.с. колечко «о». В=2,55. Foto 1 №17.

18. Тоже, Самарканд, (33)8 г.х., В=1,65 (обл.); ρ=9,82. [1,146 №808).

19. Тоже, но халиф и город не видно, 339 г.х.В=1,02; (обл.); ρ=9,99.

20. Тоже, халиф ал-Мустакфи, Самарканд, 340 г.х. В=1,55(обл.); ρ=10,23. [1,147 №828).

21-22. Тоже, **Абд ал-Малик б.Нух**, халиф ал-Мутакфи, Самарканд, 344 г.х. В=2,15; 3,43; ρ=10,11. [1,150 №887]. Foto 1 №22.

23. Тоже, халиф ал-Мути, Бухара, 348 г.х., Вверху л.с."ﺣﺐ. .В=3,02. [1,152 №910]. Foto 1 №23.

24. Тоже, но 350 г.х. В=2,66. [1,152 №931]. Foto 1 №24.

25. Тоже, **Мансур б.Нух,** халиф ал-Мути, аш-Шаш, 356 г.х., Вверху л.с. имя крупного сановника Саманидов (воспитателя Мансура б.Нуха) *Фаика.* В=2,65; ρ=10,04. [1,156 №1005].

26. Тоже, Бухара, 357 г.х. В=2,89; ρ=10,15. [1,157 №1028]. Foto 1 №26.

27. Тоже, аш-Шаш, 358 г.х. Вверху л.с.- *Фаик.* В=2,65. [1,157 №1030].

28. Тоже, но год 359 г.х. В=2,60; ρ=9,96. [1,157 №1064].

29. Тоже, Бухара, 359 г.х. Вверху л.с. слово ﻣﺮ . В=1,70. [1,157 №1062].

30. Тоже, аш-Шаш, 360 г.х. Вверху л.с.- *Фаик.* В=2,74; ρ=9,97. [1,158 №1071). Foto 2 №30.

31. Тоже, Рашт, 360 г.х.Вверху л.с.-'Али. В=3,46.[1,159 №1075). Foto 1 №31.

32. Тоже, Балх, 360 г.х. Вверху л.с.-*Малик,* внизу- *ал-Музаффар.* В=2,50. Foto 1№32.

33. Тоже, но с Омайядским символом веры (Коран, сура 112), Самарканд, 361 г.х. В=2,88; ρ=9,08. [1,159 №1071]. Foto 1 №33.

34-35. Тоже, но с традиционным символом веры, Бухара, 361 г.х. В=3,30; 3,22. [1,159 №1073]. Foto 1№34.

36. Тоже, аш-Шаш, 361 г.х. В= 2,94; ρ=10,36. [1,159 №1072].

37. Тоже, аш-Шаш, 362 г.х. Вверху л.с- *Фаик,* В=4,06; ρ=10,03. [1,159 №1078).

38-39. Тоже, Самарканд, 362 г.х. Вверху л.с-'Адл. В=2,68; 3,55 [1,159 №1080). Foto 1 №39.

40-44. Тоже, Самарканд, 363 г.х. Вверху л.с-'Адл. В=4,43; 3,05; 3,15; 2,73; 3,47; ρ=10,06. [1,159 №1087].

45.Тоже, аш-Шаш, 363 г.х. В=2,93; ρ=10,06. [1,159 №1085].

46-52.Тоже, аш-Шаш, 364 г.х. Вверху л.с.-*'Адл, внизу-Фаик*, В=2,69; 3,04; 3,72; 2,62; 3,35; 2,74; 2,96; ρ=9,90. [1,160 №1105].

53-63.Тоже, аш-Шаш, 365 г.х. Вверху л.с.-*'Адл, внизу-Фаик*, В=2,81; 2,98; 2,75;3,39;2,86; 2,75; 3,02; 3,30; 2,76; 3,13; 3,08; ρ=9,62; 9,78. [1,161 №1119]. Foto 2 №50.

64-65.Тоже. Вверху л.с-*'Адл, внизу-* ﺤﻰ внизу. В=1,17 (обл.); 2,37.

66-91.Тоже, аш-Шаш, 366 г.х. Вверху л.с-*'Адл, внизу-Фаик*, В=2,88; 2,97; 2,83; 3,31; 2,89; 3,01; 2,95; 3,11; 3,30; 3,15; 3,08; 2,46; 2,87; 2,85; 2,59; 3,04; 2,62; 3,13; 2,85; 1,56 (обл.); 3,03; 3,03; 3,01; 2,70; 3,28; 2,92; 2,72; ρ= 10,29. [1,161 №1124]. Foto 2 №90.

92.Тоже, город ?, 36х г.х. В=2,84.

93-94.Тоже, город ?, год ?. В=2,73; 3,02.

95.Тоже, халиф ?, город ?, год ?. Обломок в $^1/_3$.

96-104.Тоже, **Нух б.Мансур**, халиф ал-Мути. Самарканд, 366 г.х. Вверху л.с.-*'Адл*, внизу- *Ахмад*. В=3,14; 2,32; 2,47; 0,77(обл.); 3,09; 2,40; 2,80; 3,16; 2,81; ρ=9,85; 10,11. Foto 2 №98.

105.Тоже, но внизу л.с. *Наср*, Бухара 366 г.х. В=2,28 (обл.). Foto 2 №105.

106.Тоже, **(Исмаил, Наср ?) б.Ахмад**, халиф ?,год ?, Самарканд, (обл.).

107.Тоже, **Нух I или Нух II,** халиф, город, год не видны. В=2,08 (обл.).

108.Тоже, эмир, халиф ал-Мути, город, год не видны. Вверху л.с. *'Адл.*

109.Тоже, эмир, халиф, год не видны. аш-Шаш. Внизу л.с. *Фаик*, (обл.).

110.Тоже, Эмир, халиф, год не видны, Самарканд. Обломок в $^1/_6$.

111.Подражание дирхемам саманидов с нечитаемыми легендами. В=2,78.

112.**Волжская Болгария. Микаил б.Джафар,** халиф ал-Муктадир, Самарканд, 306 г.х. В=2,86; ρ= 10,40. [3,30 №2]. Foto 2 №112.

113.Тоже, **Мумин б.Хасан,** халиф ал-Мути, Булгар (366 г.х.). Буква "r" последней строки лицевой стороны с завитком с листьями. В=2,37 (обл. в ½); ρ= 10,42. [3,37 №19]. Foto 2 №113.

114.**Бувейхиды. Рукн ад-Давла**, Абу Шуджа, халиф ал-Мути, Сираф, 339 г.х. В=6,46. Foto 2 №114.

115.Тоже, **Рукн ад-Давла + Муайиз ад-Давла**, халиф ал-Мути. Город и год не видно, по типу 338-341 гг.х. В=1,82 (обл. в ½).

116.Тоже, но все имена стёрты, от года видно число единиц хх8 г.х. В=3,4.

117.**Дания. Свен Эстридсен** (1047- 1075), динарий, Лунд. В=0.846; диаметр- Д=17 мм. Определение О.В.Тростьянского. Foto 2 №117.

М1.**Мамуниды Хорезма. Мухаммад б. 'Али.** Джурджания, 356 г.х.(фельс) В=1,61. Определение В.А.Калинина. Foto 2 № М1.

Приведём подробное описание этой монеты [2, 58]. .

Л.с. В точечном круге первая часть символа веры в три строки, вверху кружок. От круговой легенды сохранилось: ... الفلس بجرجنية سنة ست و خمسين و ... фельс в Джурджании году шесть и пятьдесят …

О.с. В поле вторая часть символа веры в две строки, на 3 и 4 строчках:

محمد / بن علي = Мухаммад б.'Али. Вокруг- фрагмент коранической легенды (Коран, XXX, 3-4).

Владетель будущей столицы династии Мамунидов г. Джуржания Мухаммад б.'Али предполагается отцом первого эмира этой династии Мамуна б.Мухаммада (385-387/995-997). На сайте «Археология Среднего Поволжья» можно найти снимок этой и других монет комплекса http://ksu.ru/archeol/kufi/fels.htm,.

М2.**Саманиды (?).** Круговые легенды с именем эмира и выпускными данными не сохранились. Одно отверстие у 10 ч. В=1,75.

Из описания видно, что в комплексе преобладают дирхемы саманидов – 105 из 116 монет (90%) с именами шести последовательно правивших эмиров в интервале 295-366/907-976 гг.В 60-летнем интервале 295-355 гг.х. наблюдается примерно равномерный и низкий уровень находок дирхемов. Но в 10-летнем интервале 361-370 гг.х. (фактически в 6-летнем, так как дирхемов 367-370 гг.х. в комплексе нет) имеет место резкий максимум с 10-кратно большим числом находок. Отсутствие находок монет, чеканенных после 366/977-978 г. должно означать окончание существования поселения на этом месте. Сокрытие клада в последний год существования поселения и его невостребованность владельцем, может указывать на не мирный характер этого события.

В атрибуции нумизматического материала комплекса приняли участие В.С.Кулешов, Р.Ю.Рева, О.В.Тростьянский. Авторы выражают им искренюю признательность.

Работа выполнена при финансовой поддержи Российского гуманитарного научного фонда- проект РГНФ N 11-01-12038 в.

Литература.

1.Марков А.К. Инвентарный каталог мусульманских монет Эрмитажа. – СПб, 1896.
2.Рева Р.Ю., Калинин В.А., Атаходжаев А.Х. Нумизматические дополнения к истории Хорезма X в.// XVI Всероссийская нумизматическая конференция.- СПб, 2011, с.57-59.
3.Фасмер Р.Р. О монетах волжских болгар X в. //Известия Общества археологии, истории и этнографии при Казанском* университете. XXXIII, вып.1, №2. – Казань,1926, с.29-59.
4.Федоров- Давыдов Г. А. Новые находки домонгольского времени в Восточной Европе// Труды ГИМ, вып.115. НС, ч. XIV. – М., 2001, с.89-100.

Foto1

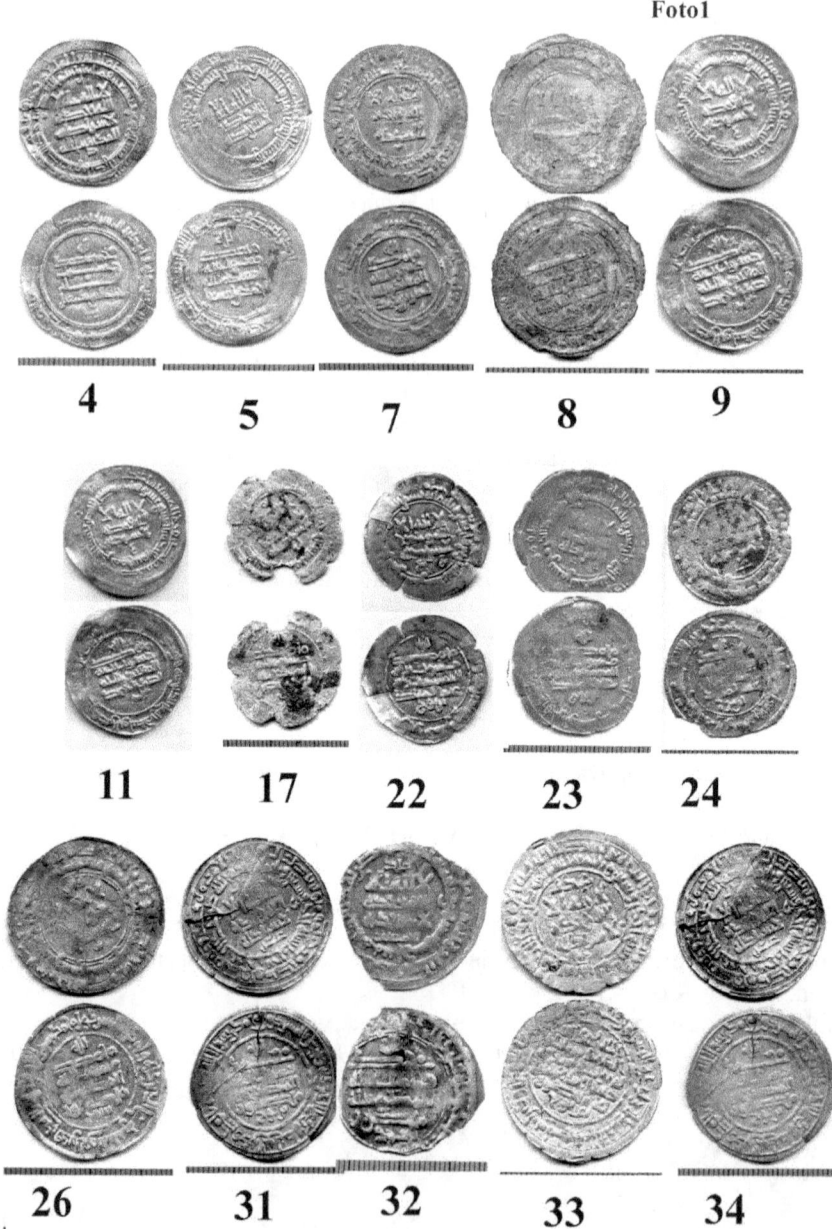

4   5   7   8   9

11   17   22   23   24

26   31   32   33   34

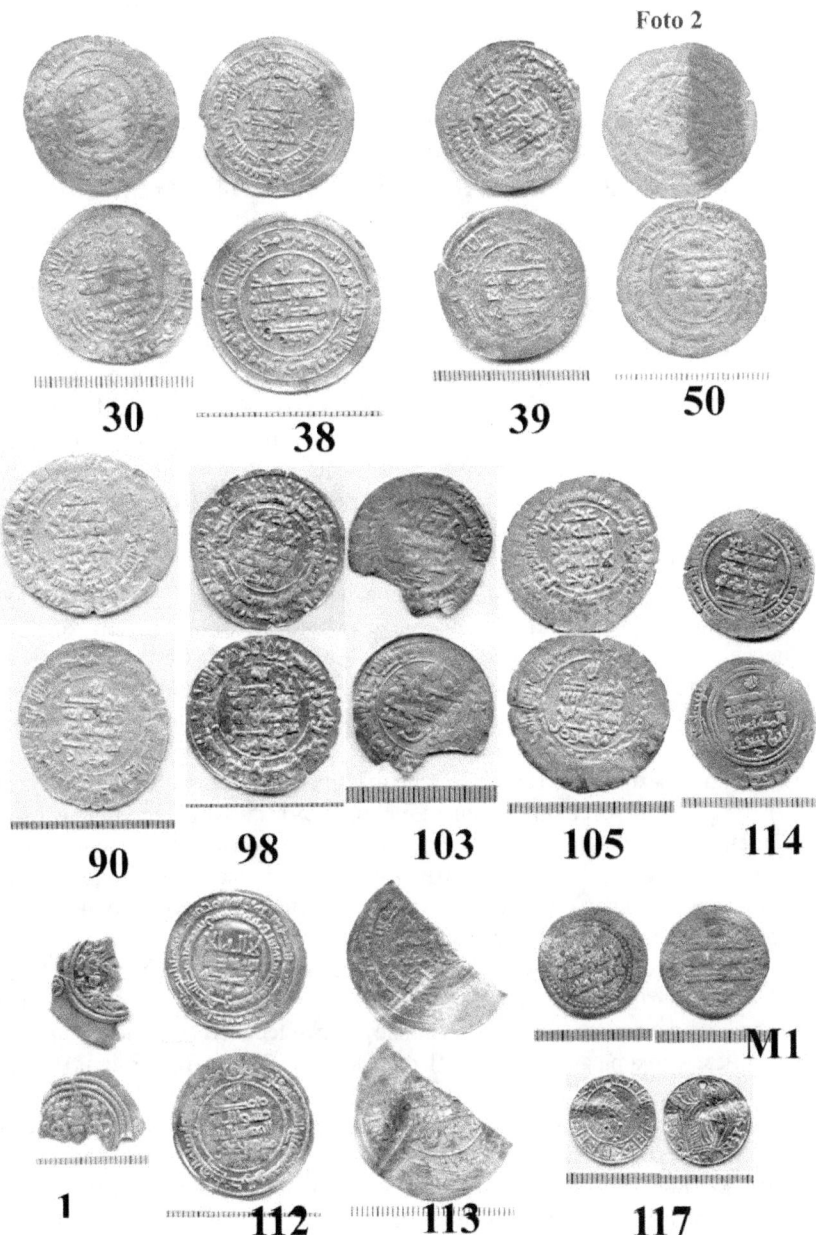

Foto 2

30

38

39

50

90

98

103

105

114

1

112

113

117

M1

Должиков А.А.

профессор, доктор медицинских наук. Белгородский государственный
национальный исследовательский университет. Белгородское областное
патологоанатомическое бюро

ihcdaa@mail.ru

КЛИНИЧЕСКАЯ, ПАТОМОРФОЛОГИЧЕСКАЯ И ИММУНОГИСТОХИМИЧЕСКАЯ ДИАГНОСТИКА ПРЕДРАКОВЫХ ИЗМЕНЕНИЙ И РАКА ШЕЙКИ МАТКИ. СРАВНИТЕЛЬНЫЙ АНАЛИЗ

Рак шейки матки (РШМ) занимает 5-е место в структуре онкологической заболеваемости женшин [1, 160]. В России в 2009 году зарегистрирован 14351 случай РШМ, стандартизованный (на 100 000 населения) показатель составляет 13,4. Под наблюдением у онкологов состоит 159 774 женщин, пролеченных по поводу РШМ [3, 41]. Изменилась возрастная структура заболеваемости. С 90-х годов она увеличилась в возрастной группе от 25 до 45 лет (стандартизованный показатель в возрасте 25 лет в 1980 году – 1,4; в 2009 году – 6,9), а в старших возрастных группах произошло снижение. Имеющиеся статистические данные, характеризующиеся не снижающейся и даже растущей смертностью на фоне снижения заболеваемости, свидетельствует о значительном увеличении доли лиц с поздними стадиями опухолевого процесса, о низкой эффективности массовых профилактических обследований для выявления предраковых изменений и преинвазивных форм РШМ. Указанное определяет актуальность проблемы ранней диагностики и определения прогноза предраковых изменений шейки матки, к которым относятся цервикальные интраэпителиальные неоплазии (CIN) различной степени. Решение проблемы возможно посредством совершенствования программ скрининга и повышения точности и диагностической информативности цитологических и гистологических методов, прежде всего, с учетом известной этиологической роли вирусов папилломы человека (ВПЧ) [2, 34; 4, 192; 5, 251].

Целью исследования явился сравнительный анализ случаев с CIN и РШМ, диагностированных клинически, по результатам патоморфологического и иммуногистохимического исследований с выявлением маркера активной ВПЧ-инфекции – белка p16INK4a и маркера пролиферации – Ki67.

Материалом исследования явились 229 наблюдений плоскоклеточных изменений шейки матки. Возраст пациенток варьировал от 20 до 80 лет (в среднем 41,0 год). Проведено стандартное патогистологическое исследование материала и иммуногистохимическое исследование по стандартным протоколам с выявлением экспрессии белка p16INK4a (поликлональные антитела, Epitomix) и белка Ki67 (клон SP6, CellMarque). С применением таблиц MS Excel и программы Statistica 6.0 проведен статистический анализ. Определены показатели чувствительности и специфичности клинического и патоморфологического методов.

В возрастной структуре группа 20-30 лет составила 50 (21,8%) больных, наибольшее число наблюдений (134; 58,5%) пришлось на возрастную группу 31 год – 50 лет, группа пери- и постменопаузы (после 51 года) составила 45 (19,7%) случаев. Группа с клиническими подозрениями на РШМ составила 70 случаев, в 59 клинически диагностированы дисплазии. Таким образом, суммарно предраковые изменения и рак шейки матки клинически выявлены в 129 (56,3%) случаев. По результатам патоморфологического исследования CIN III (включая рак in situ) выявлена у 97 пациенток, инвазивный рак у 58. По результатам иммуногистохимического исследования диагнозов CIN III было на 10 случаев меньше. Из данных показателей видно, что имеется существенная гиподиагностика РШМ по клиническим результатам, составившая 16,7% случаев от всех патоморфологически верифицированных CIN III и инвазивных раков.

Расхождения между первичным патогистологическим диагнозом и результатами последующего иммуногистохимического исследования выявлены в 16 случаях (6,9% от общего числа). Они представлены 4-мя категориями: нет рака – есть рак – 1, есть рак – нет рака – 2, инвазивный рак – неинвазивный рак – 5, неинвазивный рак – инвазивный рак – 8. Как видно, наибольшее число расхождений приходится на неверную оценку наличия/отсутствия инвазивного роста с гиподиагностикой инвазии. Одним из очевидных объяснений этому является недооценка инвазивного компонента, который на фоне воспалительного инфильтрата или за счет неотчетливых границ опухолевых структур может быть неразличим, но выявляется при иммуногистохимическом исследовании, в частности, по экспрессии белка p16INK4a. С другой стороны, при последующем иммуногистохимическом исследовании выполняется дорезка с блока с выявлением структур, которые не попадают в первичные гистологические препараты. В гипердиагностике РШМ, особенно после ранее выполненных инцизионных биопсий или конизации шейки матки имеет значение переоценка изменений многослойного плоского эпителия регенераторного характера. Такие случаи единичные, и наш опыт свидетельствует, что существенную помощь в данных ситуациях оказывает выявление в дополнение к экспрессии p16INK4a и Ki67 маркера базальных эпителиоцитов – p63 и цитокератина 17.

Чувствительность клинических методов диагностики РШМ оказалась низкой – только 43,2%, но отличается высокой специфичностью – 91,8%. Патоморфологическая диагностика (при сопоставлении с дополненной иммуногистохимией как эталонным методом) отличается высокой чувствительностью – 93,0%, но несколько меньшей специфичностью – 75,2%. Таким образом, отрицательный результат патоморфологического и иммуногистохимического исследования с высокой вероятностью исключают вероятность заболевания при соблюдении условия адекватности взятия и репрезентативности материала. С другой стороны, при наличии явных клинических признаков РШМ вероятность его фактического наличия высокая.

Полученные нами результаты и их сопоставление с имеющимися литературными данными свидетельствуют, что для успешной диагностики предраковых изменений и неинвазивного рака шейки матки помимо очевидной необходимости организованного скрининга важными методическими составляющими являются: адекватность и полнота взятия материала с учетом возрастной динамики локализации зоны трансформации, применение этапных сопоставлений данных цитологического и гистологического исследований, применение иммуногистохимического, по возможности иммуноцитохимического определения экспрессии белка p16INK4a и маркера пролиферации Ki67 в пограничных случаях.

Литература

1. Давыдов М.И., Аксель Е.М. Статистика злокачественных новообразований в России и странах СНГ в 2008 г. // Вестник РОНЦ им. Н.Н. Блохина РАМН. – 2010. – Т. 21. – Прил. 1. – 160 с.

2. Кондриков Н.И. Патология матки. – М.: Практическая медицина, 2008. – 334 с.

3. Мерабишвили В.М., Лалианци Э.И., Субботина О.Ю. Рак шейки матки: заболеваемость, смертность (популяционное исследование) // Вопросы онкологии. – 2012. – Т. 58. - №1. – С. 41 – 44.

4. Роговская С.И. Папилломавирусная инфекция у женщин и патология шейки матки: В помощь практическому врачу. – Изд. 2-е, испр. и доп. – М.: ГЭОТАР-Медиа, 2008. – 192 с.

5. Титмушш Э., Адамс К. Шейка матки. Цитологический атлас /Пер. с англ. под ред. Н.И. Кондрикова. – М.: Практическая медицина, 2009. – 251 с.

Исследование поддержано госконтрактом в рамках программы «Развитие научного потенциала высшей школы». Регистрационный номер: 629632011

Мерзлова Н.Б., Курносов Ю.В., Винокурова Л.Н., Батурин В.И.

Мерзлова Нина Борисовна – д.м.н., профессор, заведующая кафедрой госпитальной педиатрии Пермской государственной медицинской академии

Курносов Ю.В – врач анестезиолог-реаниматолог Пермской краевой детской клинической больницы, ассистент кафедры госпитальной педиатрии

Винокурова Л.Н – к.м.н., доцент кафедры госпитальной педиатрии, главный внештатный неонатолог Пермского края

Батурин В.И. – к.м.н., главный врач Пермской краевой детской клинической больницы

УЛУЧШЕНИЕ КАЧЕСТВА ЖИЗНИ ДЕТЕЙ, РОЖДЕННЫХ С ОЧЕНЬ НИЗКОЙ И ЭКСТРЕМАЛЬНО НИЗКОЙ МАССОЙ ТЕЛА В ОТДАЛЕННЫХ РАЙОНАХ КРУПНОГО МЕГАПОЛИСА (НА ПРИМЕРЕ ПЕРМСКОГО КРАЯ)

Система оказания квалифицированной и специализированной медицинской помощи новорожденным в преимущественно аграрных регионах России предусматривает три этапа: родильное отделение районной больницы; отделение анестезиологии-реанимации районной больницы; региональный центр [1,2,3]. Важным звеном, объединяющим эти этапы, являются структуры региональных центров в виде отделений экстренной и плановой консультативной помощи или реанимационно-консультативных центров, обеспечивающие адекватность интенсивной терапии новорожденных и безопасность детей во время транспортировки [4,5,6,7].

До настоящего времени не внедрены унифицированные объективные методы оценки тяжести при транспортировке новорожденных и оценки эффективности терапии, поэтому вопросы, касающиеся объёма помощи, решаются индивидуально, нередко субъективно, в зависимости от специфических особенностей каждого ребёнка. В тоже время существуют региональные особенности, влияющие на транспортировку новорожденных, в частности климатические, технические, дорожные и другие [8,9]. Решение этой проблемы позволило бы оптимизировать критерии диагностики и интенсивную терапию данного состояния, что, в свою очередь, способствовало бы снижению смертности новорожденных, находящихся в лечебно-профилактических учреждениях I и II уровней и нуждающихся в межгоспитальной транспортировке [10].

В настоящее время не разработаны чёткие показания и противопоказания для межгоспитальной транспортировки, а также не определено оптимальное время перевода в реанимационное отделение стационаров III уровня [10,11], поскольку транспортировка новорожденного представляет дополнительный риск, заключающийся в снижении температуры тела, расстройстве дыхательных функций, риске аспирации, ацидозе, гипогликемии [12,13], что, естественно, ухудшает прогноз и может привести к фатальному исходу [14,15]. К объективным «вредным факторам» транспортировки на длительное расстояние относят: прекращение инфузионной терапии, шум, вибрацию и тряску, ускорение и торможение, колебания атмосферного барометрического давления, гипотермию [16,17].

Предтранспортная подготовка новорожденного начинается с момента взятия его на дистанционный учет и заключается в согласовании и выполнении мероприятий унифицированного протокола интенсивной терапии. В связи с этим актуальным является вопрос, определяющий показания и противопоказания к транспортировке.

Тщательная подготовка к транспортировке сводит действия врача во время нее к минимуму и является фактором, определяющим безопасность эвакуации. Выезд реанимационно-консультативной бригады означает, что транспортировка больного на этап высококвалифицированной или специализированной помощи признана целесообразной, то есть в стационаре приема будут выполнены диагностические и лечебные действия, повышающие вероятность выживания пациента. Однако целесообразность транспортировки не исключает вероятность признания ребенка нетранспортабельным при личном осмотре врачом РКЦ, поскольку риск реализации вредных факторов транспортировки может превышать возможную пользу [18].

В Пермском крае имеется 51 муниципальное образование первого уровня — 42 муниципальных района и 6 городских округов с максимальной удаленностью от Перми на 350 километров.

Для более безопасной транспортировки используются такие принципы, как бережная транспортировка с ограничением скорости движения реанимационного автомобиля, расположение инкубатора с ребенком продольно относительно оси движения автомобиля, использование звуковых и световых сигналов в городских пунктах для сокращения срока нахождения в пути, использование дополнительных источников обогрева кювеза, непрерывный мониторинг жизненно-важных функций транспортируемого. Все эти принципы применялись у 100% детей.

Транспортировка всех глубоконедоношенных детей осуществлялась в предварительно прогретом кювезе до 30-37ºС в зависимости от сезона года, срока гестации ребенка. Для транспортировки всех глубоконедоношенных детей использовались специальные укладки и фиксирующие средства.

В холодное время года салон реанимобиля заранее прогревался до 25° – 26°С., Во время транспортировки проводился непрерывный мониторинг основных физиологических показателей ребенка. Значения артериального давления, частоты сердечных сокращений, сатурации кислорода, температуры тела мониторировались и фиксировались в разработанной нами «Карте транспортировки».

Цель исследования – транспортировка детей, рожденных с очень низкой и экстремально низкой массой тела, в отдаленных районах крупного центра и везенные в первые сутки жизни и после 7-х суток жизни.

Материалы и методы: За период с 2000-2008 на лечении в отделении реанимации Пермской краевой детской клинической больницы находилось 216 детей, рожденных с очень низкой и экстремально низкой массой тела. Подробно изучено состояние здоровья 80 глубоконедоношенных, вывезенных в первые сутки жизни и 42 ребенка, вывезенных после 7-х суток жизни. Все дети родились в лечебно-профилактических учреждениях I и II уровня Пермского края и бригадами реанимационно-консультативного центра были транспортированы в отделение реанимации Пермской краевой детской клинической больницы (III уровень).

Результаты: В первую группу детей вошло 80 (37%) пациентов, транспортированных в первые сутки жизни, во вторую группу – 42 (19,4%) ребенка, госпитализированных после 7 суток жизни. Поздний срок госпитализации обусловлен различными причинами, одна из которых являлась и остается в настоящее время наиболее актуальной – отсутствие мест в отделении реанимации новорожденных (рис. 1). В данной работе не рассматривались новорожденные, вывезенные на 2-7 сутки жизни.

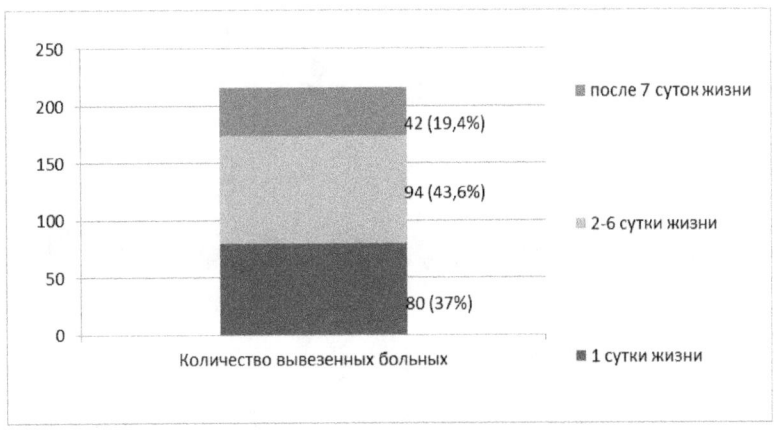

Рис. 1. Транспортировка глубоконедоношенных детей в зависимости

от суток жизни, n=216

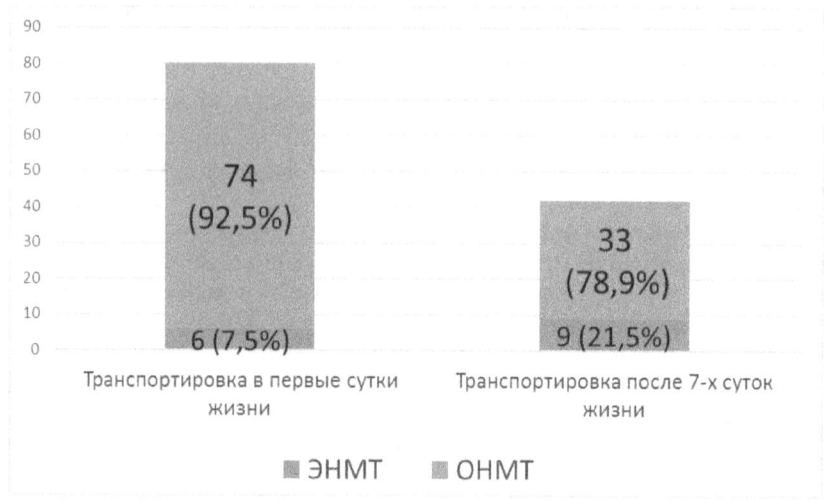

Рис. 2. Масса тела детей в зависимости от суток транспортировки, n=216

При первичном осмотре в ЛПУ края у всех детей состояние было оценено тяжелым. Все они находились в оптимальном температурном балансе (Т – 36,5-37,5°С). Особое внимание обращалось на уровень сознания до транспортировки (рис. 3).

Рис. 3. Уровень сознания у детей, перенесших транспортировку

Оценивались кожные покровы как косвенное отражение состояния гомеостаза. Среди детей, вывезенных в первые сутки жизни, у 64 (80%)

новорожденных они были бледно-розовые, у 12 (15%) субиктеричные, у 4 (5%) цианотичные. У детей, вывезенных после 7-х суток жизни эритематозная окраска кожных покровов встречалась у 1 (2,4%) ребенка, иктеричная – у 1 (2,4%), землистая – у 1 (2,4%), цианотичная – у 2 (4,7%), субиктеричная – у 6 (14,3%) бледно-розовая – у 31 (73,8%) детей.

Среди детей, вывезенных в первые сутки жизни на ИВЛ находились 68 (81,2%) пациентов, из них 3 (3,8%) ребенка вентилировались ручным способом мешком Амбу. На оксигенотерапии с подачей увлажненного кислорода в кювез через маску с частотой дыхания 40-60 в минуту находилось 12 (15%) новорожденных. В группе поздней транспортировки на продленной ИВЛ находились 36 (85,7%) детей, кислородотерапию получали 6 (14,3%) пациентов. Таким образом, дети в обеих группах транспортировки нуждались в протекции дыхательной функции организма.

Все дети перенесли транспортировку без выраженного ухудшения состояния и были госпитализированы в отделение реанимации Пермской краевой детской клинической больницы. Летальных случаев в процессе транспортировки не было.

Учитывая невозможность проведения инструментальной диагностики в ЛПУ I и II уровня, интерес представляют данные, полученные при ультразвуковом исследовании внутренних органов (рис. 4). Обращает внимание тот факт, что 15 (33,3%) детей с ВЖК III-IV степени поступили в первые сутки жизни, не было ни одного ребенка с ВЖК, поступившего после 7 суток жизни. Субэпендимальные гематомы небольшого диаметра как проявление ВЖК I-II степени выявлены у 3 (13,6%) пациентов поступивших в первые сутки жизни и у 8 (36,3%) детей поступивших после 7 суток жизни. Субэпендимальные кисты диагностированы у 9 (47,3%) новорожденных, поступивших в первые сутки, у 2 (10,5%) ребенка поступивших после 7 суток жизни. Отек головного мозга различного генеза – у 4 (3,7%) детей, вывезенных в первые сутки жизни. У 10 (4,6%) пациентов нет данных НСГ по различным причинам (неисправность аппарата на момент поступления, летальный исход до проведения исследования и т.д.).

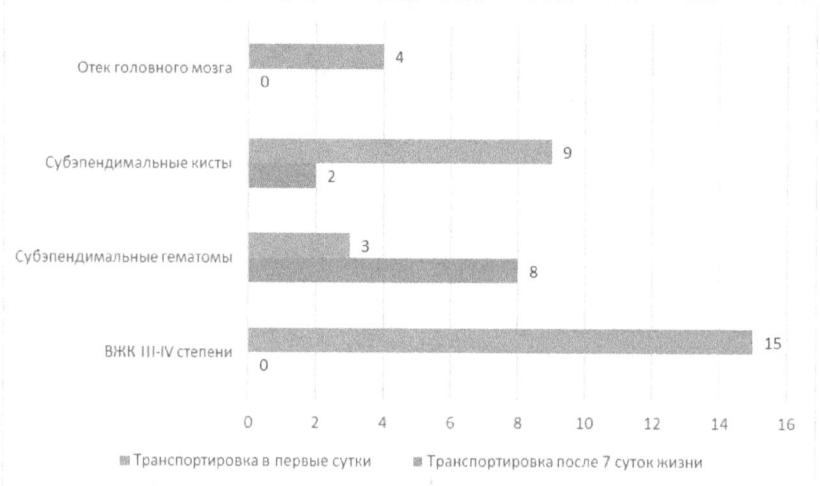

Рис. 4. Ультразвуковые изменения со стороны головного мозга

Исходя из данных НСГ, установлено, что дети, поступившие в отделение реанимации в первые сутки жизни, характеризуются более грозными и тяжелыми изменениями со стороны головного мозга, такими как, ВЖК III-IV степени, отек головного мозга.

При выполнении Эхо-КГ при поступлении были выявлены функционирующие шунты. К ним относились открытый артериальный проток (ОАП), открытое овальное окно (ООО). Среди врожденных пороков сердца, не требующих хирургической коррекции, встречались ДМЖП и ДМПП или их сочетание.

При проведении ультразвукового исследования внутренних органов грубой патологии со стороны печени, почек, органов желудочно-кишечного тракта обнаружено не было. Выявленные морфологические изменения трактовались как незрелость органов.

В отделении реанимации Пермской краевой детской клинической больницы были созданы оптимальные условия по выхаживанию глубоконедоношенного ребенка: применялся охранительный режим и тепловой микроклимат с адекватной нутритивной поддержкой.

Проводилась комплексная этиопатогенетическая терапия, направленная на устранение проявлений полиорганной недостаточности, обеспечение адекватного газообмена, стабилизацию центральной и периферической гемодинамики и поддержание адекватной церебральной перфузии. Интенсивная терапия включала в себя назначение антибактериальных, гормональных, противовирусных, противогрибковых, гормональных гемостатических, седативных и иммуномодулирующих препаратов. Длительность терапии подбиралась индивидуально для каждого пациента с учетом его клинического состояния. Помимо интенсивной терапии проводилась нутритивная поддержка препаратами белков, жиров, углеводов. Осложнений при проведении парентерального питания не отмечалось.

Летальный исход наступил у 21 (36,2%) из 80 детей, вывезенных в первые сутки жизни и у 12 (20,8%) из 42 младенцев, вывезенных после 7-х суток жизни. Была дополнительно изучена структура летальных исходов в зависимости от срока транспортировки в отделение реанимации из районов края. У 7 (33,3%) детей из 21, вывезенных в первые сутки жизни, причиной смерти явилось ВЖК тяжелой степени, у 6 (28,5%) – неонатальный сепсис, у 4 (19%) – ППЦНС тяжелой степени, у 3 (14,3%) – выраженный РДС, не вскрыт по настоянию родителей 1 (4,9%) ребенок.

При анализе структуры летальности детей, вывезенных после 7 суток жизни, получены следующие данные: неонатальный сепсис, ВЖК, тяжелое ППЦНС, в каждой нозологии отмечалось по 3 (25%) летальных исхода, также у 3 (25%) пациентов патологоанатомическое вскрытие по просьбе родителей проведено не было (рис. 5).

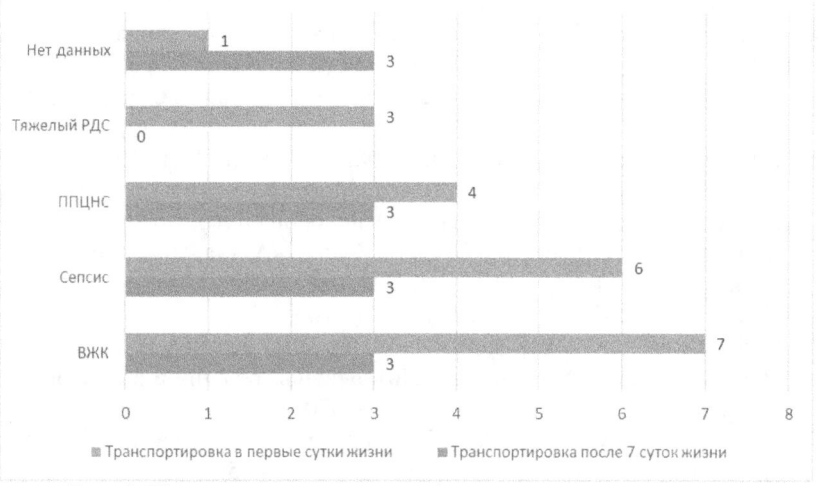

Рис. 5. Причины летальных исходов

Выводы

1. При сравнительной оценке в зависимости от суток жизни на момент транспортировки детей, рожденных с очень низкой и экстремально низкой массой тела в ЛПУ III уровня, установлено, что нет достоверных различий в процентном соотношении летальных исходов (p>0,05).

2. Ранняя транспортировка глубоконедоношенных новорожденных хоть и не снижает частоту летальных исходов, но дает возможность как можно быстрее получить специализированную помощь и снизить риск формирования дальнейшей инвалидности.

3. При анализе причины летального исхода в зависимости от возраста на момент транспортировки в ЛПУ III уровня у детей, вывезенных в первые сутки жизни, увеличивается риск фатального исхода от возникновения ВЖК. Однако, оно может быть не диагностировано в ЛПУ I и II уровня, либо данное осложнение может возникнуть в процессе транспортировки в силу различных причин.

Список литературы

1. Александрович Ю.С., Пшеничнов К.В., Паршин Е.В. Роль реанимационно-консультативных центров в снижении младенческой смертности. // Анестезиология и реаниматология. – 2009. – №. 11 – С . 48-51.

2. Ленюшкина А. А. Частота геморрагических проявлений у глубоконедоношенных детей // Акушерство и гинекология. 2011. – N 2. – С. 53-57.

3. Сорокина З.Х. Централизация помощи новорожденным: значимость и метод оценки // Вопросы практической педиатрии. 2008. Т.3, № 6. С. 59-62.

4. Голавский С. А. Значение реанимационно-консультативного центра (РКЦ) в снижении детской смертности в крупном регионе// VII всероссийский съезд анестезиологов и реаниматологов. – СПб., 2000. – 107 с.

5. Мухаметшин Р.Ф., Мухаметшин Ф.Г., Казаков Д.П. Применение респираторного монитора с капнографом при проведении межгоспитальной транспортировки недоношенных новорожденных /: Первый конгресс педиатров Урала «Актуальные проблемы педиатрии», Екатеринбург, 22-23 мая 2008 года // Вестник Уральской МАН. – 2008. - № 2. – С. 99-103.

6. Странджод Т. П. Транспортировка больных детей в клиники или специализированные центры // Интенсивная терапия в педиатрии. – под ред. Дж. П. Моррея. – М., 1995. – 670 с.

7. Black R. L., Mayer T., Walker M. L. Air transport of pediatric emergency cases//N. Engl. J. Med. – 1982. – V. 307. – P. 1465.

8. Шмаков А.Н., Кохно В.Н. Критические состояния новорожденных, Новосибирск, 2007. - 168 с.

9. Bhende M.S. Evaluation of a Capno-Flo resuscitator during transport of critically ill children / M.S.Bhende, W.D.Allen Jr // Pediatr. Emerg. Care 2002. – Vol. 18. – N6. – P. 414-420.

10. Мухаметшин Р.Ф. Обеспечение безопасности межгоспитальной транспортировки недоношенных новорождённых в критическом состоянии // Актуальные вопросы современной медицинской науки и здравоохранения: тезисы докладов 64-ой науч.-практ. конф. НОМУС. – Екатеринбург, 2009. – С. 517-519.

11. Bellieni C.V., Pinto I., Stacchini N. Vibration risk during neonatal transport. // Minerva Pediatric, 2004. – Vol. 56, N 2. – P. 207-219.

12. Bhende M.S. Evaluation of a Capno-Flo resuscitator during transport of critically ill children / M.S.Bhende, W.D.Allen Jr // Pediatr. Emerg. Care 2002. – Vol. 18. – N6. – P. 414-420.

13. Hollis A.R., Furr M.O., Magdesian K.G. Blood glucose concentrations in critically ill neonatal foals // J. Vet. Intern. Med. – 2008. Vol. 22, N5. – P.1223-1230.

14. Wilcken B et al. Improved neonatal care has reduced prevalence of cerebral palsy in premature babies. Lancet, Jan.6 2007; P. 43-50.

15. Zhou W., Liu W. Hypercapnia and hypocapnia in neonates // World J. Pediatric 2008. – Vol.4, N 3. – P.192-198.

16. Dobrin R. S., Block B., Oilman J. The development of a pediatric emergency transport system //Pediatr. Clin. North Am. – 1980. – V. 27. – P. 235–247.

17. L'Herault J. The effectiveness of a thermal mattress in stabilizing and maintaining body temperature during the transport of very low-birth weight newborns // J.Appl. Nurs. Res. – 2001. – Vol. 14. – N 4. – P. 210-219.

18. Яцык Г.В., Бомбардирова Е.П., Токовая Е.И. Нервно-психическое развитие глубоко недоношенных детей // Детский доктор. – 2001. – № 3. – с. 8-10.

Клюшников О.В.
к.м.н., ассистент кафедры ортопедической стоматологии
Подкорытов Ю.М.
к.м.н., доцент кафедры ортопедической стоматологии
Иркутский государственный медицинский университет

ПРОФИЛАКТИКА ЗУБОЧЕЛЮСТНЫХ ДЕФОРМАЦИЙ НЕПОСРЕДСТВЕННЫМИ ПРОТЕЗАМИ

Анатомо-физиологические особенности жевательного аппарата, как и все проявления жизнедеятельности человеческого организма, находятся под постоянным воздействием внешних и внутренних факторов на протяжении всего периода филогенетического и онтогенетического развития. Среди всех биосоциальных закономерностей человеческого организма важнейшим является его целостность и взаимосвязь между формой и функцией. Организм един, и он представляет собой не сумму, а систему физиологических особенностей. Последние образуют единую цепь, в которой все звенья тесно связаны между собой. Что касается формы и функции, то они тоже имеют теснейшую взаимосвязь: изменение формы вызывает соответствующее изменение функции, и, наоборот, изменение функции непрерывно влияет на морфологию органов.

Ярким образцом взаимосвязи между морфологией и функцией, примером единства эволюции формы и содержания на различных этапах развития является зубочелюстная система.

Все органы челюстно-лицевой системы находятся в тесной связи между собой. Изменение одного из них, как правило, вызывает нарушение формы и функции другого.

Под влиянием различных заболеваний (кариес, пародонтоз, пародонтит, травма и др.) у человека с утратой зубов образуются дефекты зубных рядов, нарушающие акт жевания, эстетику и фонетику. Вследствие уменьшения количества зубов в зубочелюстной системе больного происходит перераспределение нагрузок в сторону их увеличения на оставшиеся зубы, что способствует их расшатыванию, а зубы, лишенные антагонистов, выключаются из функции.

Кроме того, частичная утрата зубов ведет к недостаточной нагрузке жевательных мышц, вследствие чего изменяются рефлексы жевательной мускулатуры, возникают патологические рефлексы, и, как следствие неблагоприятных условий в полости рта, отрицательное влияние на желудочно-кишечный тракт и здоровье человека в целом.

В практике ортопедической стоматологии при показании к протезированию после частичной утраты зубов нет единого мнения о сроках его применения. В большинстве случаев при обосновании сроков протезирования ориентируются на время заживления операционной раны в области удаленных зубов. В среднем эти сроки составляют 1-2 месяца и более, что отдаляло протезирование на значительные сроки.

В то же время за период от удаления зубов до протезирования (1-2 месяца и более) происходит перестройка в зубочелюстной системе, которая значительно ослабляет пародонт, жевательные мышцы, что существенно снижает эффективность ортопедического лечения.

Кроме того, длительное выжидание до начала протезирования весьма тягостно для пациентов, а некоторых из них делает нетрудоспособными (артист, лектор, педагог и т.д.).

Удаление даже одного зуба нарушает нормальное распределение жевательного давления, одни испытывают перегрузку, другие недогрузку или они полностью выключаются из функции. При этом жевательное давление из фактора, стимулирующего обменные процессы в пародонте, может со временем превратиться в фактор разрушения. Клинические наблюдения одного и того же контингента пациентов показали, что в настоящее время число лиц с удаленными зубами, особенно жевательной группы, с возрастом увеличивается.

Несвоевременное обращение пациентов к стоматологу и замещение дефектов зубных рядов в отдаленные сроки после удаления зубов являются главной причиной развития патологического состояния и образования деформаций в зубочелюстной системе.

Трудности в подготовке полости рта к протезированию при зубочелюстных деформациях и длительность их лечения делают актуальным поиск методов их предупреждения.

Перестройка зубочелюстной системы, возникающая в результате потери зубов, является выражением временного приспособления к новым функциональным условиям.

Однако, несмотря на возникшее временное приспособление зубочелюстной системы, которое в начальном периоде протекает бессимптомно, отсутствие даже одного зуба снижает функциональную ценность всего жевательного аппарата.

В этом плане непосредственное протезирование приобретает важное значение, являясь эффективным средством профилактики и лечения.

Результаты полученные на большом клиническом материале, подтвержденные рентгенологическим и клинико-экспериментальными исследованиями, способствовали глубокому и всестороннему изучению влияния непосредственного протеза на послеоперационную рану. Все исследования указывают на благоприятное воздействие непосредственного протеза на процессы регенерации костной ткани альвеолярного отростка, а также отмечают ранее восстановление жевательной функции и более быструю, без осложнений, эпителизацию послеоперационной раны.

По мнению ряда исследователей, иммедиат-протезы восстанавливают эстетические нормы, функции жевания и речи. Кроме того, такие протезы разгружают оставшиеся зубы и предупреждают возникновение травматической окклюзии. Они сохраняют высоту прикуса и тем самым создают нормальные условия для функционирования жевательных мышц и височно-нижнечелюстного сустава, предупреждая их дисфункцию.

Весьма важным является и то, что непосредственные протезы создают лечебно-охранительный режим и предупреждают психическую травму у больных.

Сравнивая данные функциональных исследований (электромиография жевательных мышц, реография пародонта, электроодонтодиагностика и гнатодинамометрия зубов) после непосредственного протезирования с данными больных, ортопедическое лечение которым проводилось в отдаленные сроки после удаления зубов, в динамике, можно отметить, что при непосредственном протезировании функциональное состояние зубочелюстной системы восстанавливается до нормальных значений в кратчайшие сроки.

Исследование ультраструктуры периодонта и пародонта и ультрагистохимии жевательных мышц выявило деструктивные изменения исследуемых тканей в ранние сроки после удаления зубов, которые нарастали в динамике и приводили к глубоким изменениям, в то время как, при непосредственном протезировании подобных нарушений не отмечалось.

Анализ клинико-функциональных и экспериментальных исследований позволил установить, что своевременно и правильно проведенное ортопедическое лечение больных после частичной утраты зубов непосредственными протезами сохраняет морфофункциональное состояние органов полости рта и всей зубочелюстной системы. Это является основой профилактики зубочелюстных деформаций и дает возможность рекомендовать непосредственные протезы к широкому применению в практике.

Гурьева В.А., Евтушенко Н.В.*

профессор, д.м.н., *доцент, к.м.н.

Алтайский государственный медицинский

университет, г. Барнаул, Россия

СОСТОЯНИЕ ФЕРТИЛЬНОСТИ У ЖЕНЩИН С МИОМОЙ МАТКИ НА ФОНЕ ЭМА

В последние годы наблюдается тенденция к «омоложению» миомы матки - возникновение ее у женщин до 30 лет, что обусловлено как совершенствованием диагностики, так и широким распространением «агрессивных» акушерских и гинекологических вмешательств. В современном мире женщине все чаще приходится рожать детей в возрасте после 30 лет, в котором происходит манифестация миомы матки. Фертильность, степень риска и характер осложнений при вынашивании беременности зависят от размера, числа и расположения миоматозных узлов. Вследствие этого женщины с нарушенной репродуктивной функцией на фоне миомы матки, заинтересованные в деторождении должны быть пролечены. Два метода востребованы в качестве лечебных технологий: миомэктомия и ЭМА. Традиционно золотым стандартом и более изученным считается миомэктомия. Согласно данным мировой литературы, частота наступления беременности после миомэктомии колеблется в среднем от 30 до 55%. Что касается ЭМА, то до 2004 года крупные медицинские центры и ассоциации не рекомендовали ЭМА для женщин, не выполнивших репродуктивную функцию. Однако, в последние годы все чаще появляются публикации по проведению ЭМА у женщин с инфертильностью, ассоциированной с миомой матки.

Нами был сделан анализ возврата потенциальной фертильности у женщин с миомой матки после ЭМА в Алтайском крае. Эмболизация маточной артерии (миомы матки) проводится в Краевой клинической больнице Алтайского края с 2001г (более тысячи случаев наблюдения). Первые результаты восстановления фертильности после ЭМА были подведены в 2004 г.- беременность наступила у каждой второй 50% (из 12 женщин, планирующих реализовать материнство - 6 забеременели, из них: 5 родили, 1 незапланированная беременность, наступившая через 3 недели после ЭМА на фоне частичной (54%) регрессии субмукозного узла небольших размеров замерла при сроке 8-9 недель.Остальные беременности наступили через 1-2 года,роды все были проведены оперативным путем при сроке 40 недель.По истечении 8 лет повторно был проведен анализ частоты наступления беременности, течения и исходов ее после ЭМА. Частота наступления беременности составила 54,3%, (из 116 женщин, заинтересованных в деторождении, беременность наступила - у 63). Для восстановления фертильности наиболее благоприятной оказалась локализация узлов - субмукозная, которая наблюдалась у каждой 4-й пациентки с миомой матки. При 0 типе субмукозной миомы происходила экспульсия или миолизис и полностью восстанавливались морфоструктура и кровоток. У пациенток с субмукозными узлами II типа происходила преимущественно миграция в миометрий (88%) или полость матки (12%). При этом варианте миграции в качестве второго этапа проводилась трансцервикальная миомэктомия. При 2 типе субмукозной миомы после ЭМА морфоструктура матки полностью не восстанавливалась, в миометрии оставался очаг фибротизации. При 1 типе субмукозных узлов у большинства (68%) миграция происходила в полость матки, в 32% случаев - в миометрий, но очаг фибротизации был меньший, чем при 2 типе. Однако при всех типах субмукозных улов восстанавливалась архитектоника матки, перфузия эндометрия, миометрия, почти у всех отмечен возврат фертильности. Вероятность наступления беременности при интерстициальных миомах зависела от объема узлов. У женщин с интерстициальными узлами, замещающими около 30% объема миометрия, прогноз восстановления фертильности был благоприятным. Остаточные изменения - фибротизация в миометрии после эмболизации вследствие асептического некроза составляла до 10-15% объема миометрия, что не влияло на восстановление перфузии матки и эндометрия, величина М-эха не изменялась ($1,35\pm0,01$ см $1,36\pm0,01$ см), наблюдались все условия для процессов имплантации, беременность наступила у 80% пациенток, планирующих ее. Фертильность не восстановилась ни в одном случае после ЭМА у женщин с интерстициальными узлами, замещающими около 70% миометрия. При этом менструальная функция нарушилась по типу гипоменструального синдрома, так как перфузия эндометрия и миометрия вследствие большой площади фибротизации узла полностью не восстанавливалась. Величина М-эха значимо уменьшилась($1,16\pm0,03$см и $0,51\pm0,03$см, $p< 0,001$). В этом случае результатом ЭМА являлось улучшение качества жизни – излечивались гиперполименорея и ассоциированная с ней анемия, синдром соседних органов, болевой симптом. У пациенток с множественными интерстициальными узлами, составляющими более 70% объема миометрия и, располагающимися по всей площади наблюдалась исходно низкая перфузия матки и узлов. При этом объем фиброза увеличивался после ЭМА, почти полностью замещая миометрий, перфузия матки еще более снижалась, что обуславливало маточную форму аменореи . У женщин с такими миомами ЭМА является альтернативой гистерэктомии, также восстанавливая качество жизни, но при этом, в отличии от гистерэктомии, функция яичника полностью сохраняется. Транзиторное снижение функции яичника после ЭМА возможно при расположении узлов в области ребер, углов и дна матки. Первая причина - более частое анастомозирование между маточной артерией и яичниковой ветвью и вследствие этого возможна непреднамеренная эмболизация яичников (сегодня диагностируют анастомоз до ЭМА и проводят профилактику осложнения). Вторая причина – увеличение узла за счет его отека в раннем постэмболизационном периоде и механического сдавления сосудов, питающих яичник (достаточно быстро проходит на фоне исчезновения отека и улучшения кровотока). При таком расположении узлов наблюдалась НЛФ до эмболизации. После ЭМА у этих пациенток установлен двухфазный менструальный цикл на фоне восстановления яичникового кровотока, за счет уменьшения размеров узлов. Доказана прямая корреляция между выраженностью кровотока и уровнем эстрадиола. Восстановление Е2 происходило параллельно с кровотоком в яичниках. Гормональный профиль в течение 12 месяцев после ЭМА был у всех в пределах референсных значений.В первый год беременность наступила – у 23,8%, через 2 года – у 28,5% ,через 3 года – у 19,0 %, через 4 года – у 14,3%, через 5- у 4,8%, через 6 лет – у 9,6%.Самопроизвольно беременности наступили у 89,8%, после ЭКО у 5 человек- в 10,2 % случаев. Одним из наиболее частых и характерных осложнений беременности у пациенток, перенесших ЭМА - была низкая плацентация, которая наблюдалась в 14,3% случаев. Возможной причиной являлся рубец на матке вследствие консервативной миомэктомии, произведенной до ЭМА. В 38,1% наблюдалась угроза прерывания, причиной которой могли быть :острые и хронические инфекции (47,6%), заболевания ССС (47,6%), патология эндокринной системы (33,3%), нарушения в системе гемостаза (4,8%).По той же причине мог развиться гестоз, который протекал в легкой степени в 23,8% случаев, ПН - у 14,3% беременных, ПОНРП -в 4,8% случаев, дородовое излитие околоплодных вод -в 38,1% . Миоматозные узлы -небольших размеров установлены по данным УЗИ у беременных лишь в 42,8% случаев, при этом 33,3% из них были аваскулярными, 66,6%- умеренно васкуляризированными. С выраженным кровотоком узлов не наблюдалось и роста их в течении беременности не отмечено. Частота оперативных родов путем операции кесарево сечение составила 79%. Наиболее частым показанием к оперативному родоразрешению были рубцы на матке после КС, миомэктомии или ОНРП, предлежание плаценты. В послеродовом периоде у 23,8% отмечались субинволютивные изменения матки (лохиометра, гематометра).Состояние новорожденных преимущественно составило при рождении 8- 9 и 8-7 по шкале Апгар. При ПОНРП наблюдалась гипоксия (4,3%), гипотрофии не установлено. Выписано новорожденных домой – 85,7%, переведено на второй этап выхаживания –14,3% детей.

Таким образом, ЭМА и миомэктомия соизмеримы по частоте наступления беременности. Частота и характер осложнений более обусловлены соматическим здоровьем, возрастом, ОАА пациентки, нежели с проведением ЭМА, исключением является характерное для ЭМА осложнение – низкая плацентация и ассоциированное с ней возможное развитие патологии.

Bolshakov I.N.

General Director of Limited Liability Company "Bioimplant", MD, Professor, Honored Inventor of Russia, SBEE HPE Krasnoyarsk state medical university named after Prof. V.F. Voino-Yasenetsky, Krasnoyarsk, Russia; e-mail: bol.bol@mail.ru

EXPERIMENTAL PARTIAL AND COMPLETE TRANSECTION SPINAL CORD AND ITS BIOENGINEERING RECOSTRUCTION

Abstract.

The work represents the original research devoted to cellular and issue reconstruction of a spinal cord injury of aduit rats with an experimental vertebral-spinal trauma. After operation laminectomia, partial crossing and full crossing of a spinal cord at a level of chest vertebra IX in defect the product containing collagen-chitosan construction, sulfatic and non-sulfatic glycosaminoglycans (GAGs), the conditioned full nutrient medium with neuronal of growth factors microenvironment from brain cells of embryos and embryonic stem cells of the mouse, N2 neuronal supplement, retinoic acid was implanted. The dynamic neurologic status of animals has shown essential reduction of deficiency on BBB scale during 20 weeks of the postoperative period. The indirect immunofluorescence method of a spinal cord cells and histologic sections confirms presence of active sprauting cells of a parent spinal cord into implant, high viability of the replaced cells of the mouse during all period of supervision, formation in 1 week after operation of progenitor neuronal cells with expression of neurotransmitters.

This change is accompanied by a partial recovery of motor, sensory and autonomic functions of the spinal cord, reaching the level of reduction is 5.6 points neyrolack in BBB scale. Transplantation of collagen-chitosan matrix containing 50,000 progenitor neuronal cells followed for 20 weeks of the maintenance of their viability, formation of numerous neurons forming betweensinoptic communication, in addition to expressing neuronal markers mediators of transmission of nerve signals. The tail part of the spinal cord after its complete intersection demonstrates reduced the number of viable neurons and elements macroglia sprutinga no signs of the tail of the spinal cord. However, the transplantation of a matrix containing precursors of neurons, resulting in significant recovery of lost motor and sensory functions of the spinal cord, reaching the level of reduction neyrolack equal to 19.5 on a scale BBB scale.

Keywords: collagen-chitosan scaffold, neuronal micro-environment, stem cells progenitors, spinal cord injury, neurological deficiency, neurotransmitters.

Introduction. Primary surgical treatment of complicated spinal cord injury standard does not provide the reconstruction of the spinal cord, including the operation of strengthening and stabilizing the spine vertebrae relative to the spinal cord. In experimental practice in formulating the problem of reconstruction of spinal cord injury when using autologous, allogeneic or xenogeneic stem cells isolated and cultured from bone marrow, adipose tissue, peripheral blood, and other places of dislocation. In this cell implantation is carried out either in the free form as an injection in the areas where spinal cord injury or subarachnoid or cells are placed in a hydrogel base and in this form are entered in the injury after surgical access through the bony elements of the spine and spinal cord exposure. The results of such manipulations little satisfactory, characterized far incomplete neurological positive dynamics, the weak control of morphological reconstruction.

The problem of spinal cord injury is the absence to date of effective methods of reconstruction mielomalyatsion certified centers with the restoration of anatomic and functional integrity of the pathways. Suggested methods include the use of the reconstruction of the neurons in culture media, including those derived from human embryonic stem cells (hESC). The problem is that direct use of undifferentiated hESCs or their derivatives leads to the formation of teratomas. The use of differentiated derivatives inefficiently due to their low weight, short viability, large loss events with substrates in the deployment of injury, since the technology provides eluted cells with enzymes, which significantly enhances programmed cell death. Only effective biodegradable matrix, creating favorable conditions for the cultivation and differentiation hESC can create progress in this matter.

Traditionally, the possibility of regeneration pathways of the spinal cord (SC) is severely limited due to the irreversible morphological changes in the nervous tissue after injury, especially in the caudal part. Recently, however, accumulated important evidence and limited clinical data, indicating the theoretical possibility of regeneration in the central nervous system (CNS) and its possible restoration of disturbed functions [1,549;2,1;3,1211]. Received scientific facts allow us to change the current position of the canonized notion of regenerative potential and genetic mechanisms in the central nervous system, as well as to propose new strategies and concepts of treatment of injuries of the SC [4,1;5,49;6,4;7,33]. Most researchers in this field believe that the future belongs to technology of regenerative medicine. The main tool of regenerative medicine are the various cellular technologies with transplantation of cells (cell therapy) to tissue engineering. In this sense, it is the introduction of cells in traumatic spinal cord injury (SC) in its microenvironment.

Embryonic stem cells.

Prospect of transplantation of embryonic stem cells demand a serious approach. Isolation of embryonic stem cells (ESCs) from mouse blastocysts [8,502] and transplantation of fetal tissue to the model of spinal cord injury [9,154] showed the possibility of its use as a temporary intermediate matrix for the regeneration of axons in her central SC. Growing axons regenerated in the embryonic graft to form interneuronal connections. The use of ESC transplantation for spinal cord injury model showed the ability of these cells are integrated into the damaged areas of the SC, differentiated according to the molecular and cellular microenvironment, to be viable for a long time [10,279;11,6126;12,1410]. In this form of ESC oligodendrocytes in adult rats exposed to axons myelination [13,385]. Axonal growth can be accompanied by germination glial scar in the surgical crossing SC [14,1]. Expected morphological changes are accompanied by partial reduction of SC neuroshortage.

The brain and spinal cord cells.

Transplantation of embryonic cell mass of the brain or spinal cord of the rat spinal cord gap in newborn or adult rats leads to early after injury (up to 7 days) to engraftment and sprutingu transplanted neurons, glia cells broadcast caudally beyond the zone of injury [15,763;16,11;17,191;18,391]. In the area of spinal cord injury (SC) in the implanted graft formed the interstitial tissue of the nervous system, filled with nerve agents, able to actively shape the nerve signal broadcast through the image between sinoptical connection that points to the fact that the transplanted tissue is actively integrated with the fabric of the recipient [19,39].

Neural stem cells and progenitor neuronal cells.

A perspective's direction in regenerative cell therapy can be considered transplantation of neural progenitor cells or neural stem cells (NSCs), which are derived from the neuroepithelium of the embryo [20,7216]. SC directed cultivation leads to neuronal differentiation. Neural stem cells (NSCs) are most often used in experimental transplantation for treatment of injuries SC. Regional Transplant (NSC) in rats is accompanied by SC survival and integration with the brain of the recipient, as well as differentiation into neurons and macroglia [21,1;22,9]. For the reconstruction of the SC require different types of differentiated neural cells and cellular elements of the intermediate and microglia. Temporary immunological isolation of neural progenitor cells with viscous polysaccharide gel implants - one of the main conditions for the final differentiation and start axonal growth, genomic transformation neurons donor for the construction of the final incorporation into the brain tissue of the recipient. Reliable control of this differentiation may serve between sinoptical formation due to the presence of active forms of specialized asparaginergich, glutamatergic, serotonergic, glycinergic, cholinergic, GABA-ergic, noradrenalergich neurotransmitters [12,1410;13,385;23,327].

Neural progenitor cells can be obtained with the help of a specific microenvironment *in vitro* conditions of the ESC and subsequently used as the actual cell transplant. Similar manipulations lead to the positive dynamics of neurological and morphological restoration of SC. The effect of translation viable transplanted cell material is significant and is accompanied by differentiation into 3 main types of neuronal cells: neurons, astrocytes and oligodendrocytes [24,667]. Marker analysis supports the process of nerve conductors remyelination [12,1410]. Slurry injection of neuronal stem cells (NSCs) isolated from fetal hippocampus, leads to accurate translation of their injuries in the area of SC, differentiate into neurons, astrocytes and oligodendrocytes and restoration of disturbed function in adult rats [11,6126] or the primates representatives [25,287].

Such differentiation is accompanied by activation of mast cells and Schwann cell interactions with neyrofibroblastamas. It is known that such intercellular communication provokes process of myelination of axons, new axon growth, and the distal stump spruting SC [26,259;27,21;28,22;29,57]. In this morphological engineering SC accompanied by a reduction of neurological deficit, despite the use of a model of a complete intersection SC [30,1]. It is clear that the process engineering support complex molecular microenvironment created by SC cells, which is based on the interaction of neurotrophic factors [31,111].

In Russia, in "NeuroVita" clinic held about two dozen operational autologous olfactory neuronal cells (ONC) based on biodegradable collagen "Sferogel" gel. Use your own cell mass, and the combination of autologous PMCs with autologous hematopoietic stem cells. The results indicate a 50% partial regression of neurological symptoms in the presence of postoperative complications.

Thus, spinal trauma previous studies, the aim of obtaining and using, on the one hand, autologous transformed specialized neuronal cell mass, and on the other hand, three-dimensional substrate having a complete microenvironment for proliferation, differentiation, and the formation of the transferred cells of neuronal intermediate matrix ready for direct transplantation into the spinal cord.

Preliminary studies have resulted in a 4 variants of neural matrix that can support long-term human ESC and animals (rats) in complete medium, translate them into a state of differentiation with reception on the 5th day of cells exposed on its membrane markers characteristic of neuronal (neurofilament, MBP, GFAP) [32,1].

Basic and applied research in the field of chitin and chitosan in the field of biology and medicine show a clear trend lasting occurrence of these biopolymers and their chemical derivatives, not only as effective supplements to foods, but also as independent structures that can perform specific tasks in the prevention and treatment of medical and surgical diseases of the plan. A well-known food additive due to global developments in the scientific search turning into a parenteral implants, acting as the transport systems of target molecules or cells in harsh environments without losing their original activity.

Proposed in this paper approaches to the reconstruction of the spinal cord in experimental spinal complicated spinal injury (total mechanical spinal cord transection) are based on modern biodegradable polysaccharide matrices containing the necessary microenvironment, including the products of growth and differentiation of stem cells and neuronal cells, neuronal precursor cells for reconstruction spinal cord to restore its motor and sensory functions. Consumer properties of the proposed cellular matrix showed competitive advantages due to the lack of matrices satisfying the task. They are as follows: high biocompatibility, biodegradability, non-toxicity, the system of information transfer, the creation of a strict orientation of the fibers in tissue engineering implant thanks to a rigid linear structure of chitosan, the regulation of collagen synthesis, stimulation of breeding passaged cell precursors neuronal tissue, vascular endothelial cell proliferation, tumor microvessel recovery of intracellular substrate. Implantation of such a matrix can be done in an open manner operative spinal cord diastasis.

Materials and methods.

Neuronal matrix getting.

To create a neural matrix was used base polyion complex consisting of nano-microstructured ascorbate chitosan with a molecular weight of 695 kDa and degree of deacetylation of 98%, when the content of 1 g dry chitosan 1.8 g of ascorbic acid, comprising anionic salt forms hondroitinsernoy (Sigma) (20 mg \ d), hyaluronic (Sigma) (10 mg \ d) acid and heparin (5 mg \ d) (Russia), serum growth factors in cattle "adgelon" (110 μg \ d).

In the preparation of chitosan produced the following manipulations:

a) 2-3-fold purification of chitosan («Vostok-Bor-1, Dal'negorsk, Russia dissolved in 0.5% hydrochloric acid, and filtered through a glass filter number 2 and number 3, repreciptation of the gel in 0.15 M sodium hydroxide ;
b) A three-time washing sediment distilled water by centrifugation in a centrifuge with a horizontal axis;
c) the re-refining of chitosan: dissolution of the precipitate in a 0.5% solution of hydrochloric acid, repreciptation in ethyl alcohol (rectified) in the ratio of 1:5, cake washing absolute acetone through a glass filter, wash the precipitate with ether (for anesthesia) through a glass filter, drying sediment in the air;
d) modification (activation) of chitosan (the introduction of active functional groups - additional protonation of primary amino groups) dissolving the polymer in a solution of ascorbic acid in a ratio 1:1,2-1:1,5 (ascorbate chitosan).

The inclusion of collagen-chitosan gel heparin and serum growth factors in cattle "adgelon" (SLL «Endo-Pharm-A», Moscow region, Schcholkovo, Russia) increased the functional activity of cells. It has been suggested that culturing on collagen-chitosan matrices mouse or human ESCs in the conditioned medium from mouse embryonic neuronal cells when added to the medium of neuronal supplement N2 (Sigma) or B27 (Sigma), and retinoic acid (Sigma) can lead to neuronal differentiation .

Polyionic complexes options.

A. To the base of the polyion complex added conditioned culture medium obtained after culturing embryonic neuronal cells of the brain tissue of mice.
B. To the base of the polyion complex was added, conditioned culture medium obtained after culturing embryonic rat allogeneic stem cells from fat tissue of animals (SLL «Bioimplant, Krasnoyarsk region, Russia»).

Embryonic stem cells (ESCs) were prepared from mouse blastocysts through leaching uterine environment DMEM animal anesthetized with ether at 4 to 5 days after copulation. Getting the inner cell mass (ICM) and the further expansion of ESC colonies was performed according to the protocol [33,1145;34,1228].

Getting the conditioned medium of cultured embryonic neuronal cells.

Cultivation of cells was performed in DMEM supplemented with 10% fetal calf serum (FCS F0926, Sigma), 100 mg / ml kanamycin sulfate (Sigma), 1 mM L-glutamine (G7513, Sigma) in bottles Corning, gelatin-coated (Sigma).
In the experiments to obtain the conditioned medium from neural stem embryonic mouse cells (cells from the brains of 17-20 day fetusov outbred mice (Institut of biophisic SD RAS, Russia) after the dispersion and processing of

0.5% collagenase solution (Sigma) for 30 minutes in medium DMEM (Sigma) at 37° C for increasing cell biomass used DMEM under light microscopy with 10% fetal calf serum (FCS), 100 mg / ml kanamycin sulfate, 1 mM L-glutamine, which is further added 4ng / ml basic fibroblast growth factor (bFGF, Sigma), 1 mM solution of essential amino acids (Sigma-Aldrich). Capacity cell biomass at 37° C was performed in flasks coated with 0.1% gelatin. Collection environment daily. Condition cells was evaluated a light microscope. After subculuring with 0.5% collagenase solution to the matrix cells were cultured in medium supplemented with neuronal differentiation agent - N2 component according to the manufacturer's instructions. medium was collected, filtered through a 0.22 micron cellulose acetate filter and later used in as conditioned medium.

Next performed covalent compounds derived polysaccharide gel structure (The Developer is SBEU HPT Krasnoyarsk State Medical University, Russia) with bovine collagen gel (SLL Belkosin, Russia) in a ratio of 1:3, a freeze-drying deep frozen samples to install FC500 (Germany). To this mixture was poured on pallets of duralumin, a layer thickness of 2 mm, frozen at -20 ° C and then freeze-dried at 10-5Pa for 8 hours, the product is packaged and sterilized by electron beam method (neuronal dry matrix courtesy SLL «Medical Company Collachit », Krasnoyarsk Region, Russia).

The above manipulation yielded neuronal matrix size 50h50h2 mm, suitable for not only the culture and in vitro differentiation of embryonic stem cells into neurons and oligodendrocytes progenitor of animals and humans, but also for direct transplantation into the spinal cord gap in experimental spinal injury.

Cultivation and differentiation of mouse embryonic stem cells.

When using a sponge matrix recent pre soaked in sterile bicarbonate buffer (Sigma) to reduce their acid properties. After neutralization phase of collagen-chitosan substrate was washed three times with sterile phosphate-buffered Dulbecco `s modified eagle` s medium (Biolot), placed in a vial, and carefully layered on top of them the cell suspension in a medium with all the components, depending on the cell type.

Murine embryonic stem cells. Marker analysis.

The cultivation of pluripotent cells experiments on collagen-chitosan substrates initially used for biomass growth Basal Medium DMEM (Sigma) supplemented with 10% SR (serum substitute), 100 ug / ml kanamycin sulfate, 1 mM L-glutamine, 4ng/ml primary engine of growth fibroblast (bFGF), 1 mM solution of amino acids and the inhibitor Rock 5ng/ml kinase (Sigma). Capacity cell biomass was performed in flasks coated with 0.1% gelatin. Change the environment daily. Colonial state was assessed visually using a microscope AxioVert-200. To assess the state of maintenance of pluripotency performed immunocytochemical analysis of the expression of markers - oct4, TRA-1-60, SSEA4, cd30 (Sigma).

For the differentiation of embryonic cells in neuronal direction of their seeded into vials on Wednesday with all supplements, except bFGF, with the addition of retinoic acid and N2 supplement.

Immunocytochemical control neuronal differentiation of stem cells.

Carried out every three days, followed by formaldehyde fixation of cells by immunocytochemistry antibody (Abcam, USA) against GFAP - glial fibrilyarnogo acidic protein, neurofilament and nestin. Identification of markers was performed by manufacturer's instructions antibodies. The cell nuclei were stained with DAPI (Sigma) (0,1 mg / ml) for 10 min. For imaging and analysis of a fluorescence microscope «Olympus BX-51» (Japan) and software «Applied Spectral Imaging» (USA). For the analysis of each marker experiment was repeated three times, building up to three bottles, each of which is randomly allocated 6 zones for immunocytochemistry. Microscopy was carried out in each area in 30 fields of view.

Experimental spinal cord injury in rats (partial or complete rupture of the spinal cord).

Premedication: 30 minutes prior to surgery - Sol. Tramadoli 2,5 mg / m; Sol. Atropini sulfatis 0,1% - 0,1 ml / m; Sol. Dimedroli 0,1% - 0,1 ml / m Anesthesia: anesthesia (diethyl ether). 12 white mongrel white rats to female weighing 250 g with Carl Zeiss optics, individually reproduced model of spinal cord injury at the IX-X thoracic vertebrae with 50% of the intersection of the right half of the brain and spinal cord with the complete intersection trunk spinal cord after first performing a laminectomy.

Operation course.

After pretreatment surgical field 70% solution of ethyl alcohol produced under anesthesia incision in the midline at the level of the animal's back to L4 Th7 of 4-5 cm in length Hemostasis was performed during the operation. Dissection of the skin, subcutaneous fat mobilized the wound retractor and bred Edson. Spinous-trapezoidal and latissimus muscle cut off from their places of attachment to the spinous processes Th9 - L3. separated muscles deep layer of the spine and bred microsurgical retractor, denude the vertebral arch Th9-Th12.

Resect bow Th10, dura dissecting and bred in the hand in the horizontal plane. With the help of Micro-lancet, micro-scissors and individual and Carl Zeiss optics carried 50% intersection right half of the spinal cord (24 rats) or complete spinal cord cross the intersection (12 rats). In a defect of the nervous tissue was placed neuronal cell-matrix implant size of approximately 1mm3 (partial transection) to 2 mm 3 (complete transection). Bone wound was closed as a film polysaccharide hydrogel mass «bolchit» [35,1] that does not contain animal collagen. Wound closed in layers: a deep layer of muscles imposed U-shaped stitches suture Vicril 4-0; muscle surface layer sutured obvivnym continuous suture thread Vicril 4-0; skin superimposed U-shaped stitches thread Polyester 3-0. Sutures treated alcoholic solution of iodine.

The transplanted matrices composition

The variants of collagen-chitosan structures prepared two different implant containing the following microenvironment for neuronal cells:

1. Freeze-dried collagen-chitosan matrix containing sulfated and non-sulfated glycosaminoglycans (chondroitin sulfate, sodium hyaluronate, heparin), with the inclusion of elements of a complete culture medium DMEM, conditioned by neuronal cells and neuronal medium supplemented N2, retinoic acid (4 rats with partial and complete transection of spinal cord);
2. Freeze-dried collagen-chitosan matrix of the same composition containing about 50,000 neuronal progenitor cells obtained by culturing and differentiation of mouse embryonic stem cells (RSMR) (5 rats with partial and complete spinal cord transection).

Options porous matrix substrates before finally landing on them embryonic stem cells (ESCs) cut capacity 1mm3 or 2 mm3 and in sterile conditions laid out by the wells of a 96-uncoated 0.1% solution of gelatin. Cells were removed from culture flasks 0.5% collagenase solution, and then washed three times with DMEM medium from the enzyme, and transferred to the wells with chopped matrix in the medium for hESCs. The cells were cultured for at least 3 days before the appearance of neuronal markers in humid conditions at 37 ° C and 6% CO_2. Number of adherent cells was evaluated by dispersing 6.5 pieces of the matrix in the solution of the enzyme, followed by counting the cells in the Goryaev's . Every future neyroimplantat during cultivation contained from 50 to 100 thousand of embryonic stem cells. Before implantation pieces Micro carefully transferred to a microtube with a nutrient medium DMEM/F12 (Nutrient mixture F-12 HAM, Sigma) and transported to the operating room.

Post-operative care.

Within 3-5 days after surgery, the animals received an analgesic Sol. Tramadoli 2,5 mg 3 times a day / m Sutures are removed after 10 days. During the first 24 hours of admission of animals carried to the water. Feeding performed 48 hours after the operation, only a mixture of «Polyproten-nephro» (SLL «Protenpharma», Russia) for 1-4 weeks. The rats were kept in separate cages. Drug support carried broad-spectrum antibiotic, antispasmodics, vasodilators.

Dynamic neurological monitoring.

To assess neurological recovery and the dynamics used rating scale of neurological impairment with partial spinal cord transection (Neurological Severity Scores; NSS scale) [36,503] and the complete transection (BBB scale) [37,1] for 1-4 weeks of the postoperative period (partial transection) and 20 weeks (complete transection).

Histology sections of the spinal cord with the direct implantation of neuronal cell matrices in the dislocation of spinal injury.

Spinal cord preparations obtained by careful and judicious selection of tissue from the spinal canal through the 1,2,3,4 and 20 weeks after surgery. The spinal cord was placed for 24 hours in 10% phosphate-buffered formalin. Continue to implement the classical histological tissue wiring on the equipment Leica (Germany), part of the tissue sections were stained with hematoxylin-eosin in order to review the analysis of tissue at the implant dislocation and its immediate surroundings. When the survey microscopy histological sections (longitudinal, oblique, transverse) assesses the glial reaction in the zone trauma to surrounding tissue, the state of neurons of gray matter of spinal cord. Evaluated the state of the white and gray matter of the spinal cord in 5 fields of view of each slice. The number of cells macroglia (astrocytes, oligodendrocytes), microglia (macrophages) and the number of neuronal cell number.

Immunofluorescence sections of the spinal cord with the direct implantation of neuronal cell matrices in the dislocation of spinal injury.

Part of the tissue sections were subjected to immunofluorescence processing to identify the state of the implanted cell mass (search transplanted cells expressing green fluorescent protein, GFP), the presence of neurotransmitters in the graft adjacent to the upper and lower zones of the spinal cord, as well as collagen-chitosan graft: acetylcholine, serotonin and GABA (Abcam, USA). Techniques include a range of sequential steps:

1. Dewaxing histological sections of spinal cord by 5-fold washing glasses in xylene for 5 minutes, followed by 5-fold washing with 70% ethanol-st. After dewaxing be rinsed with distilled water and buffering slices 1% phosphate buffer (Sigma).
2. Premeabilizatsiya slices with 0,25% Triton X100 (Sigma) in 0,1% Tween (Sigma) in 1% phosphate buffer for 10 minutes

3. Flushing sections 0,1% Tween in 1% phosphate buffer
4. Block non-specific antibody 2% non-fat dry milk, 30 minutes
5. Flushing sections 0,1% Tween in 1% phosphate buffer
6. Colouring primary antibodies. As the antibodies used rabbit polyclonal antibodies against serotonin (Abcam) at a dilution of 1:200 in 0,1% Tween in 1% PBS, and rabbit polyclonal antibodies against the acetylcholine (Abcam) at a dilution of 1:100. Coloring was performed for 60 minutes at room temperature.
7. Triple rinsing sections 0,1% Tween in 1% phosphate buffer
8. Colouring secondary goat anti-rabbit (Abcam), diluted 1:700 in 0,1% Tween in 1% phosphate buffer for 30 minutes at room temperature in the dark.
9. Two-fold washing sections 0,1% Tween in 1% phosphate buffer
10. Stained nuclei DAPI at a concentration of 0.1 mg / ml for 10 minutes in the dark.
11. Flushing sections 0,1% Tween in 1% phosphate buffer
12. Flushing cuts 95% ethyl alcohol.

For getting and analysis using fluorescence microscope «Olympus BX-51" and software «Applied Spectral Imaging» (USA).

Immunofluorescence dispersants spinal cord. Detection of marker expression (differentiation in the assessment of the ability of transplanted cells).

Part of the spinal cord preparations were resuspended in PBS buffer, used to isolate the cell mass. Cells were washed from the holder and to the cell suspension was added a solution of 0.1% Triton X100 for permobilizatsii membranes. Then washed with a solution of 0.1% Tween 20, followed by incubation in the same solution supplemented with 2% normal goat serum at room temperature (to block nonspecific binding of antibodies). Then again washed successively with PBS and Twin20, after which the primary antibody to mouse neurofilament (Abcam, USA) at a dilution of 1:100, and the mixture incubated for 1 hour, then re-washed, then added a solution of rabbit secondary antibody with a red fluorescent label. Unbound molecules are washed three times with PBS marks and evaluated by fluorescence flow cytometer Guava

EasyCyte Mini (USA). Detection of two spectra - Green (assessment of the availability of cells with GFP), red - the presence of neurofilament expression.

A part of the cell mass was subjected to spinal cord formaldehyde fixation of the cells, followed by immunocytochemistry using antibodies (Abcam, USA) against GFAP - glial fibrilyarnogo acidic protein (a marker of astrocytes), oligodendrocytes and neurons enolase, anti-mouse proteins to prevent the emergence of cross signal. Identification of markers was performed by manufacturer's instructions antibodies. The cell nuclei were stained with DAPI (0,1 mg / ml) for 10 min. For imaging and analysis of a fluorescence microscope «Olympus BX-51" and software «Applied Spectral Imaging» (USA). For the analysis of each marker are 6 zones for analysis and photo documentation. Microscopy was carried out in each area in 30 fields of view.

During searching on the same preparations GFP-labeled cells. Thus, the three-color fluorescence analysis made - green fluorescence detection - GFP, the red glow - a marker and blue light - the nuclei of cells.

Availability to settle down after cell transplantation was assessed by flow fluorimetry preparations after 1 and 2 weeks (partial transection) and 20 weeks (complete transection) after implantation. Spinal cord samples were dispersed in 0.5% collagenase solution with PBS for 15-30 minutes at 37° C, filtered through a nylon filter, then fixed with 1% formalin solution with PBS and stained after washing DAPI, producing estimates of the number of cells carrying the blue (cell nuclei) and green (GFP) marker.

Results and discussion.

Maintaining pluripotency of mouse embryonic stem cells (RSMR).

It was previously shown that the cultivation of hESCs on collagen-chitosan substrates can be maintained for 7 days normal morphological status of colonies of pluripotent mouse cells, characteristic for human ESC. Immunocytochemical study showed pluripotency markers in hESCs cultured on a matrix that the cells express nuclear proteins oct-4, TRA1-60, cd30 and antigen SSEA4 [38,55].

Suggested modes of cultivation of embryonic stem cells after appropriate preparation of biodegradable matrices can improve the quality and stability of cultivation, excluding the final stage of obtaining cellular matrix processing enzymes in the cells during cultivation by changing the culture medium, to improve cell attachment to the surface of the matrix, and thus prevent them loss in passages on culture media due to the presence in it of the biopolymer chitosan results, lead to cellular matrix, suitable for direct transplantation.

Various protocols receive differentiated derivatives of neuronal cells from stem cells. In these protocols for the transfer of cells from the culture flasks using solutions of enzymes (trypsin, collagenase, despazy etc.). These manipulations lead to an increase in apoptosis, cell death, damage to the cell surface receptors [39,24]. Increases the likelihood of contamination and complicated procedure of transplantation. In this regard, the use of matrices for the cultivation and directed differentiation of the above resolves the problem, but the need for differentiating factor remains. Use for this purpose, recombinant growth factors and morphogens, when added to the matrix significantly increases the likelihood of an immune response to a foreign protein. The use of conditioned cell medium as an additive to the matrix leads to the elimination of the above problems and provides investigators with a substrate for the cultivation of various cell types, including stem. Adding to the base of the polyion collagen-chitosan complex conditioned medium from embryonic mice or neuronal cell conditioned medium from cultured neuronal precursor cells of rats or component N2 and retinoic acid leads to neuronal differentiation of hESCs as mouse and human ESC. We evaluated the possibility of such cells to differentiate into neuronal direction.

Analysis of the expression of one of the neuronal markers - neurofilament showed that on the first day no fluorescence signals at the specified marker. On the 5th day when cultured hESCs in embryonic neuronal cells conditioned medium detected neurofilament expression, and on the 7th day - and in cells cultured in medium supplemented with N2 neuronal component. A similar pattern was observed in the case of the marker GFAP and nestin.

Thus, the results showed the presence of a matrix conditioned medium obtained after culturing embryonic neuronal cells or medium supplemented with N2 neuronal component, on the 14th day stimulates the expression of ESC markers characteristic of neuronal cells, and shapes their morphology.

The results of neurological analysis with partial spinal cord injury.

Modeling spinal cord injury at the level of IX-X thoracic vertebrae with partial (50% by volume) of the intersection of the trunk side of the brain and spinal implantation diastasis between central and peripheral segments of the spinal cord of collagen-chitosan matrices with embryonic neuronal cell mass showed the adequacy of the model used. The animals in the postoperative period without treatment within 4 weeks there was a steady loss of certain sensory and motor areas of the innervation of the lower limbs, pelvis, the lower half of the body. The model used allows the technician to carry out the implantation of collagen-chitosan matrix in the lateral spinal cord rupture, creating an opportunity to nurse the animals safely in the postoperative period with zero mortality.

Analysis of neurological disorders after spinal cord injury model and implanted in the spinal cord diastasis control and test matrices showed a positive trend recovery of sensory and motor functions of the spinal cord (Table 1 and Table 2).

Table 1

Scale of assessment of neurological deficit
(Neurological Severity Scores - NSS)

Motor function evaluation	Maximum points
Rat suspension by the tail: 1 - forelimb flexion bending 1 - the back leg bending 1 - move your head more than 10 degrees from the vertical axis for 30 sec	3
Putting the rat on the floor: 0 - normal movement of the floor 1 - failure to maintain directional movement 2 - circling towards the paretic limb 3 - falling on the paretic side	3
Evaluation of sensory function: 1 - laying (visual and tactile tests) 1 - proprioceptive test (crushing feet to the edge of the table)	2
Assessment of balance: 0 - to maintain balance and stable body position 1 - gripping rocker 2 - grasp of the balance and a sagging paretic limbs along the rocker 3 - grasp balancer and two sagging paretic limbs along the rocker, or spinning on a rocker (60 sec) 4 - an attempt to keep his balance on a rocker (40 sec), but drop it 5 - an attempt to keep his balance on a rocker (40 sec), but drop it 6 - fall without trying to balance or grab the lever (less than 20 sec)	6
The absence of pathological reflexes or motor activity 1 - reflex ear (when touched to the hearing tubercle - shaking his head) 1 - corneal reflex (when touched to the cornea with a piece of cotton wool - blinking) 1 - startle reflex (motor response to a short noise flipping the paper clip) 1 - seizures, myoclonus, miodistoniyan.	4

Maximum points	18

Note: One point corresponds to the inability to perform a task or absence of the test reflex, 13 - 18 points - marked damage, 7 - 12 points - moderate heavy damage; 1 - 6 points - moderate damage.

Table 2

Rats with partial spinal cord injury and implantation of collagen-chitosan matrices with neuronal precursor cells of mice

Test's Name	1 Week		2 Week		3 Week		4 Week	
	Monit oring	Experi ence	Monit oring	Experi ence	Monito ring	Experi ence	Monit oring	experien ce
Motor function Evaluation	1,0	0,94	0,8	0,29	0,20	0,28	0	0,12
Surface test	1,4	0,95	0,4	0,64	0,20	0,42	0	0,49
Evaluation of sensory function	1,6	1,37	1,4	1,11	0,60	1,2	0	0,62
Balance assessmen t	4,8	5,36	3,6	4,93	4,20	3,99	2,0	3,75
Absence of reflexes, abnormal motor activity	0	0.31	0	0,46	0,20	0,21	0	0,12
Running "narrows" road (cm)	-	13,8	-	28,5	-	36,0	-	47,5
Integrated sum of points	8,8	8,94	6,2	7,46	5,4	6,12	2,0	5,6

Observations numbers	5	19	5	17	5	14	2	8

Note: Control - implantation of collagen-chitosan matrix with neuronal microenvironment without cell mass, experience - implantation of collagen-chitosan matrix microenvironment and neuronal precursor cells of the mouse neuronal

Test of "narrowing road" is going through the rat on the road length of 165 cm and a width at the beginning - 9 cm, at the end of the road - 3 cm track located at a height of 120-130 cm above the floor, creating a rat motivation to overcome it. Rats with spinal cord injury in advancing began to stumble (advance pelvic limbs by track). Depending on the severity of spinal cord injury in general, and the degree of violation of proprioception in particular, rats could accurately pass on a path different distances. Intact rats crossed completely the track.

The results showed that in the presence of only a full matrix microenvironment, and the matrix with the embryonic cell mass - neuronal precursor cells is a significant improvement in neurological indicators, such as motor and sensory activity of the hind limbs, the absence of abnormal motor activity, restoration of balance, improving run tests on a horizontal surface and narrowing a movement on the track. The positive effect of the implantation of the matrix without cells in the absence of inflammatory processes associated with most likely a sufficient set of factors included in its structure, needed to stimulate the migration of its own cells involved in regeneration (Table 2). In other words, the matrix itself regulates bioengineered processes in the wound.

The results of fluorescence detection in samples of spinal cord with partial rupture of flow cytometry in the terms of 1-2 weeks.

Cytometry analysis showed that direct transplantation of neural progenitor cells obtained by cultivation and the creation of neuronal microenvironment remains viable neuronal precursor that proliferate within 2 weeks. The relative number of cells expressing factor GFP, does not change during the two weeks, and is about 34%.

Histological analysis of the partial rupture of the spinal cord.

In the implanted matrix with ESC with the extension of the period of implantation was observed more severe resorption of its fibers. By 28 th days most of the neuronal progenitor cells migrated to the periphery of the matrix close to the nerve tissue. Analysis of histological sections show that cells in the matrix not only survive, but to fill its entire structure, migrate toward the nervous tissue of the recipient. Moreover, the reduction of biopolymer fibers indicates a high metabolic activity in the area of repair.

Around the area of injury in both cases (with and without a precursor of neuronal cells in the matrix) revealed a large number of macrophages, the cytoplasm which is filled with phagocytosed detritus. Number of microglial cells was increased by 7-day 14 and decreased to 21 - 28 days.

When implanted matrix precursor neuronal cells showed an increase in all cells macroglia (astrocytes, oligodendrocytes). When using the matrix without cells in the spinal cord in the area of transplantation, an increase oligodendroglial cells and decrease of astrocytic glial cells.

The number of neurons in the gray matter of the spinal cord after implantation of matrix precursor neurons remained at the same level, with a slight peak in 2-3 weeks. In addition, 28 days around the area of implant matrix precursor neurons observed emergence of a large number of poorly differentiated cells. In the absence of a matrix precursor cells of neurons decreases with time.

Thus, studies have shown signs of a possible full recovery structure of the damaged spinal cord. Transplantation of cells to the matrix leads to a full and rapid recovery of histological tissue integrity after injury.

Immunofluorescent analysis of spinal cord slices.

When immunofluorescence fixed precursor cells in the spinal cord sections were pre-treated cells with antibodies against neurofilament, followed by secondary antibody labeling and detection of fluorescence. The analysis of paraffin sections of rat spinal cord showed that the addition of a matrix implant neural progenitor cells results in engraftment and migration into the wound area, followed by differentiation into neuronal direction regardless of the composition of the matrix within 1-4 weeks. Probably the key influence is not only the three-dimensional structure of the support, but also the cytokine milieu of cells in the wound.

In rats, as in the early stages, and in the later period there was the presence of transplanted cells differentiated into tissue-specific types. When cells in neuronal differentiation in the longitudinal direction of the cut is the presence of spinal cord neurofilaments in cell strands, enolase, the formation of synapses and to glial GFP protein.

For analyzing the presence of enolase in preparations spinal cord after treatment of the cells with antibodies against enolase and subsequent labeling of secondary antibodies with detection of fluorescence detected specific protein neuron. When processing an antibody against glial acidic protein it is also found in the cell mass of the transplanted cells.

When used in the implants spinal cord neural progenitor cells treated with antibodies against oligodendrocytes, followed by secondary antibody labeling and detection of fluorescence detected in the last line-transplantation.

Analysis of the morphology of the spinal cord in rats indicate that the technology matrix implanted in the spinal cord and provide stability to the composition of the spongy structure within 4 weeks, the viability of transplanted neural progenitor cells and oligodendritnyh, absence of a pronounced inflammatory reaction at the implant site, the formation mezhsinapticheskih compounds in cell-cell contacts . This picture confirms substrate reconstruction of spinal cord at the break as the newly formed nerve tissue.

Analysis of dispersants spinal cord.

Study dispersant spinal cord showed that the samples are present GFP-labeled cells. The results show stable expression of GFP at 3 and 4 weeks after transplantation in the area of spinal cord injury, which indicates the ability of transplanted cells homing to the site of injury.

Marker analysis of spinal cord sections in the area of transplantation.

Further samples were analyzed by histological sections for markers of neuronal differentiation and restore normal synaptic cell-cell contacts. The transplanted cells expressed markers of oligodendrocytes and neurofilaments forming beetweensinoptic communication.

In preparations with transplanted cells were labeled with anti neurofilament cells, indicating that the differentiation in the direction of the transferred predecessors.

The study showed markers for oligodendrocytes, the cells that form the characteristic morphological structures.

A green light indicates that the transplanted cells function, and differentiate into oligodendrocytes. Transplanted cell three-dimensional structure can create the conditions for the differentiation of transplanted cells in the matrix precursor in neuronal and glial directions.

Results of the analysis of neurotransmitters in the area of transplantation of neural matrix with partial rupture of spinal cord.

Markers analysis of transmission of nerve signals with partial spinal cord injury in is showed that in the segments of the central nervous system, which are higher than the control a cellular graft detected cells expressing GABA, acetylcholine and serotonin in the period 1-4 weeks after surgery. In the control area of the matrix is filled with interstitial implantation of tissue with cells of the spinal cord of the parent expressing the above mentioned neurotransmitters. In the tail of the spinal cord revealed viable tissue with cells producing mediators of transmission of nerve signals.

In animals, experimental series with partial spinal cord injury in the areas of the head and tail of the central nervous system revealed identical expression pattern control neurotransmitters. However, the phenomenon is registered sprutinga transplanted neural progenitor cells from the area of transplantation in proximal maternal spinal cord. In the cytoplasm of cells besides detecting green fluorescent protein revealed expression of mediators. Throughout the area of transplantation into the spinal cord of collagen-chitosan matrix precursor cells of neuronal cells in addition to maternal tissue detected a high number of cells containing cytoplasmic GFP. In addition, these cells express GABA, acetylcholine and serotonin. In the tail of the spinal cord below the transplanted cell matrix observed spruting neuronal progenitor cells (cells expressing the acetylcholine-GFP, 2 weeks after transplant period).

Table 3

The results of the analysis with complete neurological spinal cord transection

Level	Description
0	Movement of the lower limbs are not observed
1	Light movement in one or two joints, usually the hip and / or knee
2	Two broad movement in one joint Or Broad movement in one joint and easy movements in one other joint
3	Broad movement in two joints
4	Easy movement in all three joints of the lower limb
5	Light movement in two joints and extensive movement in the third joint of the lower limb
6	Broad movement in two joints, and lightly third joints of the lower limb
7	Wide movement in all three joints of the lower limb
8	"Sweeping" movement without relying on a limb or Fixing the foot on the surface without the support of her
9	Fixing foot on the surface of building on it only when standing (without moving) or Random, frequent or constant steps on the dorsal surface of foot building on it, in the absence of step on the plantar surface of the foot (feet).

10	Steps random drawing on the plantar surface of the foot, there is no coordination of movement fore and hind limbs
11	From frequent to constant steps building on the plantar surface of the foot, there is no coordination of movement fore and hind limbs
12	From frequent to constant steps building on the plantar surface of the foot, random coordination of front and hind legs moving
13	From frequent to constant steps building on the plantar surface of the foot, frequent coordination of front and hind legs moving
14	Steps permanent building on the plantar surface of the foot, ongoing coordination of front and hind legs moving, when the foot traffic mainly rotated (inward or outward) - at the beginning of contact with the floor surface feet, and before lifting it from the surface or Frequent steps building on the plantar surface of the foot, ongoing coordination of front and hind limbs in motion, random steps relying on the dorsal surface of the foot
15	Steps permanent building on the plantar surface of the foot, ongoing coordination of front and hind legs moving, the animal does not take away or accidentally removes fingers feet moving limbs forward (when navigating), when the motion is parallel to the body paw position at foot contact with the floor surface.
16	Steps permanent building on the plantar surface of the foot, ongoing coordination of front and hind legs moving, animal often removes fingers feet moving limbs forward (but not always) (for swimming), when the motion is parallel to the foot body position in contact with the surface of the foot floor and rotate at weaning feet from the floor.
17	Steps permanent building on the plantar surface of the foot, ongoing coordination of front and hind legs moving, animal often removes fingers feet moving limbs forward (but not always) (for swimming), when the motion is parallel to the foot body position in contact with the surface of the foot sex and weaning feet from her.
18	Steps permanent building on the plantar surface of the foot, ongoing coordination of front and hind legs moving, the animal always clean fingers feet moving limbs forward (when navigating), when the motion is parallel to the body paw position at foot contact with the floor surface of the foot and at weaning from her.
19	Steps permanent building on the plantar surface of the foot, ongoing coordination of front and hind legs moving, the animal always clean fingers feet moving limbs forward (when navigating), when the motion is parallel to the body paw position at foot contact with the floor surface of the foot and at weaning against her tail constantly pushed down
20	Steps permanent building on the plantar surface of the foot, ongoing coordination of front and hind legs moving, the animal always clean fingers feet moving limbs forward, when the

	foot movement is parallel to the body position of the foot in contact with the floor surface and at weaning foot against her tail constantly lifted up, there is instability in the trunk.
21	Stupanie permanent building on the plantar surface of the foot, ongoing coordination of front and hind limbs during movement (when navigating) animal always removes fingers feet moving limbs forward, paw is always parallel to the body position, the tail is constantly lifted up, there is instability in the trunk, the trunk is stable .

Table 4

Analysis results of the with complete neurological spinal cord transection and transplantation of collagen-chitosan matrix predecessor mouse neuronal cells (PNCm) mouse cells (PNCm)

Lower limb \ Week			1	2	3	4	5	6	7	8	9	10
Neurolack's level	experimental group (with predecessors NC)	left paw	0	1	2,5	5	7	7	7,5	9	10	11,5
		right paw	0	1	1	4	4,5	5,5	7	8,5	10,5	11,5
Neurolack's level	The control group (without predecessors NC	left paw	0	0	0,5	1,2	1,8	3,4	4,8	5	5,4	5,4
		right paw	0	0,4	0,8	0,8	2,2	4,4	4,8	4,8	4,8	4,8

Lower limb \ Week			11	12	13	14	15	16	17	18	19	20
Neurolack's level	experimental group (with predecessors NC)	left paw	12,5	13	14,5	16	19	19,5	19,5	19,5	-	-
		right paw	12,5	13	14,5	16	19	19,5	19,5	19,5	-	-
Neurolack's level	The control group (without predecessors NC	left paw	5,4	5,4	5,4	5,4	5,4	5,4	5,4	5,4	5,4	5,4
		right paw	4,8	4,8	4,8	4,8	4,8	4,8	4,8	4,8	4,8	4,8

Analysis of neurological deficits in rats after complete spinal cord transection indicates that transplantation of acellular collagen-chitosan matrix diastasis spinal cord at the level of thoracic vertebra IX leads to a marked reduction in the volume of violations by restoring the function of the pelvic organs in full, and provides 5-6 levels recovery of motor and sensory functions of the spinal cord within 20 weeks follow-up (Table 3). Implantation into the spinal cord diastasis collagen-chitosan substrate 50,000 precursors mouse neuronal cells leads to virtually eliminate neurolack, reaching over 20 weeks 20 replacement level (Table 3). On serial photo shows the animals in the control and experiment at different times of the postoperative period with different levels of reduction of neurological deficit.

Immunofluorescent analysis of neurotransmitters in the spinal cord sections at its complete transection.

It is known that the microenvironment in the area of transplantation of embryonic cells requires not only the survival of the transplanted cells, but also the restoration of their contact with the spinal cord of the recipient. This is supported by a complete transection model of spinal cord of newborn rats. Transplantation of embryonic cells in the area of transection SM improves functional characteristics as compared to controls [40,128]. In such transplants often unsatisfactory results may be regarded as the realization of the immunological conflict due to breach the blood-brain barrier injury in the SM [41,291]. Recent studies show that the inclusion of implantable structures aminated polysaccharide polymer in a state of compaction to nanoscale alerts direct contact of immune cells with allogeneic or xenogeneic cells of nervous tissue that is included in the implant, which substantially reduces the immunological conflict in this area of the privilege [42,18;43,31;44,34]. It is important to note that the transplantation of fetal cells in the human spinal cord injury zone CM rats reveals high viability of donor cells in the area of transplantation within 3 months. This is confirmed by immunohistochemical reactions to molecular markers [45,37;46,262;47,339;48,523]. In this case, change the cell mass in the acute phase of injury leads to a decrease of 10% viability, reaching 83%. An important result was the fact that the choice of the matrix for the broadcast of cell mass.

Immunofluorescence neurotransmitters control of serial sections of the cerebral spinal cord rats 20 weeks after its full transection (nadtransplantatsionnaya zone itself) shows that the interstitial tissue filled with nuclear cell mass, actively expressing GABA, acetylcholine and serotonin. The number of these cells is the uniformity of the distribution center to the area of the graft.

Serial immunofluorescence zone collagen-chitosan graft shows that 20 weeks after the operation area is filled with interstitial brain tissue with a large number of viable neuronal cells maternal spinal cord, actively expressing markers GABA, acetylcholine and serotonin. Furthermore zone graft contains many newly formed microcapillaries containing the body of erythrocytes with effect autofluorescence. Number of nucleated cells in maternal spinal cord transplant decreases toward the tail region. In the rear area of the spinal cord (below the graft), the number of nucleated cells is substantially less than in the head area and in the control graft. However, viable cells express neurotransmitters GABA, acetylcholine and serotonin.

Research prototypes spinal cord, containing besides the neuronal microenvironment of growth factors 50 000 neuronal progenitor cells of mice, showed that by the transplant register spruting cells producing GFP, in the area of the central end of the parent spinal cord. Broadcast nucleated cells is accompanied by the expression of neurotransmitter GABA, acetylcholine and serotonin. A detailed analysis of the serial sections of the actual donor cells in the spinal cord indicates a rich content of viable neurons, producing GFP while expressing neurotransmitters. Transplanted cell mass in addition to the parent who came to neuronal cell occupies the entire volume of collagen-chitosan substrate. In the tail of the spinal cord of the experimental group reduced the number of animals registered nucleated cells with expression and without expression of neurotransmitters. The study of serial sections below collagen-chitosan cell transplant (tail of the spinal cord) did not reveal the phenomenon sprutinga GFP-cells.

Conclusion.

Thus, the results obtained in the course of studies suggest that collagen-chitosan matrix containing in its composition factors and neurogenic differentiation of neural progenitor cells suitable for implantation to restore the functions of the damaged spinal cord without the risk of teratomas provided cell culturing mass progenitor neuronal cells in the artificial three-dimensional environment. Transplantation of acellular collagen-chitosan substrate at full experimental spinal cord transection is accompanied by active sprutingom maternal cell mass neuronal origin, actively expressing markers of neuronal differentiation and neurotransmitters. This change is accompanied by a partial recovery of motor, sensory and autonomic functions of the spinal cord, reaching the level of reduction is 5.6 points neyrolack in BBB scale. Transplantation of collagen-chitosan matrix containing 50,000 progenitor neuronal cells followed for 20 weeks of the maintenance of their viability, formation of numerous neurons forming betweensinoptic communication, in addition to expressing neuronal markers mediators of transmission of nerve signals. Transplanted cell mass shows broadcast their axons in the maternal side of the central segment of spinal cord, beyond the graft. The tail part of the spinal cord after its complete intersection demonstrates reduced the number of viable neurons and elements macroglia sprutinga no signs of the tail of the spinal cord. However, the transplantation of a matrix containing precursors of neurons, resulting in significant recovery of lost motor and sensory functions of the spinal cord, reaching the level of reduction neyrolack equal to 19.5 on a scale BBB scale.

References.

1. Kakulas B.A. 2004. Neuropathology: the foundation for new treatments in spinal cord injury. Spinal Cord. Vol. 42 (10), P.549-563.

2. Young W. Bases for Hope in Spinal Cord Injury. / / http://sci.rutgers.edu.

3. Tsai E.C., Tator C.H., 2005. Neuroprotection and regeneration strategies for spinal cord repair. Curr Pharm Des. Vol. 11 (10), P.1211-1222.

4. Bryukhovetskiy A.S., 2003. Transplantation of neural cells and tissue engineering brain nerve disease. Moscow: ZAO "clinic of restorative neurology and interventional therapy" NeuroVita." 398 p.

5. Bersenev A.V., 2005. Cellular Transplantation - history, present status and prospects. Cell Transplantation and Tissue Engineering. No1, P.49-56.

6. Borschenko I.A., 2005. Modern possibilities of active treatment of traumatic spinal cord injury. Proceedings of the 4th Annual All-Russian scientific-practical conference "Society spinal cord." Moscow, P.4-10.

7. Tator C. H., 2002. Strategies for recovery and regeneration after brain and spinal cord injury. Inj. Prev. Vol. 8, P.33-36.

8. Guest J.D, Rao A., Olson L., Bunge M.B, Bunge R.P., 1997. The ability of human Schwann cell grafts to promote regeneration in the transected nude rat spinal cord. Exp. Neurol. Vol.148, P.502-522.

9. Evans M.J., Kaufman M.H., 1981. Establishment in culture of pluri-potential cells from mouse embryos. Nature. Vol.292, P.154-156.

10. Bjorklund A., Stenevi U., 1984. Intracerebral neural transplants neuronal replacement and reconstruction of damages circuitries. Ann. Rev. Neurosci. Vol.7, P.279-308.

11. Liu S., Qu Y. Stewart T.J., Chakrabortty S., Holekamp T.F., McDoonald J.M., 2000. Embrionic stem cells differentiate into oligodendrocytes and myelinate in culture and after spinal cord transplantation. Proc. Nat. Acad. Sci. USA. Vol.97, P.6126-6131.

12. McDonald J.W., Liu X.Z., Qu Y., Liu S., Mickey S.K., Turetsky D.,Gottlieb D.I., Choi D.W., 1999. Transplanted embryonic stem cells survive, differentiate, and promote recovery in injured rat spinal cord. Nat. Med. Vol.5, No12, P.1410-1412.

13. Wichterle H., Lieberam I., Porter J.A., Jessell T.M., 2002. Directed differention of embrionic stem cells into motor neurons. Cell.Vol.110, No3, P. 385-397.

14. Lanza R., Gearhart J., Hogan B., Melton D., Pedersen R, Thomas E.D., Thomson J., West M. 2009.Essentials of Stem Cell Biology. ELSEVIER. 548 p.

15. Diener P.S., Bregman B.S., 1998. Fetal spinal cord transplants support the development of target reaching and coordinated postural adjustments after neonatal cervical spinal cord injury. J. Neurosci. Vol. 18.-P. 763-776.

16. Shibayama M., Matsui N., Himes B.T, Murray M., Tessler A., 1998. Critical interval for rescue of axotomized neurons by transplants. Neuroreport. Vol.9, P. 11-14.

17. Das G.D., 1983. Neural transplantation in the spinal cord of adult rats. Conditions, survival, cytology and connectivity of the transplants. J. Neurol. Sci. Vol.62, P.191-210.

18. Goldberg W.J., Bernstein J.J., 1987. Transplant-derived astrocytes migrate into host lumbar and cervical spinal cord after implantation of E14 fetal cerebral cortex into adult thoracic spinal cord. J. Neurosci. Res.Vol.17, P.391-403.

19. Bernstein J.J., Underberger D., Hoovler D.W., 1984. Fetal CNS transplants into adult spinal cord: techniques, initial effects and caveats. Cent. Nerv.Syst. Trauma. Vol.1, P.39-46.

20. Mendez I., Sadi D., Hong M., 1996. Reconstruction of the nigrostriatal pathway by simultaneous intrastriatal and intranigral dopaminergic transplants. J. Neurosci. Vol.16,P. 7216-7227.

21. Tsymbalyuk V.I, Medvedev V.V., 2005. Neurogenic stem cells. Kiev, 596 p.

22. Liu Y, Himes T, Solowska-Baird J, Moul J, Chow S, Tessler A, Snyder E, Fischer I., 1999. Intraspinal delivery of neurotrophin-3 using neural stem cells genetically modified by recombinant retrovirus. Exp.Neurol.Vol.158, P.9-26.

23. Onifer S.M., Cannon A.B., Whittemore S.R., 1997. Altered differentiation of CNS neural progenitor cells after transplantation into the injured adult rat spinal cord. Cell Transplant. Vol.6, P.327-338.

24. Whittemore S.R., 1999. Neuronal replacement strategies for spinal cord injury. J. Neurotrauma. Vol.16, P.667-673.

25. Fujiwara Y., Tanaka N., Ishida O., Fujimoto Y., Murakami T., Kajihara H., Yasunaga Y., Ochi M., 2004. Intravenously injected neural progenitor cells of transgenic rats can migrate to the injured spinal cord and differentiate into neurons, astrocytes and oligodendrocytes. Neurosci. Lett. Vol.366, No3, P.287-291.

26. Raisman G., 2003. A promising therapeutic approach to spinal cord repair (editorial). J. R. Soc. Med. Vol.96, P. 259-261.

27. Tiansheng S., Jixin R., Wu J. et al., 2005. Transplantation of olfactory ensheathing cells for the treatment of spinal cord injury. First International Spinal Cord Injury Treatment and Trials Symposium. Abstracts and free papers. P.21.

28. Huiyong S., Tang Y., Wu Y.F. et al., 2005. Experimental and clinical observation olfactory ensheathing cells: Migratory property after being transplanted in spinal cord. First International Spinal Cord Injury Treatment and Trials Symposium. Abstracts and free papers. Hong-Kong, P.22.

29. Shen H.Y., Tang Y., Wu Y.F. et al., 2005. The influences of transplanted olfactory ensheathing cells of axonal regeneration in adult rat spinal cord. First International Spinal Cord Injury Treatment and Trials Symposium. Abstracts and free papers. Hong-Kong, Ab060, P. 57.

30. Ramer L.M, Au E., Richter M.W., 2004. Peripheral olfactory ensheathing cells reduce scar and cavity formation and promote regeneration after spinal cord injury. J. Comp. Neurol. Vol. 473, No 1, P.1-15.

31. Perry C., Bianco, J.I., Harkin, D.G., Mackay-Sim, Alan, Feron, Francois, 2004. Neurotrophin 3 promotes purification and proliferation of olfactory ensheathing cells from human nose. *Glia*, Vol.*45, No* 2, P.111-123.

32. Eremeev A.V., Svetlakov A.A., Bolshakov I.N., Sheina Y.I., Polstyanoy A.M., 2011. Method for producing a neural matrix. PCT/RU000213, No WO/2011/142691.

33. Thomson J.A, Itskovitz-Eldor J., Shapiro S.S., Waknitz M.A., Swiergiel J.J., Marshall V.S., Jones J.M., 1998. Embryonic stem cell lines derived from human blastocysts. Science. Vol.282, No.5391, P.1145-1147.

34. Hee Sun Kima, Sun Kyung Oha, Yong Bin Parkb, Hee Jin Ahnb, Ki Cheong Sunga, Moon Joo Kanga, Lim Andrew Leeb, Chang Suk Suha, Seok Hyun Kima, Dong-Wook Kime, Shin Yong Moona, 2005. Methods for Derivation of Human Embryonic Stem Cells. Stem Cells. Vol. 23, No.9, P.1228-1233.

35. Patent RU 2301675, 2007.

36. Combs D.J., D'Alecy L.G., 1987. Motor Performance in Rats Exposed to Severe Forebrain Ischemia: Effect of Fasting and 1,3-Butanediol. Stroke. Vol.18, No 2, P.503-511.

37. Basso D.M., Beattie M.S., Bresnahan J.C., 1995. A sensitive and reliable locomotor rating scale for open field testing in rats. J.Neurotrauma.Vol.12, P.1-21.

38. Eremeev A.V., Svetlakov A.V., Bolshakov I.N., Vlasov A.A., Arapova V.A., 2009. Function of cultured embryonic cells on collagen-chitosan matrix. J. Cell Transplantation and Tissue Engineering. T.IV, No 2, P.55-62.

39. Eremeev A.V., Svetlakov A.V., Bolshakov I.N., Vlasov A.A., Arapova V.A., 2008. Viability and function of pluripotent cells and fibroblasts dermal-epidermal layer of animals in their culture on collagen-chitosan coatings. Siberian medical review. No 6 (54.), P.24-27.

40. Theele D.P., Schrimsher G.W., Reier P.J., 1996. Comparison of the growth and fate of fetal spinal iso-and allografts in the adult rat injured spinal cord. Exp. Neurol. Vol.142, P.128-143.

41. Tessler A., Fischer I., Giszter S., Himes B.T., Miya D., Mori F., Murray M., 1997. Embryonic spinal cord transplants enhance locomotor performance in spinalized newborn rats. Adv Neurol. Vol.72, P.291-303.

42. Bolshakov I.N., Eremeev A.V., Sheina Y.I., Polstyanoy A.M., Karapetyan A.M., Ignatov A.V., Krivopalov V.A., Kaptyuk G.I. 2012. Collagen-chitosan matrix for cultivation and differentiation of embryonic stem cells into neuronal nature. Marker analysis. J. Basic research. No1, P.18-23.

43. Bolshakov I.N., Krivopalov V.A., Kaptyuk G.I., Karapetyan A.M., Ignatov A.V., 2012. Transplantatsiya cellular polysaccharide substrate with partial spinal fracture in rats. Dynamic neurological monitoring. J. Basic research. No2, P.31-34.

44. Bolshakov I.N., Eremeev A.V., Svetlakov A.V., Shein Y.I., Rendashkin I.V., Polstyanoy A.M., Krivopalov V.A., Kaptyuk G.I., Karapetyan A.M., Ignatov A.V., Medvedeva N.N., Zhukov E.L., 2012. The use of the polysaccharide matrix in the treatment of neuronal experimental spinal cord injury. J. Questions and reconstructive plastic surgery. Tomsk, Vol.15, No1, P.34-42.

45. Otellin V.A., 1999. Morphological study of the method neurotransplantation clinic. Problems of Neurosurgery. No4, P.37-38.

46. Akesson E., Kjaeldgaar A., Seiger A., 1998. Human embryonic spinal cord grafts in adult rat spinal cord cavities: survival, growth and interactions with the host. Exp. Neurol. Vol.149, P.262-276.

47. Giovanini M.A., Reier P.J., Eskin T.A., Anderson D.K., 1997. MAP2 expression in the developing human fetal spinal cord following xenotransplantation. Cell. Transplant. Vol.6, P.339-346.

48. Giovanini M.A., Reier P.J., Eskin T.A., Wirth E., Anderson D.K., 1997.Characteristics of human fetal spinal cord grafts in the adult rat spinal cord: influences of lesions and grafting conditions. Exp. Neurol. Vol.148, P.523-543.

(*) This work was supported by grant from State Educational Institution Krasnoyarsk State Medical University. prof. V.F.Voyno Yasenetsky MH-SD RF (2009), grants the State Fund for Assistance to Small Innovative Enterprises in Science and technology (contract number 6746r/9167 from 10.04.2009, Contract № 8775 dated 11.01.2011 r/13993 city, contract number 10494 r/16892 from 06.08.2012).

Соболев Ю.А.[1], **Солодов Ю.Ю.**[2], **Ромашкин Е.С.**[3]
к.м.н, ассистент кафедры факультетской хирургии ОрГМА[1]
аспирант кафедры факультетской хирургии ОрГМА[2]
студент 5 курса лечебного факультета ОрГМА[3]

ОБОСНОВАННОСТЬ ИСПОЛЬЗОВАНИЯ ПОЛИПРОПИЛЕНОВЫХ СЕТЧАТЫХ ПРОТЕЗОВ В ХИРУРГИИ УЩЕМЛЕННЫХ ВЕНТРАЛЬЫХ ГРЫЖ

Актуальность темы

Опыт хирургического лечения грыж насчитывает сотни лет. Внедрение атензионных методов произвело революцию в герниологии, позволив значительно снизить количество рецидивов заболевания [1,15; 2,7; 5,400].Ущемленные грыжи занимают четвертое место в структуре ургентных хирургических заболеваний. Если учесть, что «грыженосители» составляют около 2% населения, то общее количество больных с этой патологией достаточно велико в практике экстренной хирургии [4,228]. Однако, несмотря на постоянный интерес к данной проблеме, результаты лечения нельзя считать удовлетворительными [3,181].

Тактические подходы и этапы операций при ущемленных грыжах хорошо разработаны и пересмотру не подлежат. Но с практической точки зрения нет уменьшения раневых осложнений и рецидивов грыж. Это обусловлено тем, что операция направлена на ликвидацию ущемления и его последствий, а пластика отходит на второй план. Отсутствие широкого внедрения протезирующих методов пластики при ущемленных грыжах объясняется на данный момент тем, что существует мнение о недопустимости применения синтетических материалов при ущемленной грыже, поскольку оперативное вмешательство производится в других условиях - как местных (бактериальная контаминация раны, ишемия тканей), так и общих (экстренный характер вмешательства, наличие у пациента интоксикации, высокого внутрибрюшного давления, кишечной непроходимости, перитонита, сопутствующей патологии) [2,8; 5,401; 6,4]. Внедрение эндопротезов сдерживает также низкая доступность материалов в экстренной ситуации, а иногда высокая стоимость.

Следовательно, изучение возможностей ненатяжной пластики в оперативном лечении ущемленных грыж передней брюшной стенки относится к важным разделам абдоминальной хирургии.

Целью работы было проведение ретроспективного анализа хирургического лечения больных с ущемленными вентральными грыжами.

Задачи исследования:

1.Выполнить сравнительный анализ результатов классического подхода к хирургическому лечению больных с ущемленными грыжами, и подхода с использованием эндопротезов.

2.Оценить преимущества и недостатки ненатяжной пластики при ущемленных грыжах передней брюшной стенки.

Материал и методы

Основу работы составили клинические наблюдения за 48 больными с ущемленными грыжами, оперированными в хирургических отделениях ГАУЗ «ГКБ им. Н.И.Пирогова» г. Оренбурга в 2012 году.

Результаты и обсуждения исследования.

Среди ущемленных грыж число паховых составило 15 (31,3%), пупочных – 14 (29,2%), бедренных – 10 (20,8%), послеоперационных вентральных – 5 (10,4%), грыж белой линии живота – 4 (8,3%). При послеоперационных вентральных грыжах в 4 наблюдениях имела место срединная локализация. Женщин было 27 (56,2%), мужчин - 21 (43,8%), Возраст пациентов варьировал от 22 до 85 лет. Средний возраст составил 59,7±2,8 лет. Доля больных пожилого и старческого возраста превысила 70% (34 пациента).

Продолжительность «грыженосительства» составил от 6 месяцев до 30 лет (в среднем 8,5±1,3 года). 27 (56,2%) пациентов поступили в первые 6 часов с момента ущемления грыжи, 16 (33,3%) – в течение последующих 18 часов. 5 (10,5%) больных поступило более чем через сутки от начала эпизода ущемления. По нашим данным, чаще ущемляется тонкая кишка – у 21 (43,8%) пациента, сальник— у 17 (35,4%), либо сальник в сочетании с тонкой кишкой –у 7 (14,6%). В остальных случаях (6,2%) содержимым грыжевого мешка были предбрюшинная клетчатка и подвеска сигмовидной кишки.

Осложнения, возникшие в результате ущемления, наблюдались у 10 (20,8%) пациентов. У 5 (10,5%) из них осложнения возникли как результат ущемления продолжительностью более суток.

У 4 оперированных пациентов (8,3%) содержимым грыжевого мешка явился участок нежизнеспособной тонкой кишки, что потребовало его резекции. Среди 4 пациентов, оперированных по поводу ущемленных послеоперационных вентральных грыж выраженный спаечный процесс в грыжевом мешке диагностирован у троих (6,5%). Для вправления содержимого в брюшную полость потребовалось рассечение спаек. Среди прочих осложнений наблюдался некроз пряди большого сальника – у 3 больных (6,5%), разлитой серозный перитонит – у 2 (4,1%), некроз участка предбрюшинной клетчатки - у 1 (2,1%).

У 30 (62,5%) больных было выполнено грыжесечение с ненатяжной пластикой с использованием сетчатого протеза. Остальные пациенты (37,5%) оперированы с применением традиционных методов пластики.

Правильный выбор материала для пластики имеет ключевое значение для успешного исхода лечения больного. В инфицированных условиях должен применяться материал из монофиламентных нитей. Все операции с ненатяжной пластикой выполнены с использованием полипропиленового сетчатого протеза «PROLENE» производства «Ethicon, Johnson&Johnson», и полипропиленового сетчатого протеза «Линтекс-эсфил» (г. Санкт-Петербург). Для фиксации эксплантата применялась полипропиленовая нить № 2/0, 0. Для надежности результата в некоторых случаях была применена комбинированная методика расположения сетчатого протеза"Onlay" и "Sublay".

При оценке результатов лечения ущемленных грыж послеоперационные осложнения отмечены у 1 больного (2,1%) в виде фуникулита после пластики местными тканями ущемленной паховой грыжи. Среди больных с ненатяжной пластикой послеоперационных осложнений не наблюдалось. Общая летальность составила 0%.

Среди 30 пациентов, оперированных с применением протезирующих методов пластики, при обследовании в сроки от 0,5 до 1 года рецидива грыжи не было.

Заключение

Таким образом, протезирующие методики пластики при ущемленных грыжах брюшной стенки не ухудшают непосредственные результаты оперативных вмешательств и позволяют достоверно улучшить отдаленные результаты по сравнению с традиционной пластикой. Это позволяет широко рекомендовать использование сетчатых протезов в пластике при хирургическом лечении ущемленных грыж брюшной стенки.

Литература

1.Адамян А.А. Путь герниопластики в герниологии и современные ее возможности. Материалы I Международной конференции «Современные методы герниопластики с применением полимерных имплантатов». М., 2003; 15.

2.Васильев М.Н., Ванюшин П.Н., Валыка Е.Н. и др. Аллопластика в лечении ущемленных послеоперационных вентральных грыж. Пленум проблемной комиссии «Неотложная хирургия». Нижний Новгород, 2009; 7-8.

3.Савельев В.С. Руководство по неотложной хирургии органов брюшной полости. Под ред. В.С. Савельева. Гл. 6. Ущемленные грыжи. М., Медицина, 2004; 181.

4.Егиев В.Н., Лядов К.В., Воскресенский П.К. Атлас оперативной хирургии грыж. М., Медпрактика, 2003; 228.

5.Жебровский В.В. Хирургия грыж живота. М., МИА, 2005; 400-401.

6.Агафонов О. И. Герниология. Анализ качества жизни больных после грыжесечения по поводу послеоперационных вентральных грыж с использованием различных эксплантатов. М., 2008; 3(19): 4.

Шнякин П.Г.

кандидат медицинских наук, врач-нейрохирург, докторант кафедры
оперативной хирургии и топографической анатомии КрасГМУ
им. проф. В.Ф. Войно-Ясенецкого
Shnyakinpavel@mail.ru

Дралюк М.Г.

доктор медицинских наук, профессор, нейрохирург высшей категории,
заслуженный врач РФ.

Пестряков Ю.Я.

врач-нейрохирург высшей категории, заведующий
нейрохирургическим отделением ККБ г.Красноярска

Ермакова И.Е.

аспирант кафедры оперативной хирургии и топографической анатомии
КрасГМУ
им. проф. В.Ф. Войно-Ясенецкого.

АНАЛИЗ РЕЗУЛЬТАТОВ ХИРУРГИЧЕСКОГО ЛЕЧЕНИЯ БОЛЬНЫХ С ГЕМОРРАГИЧЕСКИМ ИНСУЛЬТОМ НА ОСНОВЕ РАЗРАБОТАННОГО ДИФФЕРЕНЦИРОВАННОГО ОТБОРА НА ОПЕРАЦИЮ

Сосудистые заболевания головного мозга остаются одной из самых актуальных и при этом сложных проблем современной медицины, особое место среди которых занимают геморрагические инсульты, сопровождаемые высокой летальностью и инвалидностью [2,3,6,11]. При этом до сих пор однозначно не определена тактика по ведению больных с данной патологией. В первую очередь это связано с отсутствием чёткой доказательной базы об эффективности хирургического лечения данной категории больных перед консервативной терапией, несмотря на то, что имеются многочисленные сообщения об эффективности малоинвазивных методик удаления гипертензионных гематом [2,4,5,10,11].

В последние несколько лет исследователи геморрагического инсульта кроме поиска оптимальных малоинвазивных методик удаления гипертензионных внутримозговых гематом, стали больше уделять внимания проблеме отбора больных на операцию, на основании оценки функционального состояния подкорково-стволовых структур головного мозга. Так, было замечено, что тяжесть состояния и прогноз лечения больных с геморрагическим инсультом во многом определяются выраженностью нарушений перифокального отёка-ишемии вокруг зоны кровоизлияния [1,2,7].

В этой связи целью данной работы явился анализ результатов хирургического лечения больных с геморрагическим инсультом с учётом оценки функционального состояния ствола головного мозга и перифокального кровотока в подкорковых структурах до операции.

Материалы и методы: На основании полученных данных по изучению нарушений проведения звукового сигнала по стволу головного мозга (по данным АСВП - нейромиоанализатор «Нейромиан» НМА-4-01) и перифокального кровотока (по данным перфузионной КТ - компьютерном томографе – GE Light Speed) у больных с геморрагическим инсультом путаменальной локализации (n=202, исследования 2010-2012гг) нами был разработан четырехступенчатый алгоритм отбора больных на операцию:

1. При поступлении у больного с геморрагическим инсультом путаменальной локализации (ПЛ) оценивается уровень бодрствования по шкале ком Глазго (ШКГ). При уровне бодрствования ниже 9 баллов ШКГ больной подлежал консервативной терапии.

2. У больных имеющих более 9 баллов ШКГ измерялся объем гематомы и уровень срединной дислокации. При объёме гематомы менее 30мл и дислокации срединных структур менее 5мм – больному назначалось консервативное лечение.

3. Больным с 9 и выше баллами ШКГ и объёмом гематомы более 30мл и дислокации срединных структур более 5мм, выполнись исследование АСВП. Если наблюдалось увеличение стволовых межпиковых интервалов (III-V и I-V) более 20% от нормы, считалось, что ствол головного мозга существенно функционально пострадал и оперативное лечение полезного эффекта иметь не будет – больной лечился консервативно.

4. У больных с 9 и выше баллами ШКГ, объёмом гематомы более 30мл и дислокации срединных структур более 5мм, без критического увеличения межпиковых интервалов по данным АСВП проводилась перфузионная КТ. Больным, у которых выявлялось распространённое и выраженное снижение перифокального кровотока назначалось консервативное лечение.

Те больные, которые прошли все 4 этапа отбора подлежали малоинвазивному удалению (пункционное удаление) внутримозговых гематом под нейронавигационным контролем (Рис.1).

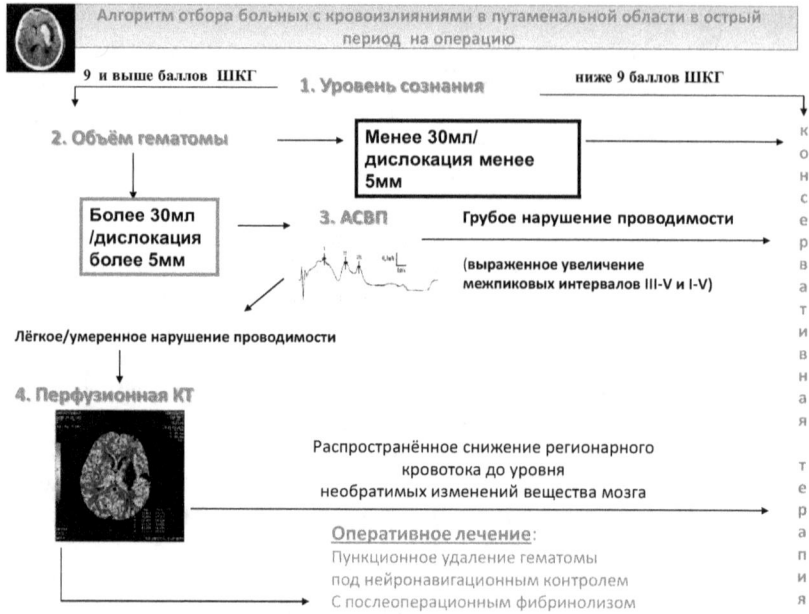

Рис.1. Алгоритм отбора больных с геморрагическим инсультом на операцию.

Проанализированы результаты хирургического лечения 24 больных с кровоизлияниями путаменальной локализации, отобранных на операцию согласно существующим рекомендациям [4,5], где показанием к операции были такие критерии как: объём гематомы (более 30мл), степень поперечной дислокации (более 5мм) и уровень бодрствования (9 и более баллов ШКГ), и 28 больных отобранных на операцию согласно разработанному дифференцированному алгоритму (где кроме объёма гематомы, уровня поперечной дислокации и уровня бодрствования в соответствии с существующими рекомендациями, также учитывалось функциональное состояние подкорково-стволовых структур).

Объём операции в обеих группах: пункционное удаление внутримозговой гематомы под нейронавигационным контролем. Все больные были прооперированы в первые сутки от момента кровоизлияния. Во всех случаях выполнено пункционное удаление внутримозговой гематомы без каких-либо интраоперационных осложнений. Послеоперационный фибринолиз остаточной гематомы не проводился в связи с отсутствием в клинике эффективных сертифицированных фибринолитиков.

На 3 сутки после операции по данным контрольной компьютерной томографии во всех случаях гематома была удалена более чем на 75%

первоначального объёма (остаточная часть во всех случаях была менее 20мл3 и не угрожала декомпенсации внутричерепной гипертензии).

Статистическая обработка полученных данных выполнена в программе Microsoft Excel 2011.

Результаты и обсуждение:

Среди пациентов прооперированных пункционно малоинвазивно согласно существующим рекомендациям(n=24), к моменту операции 14 имели уровень бодрствования 9-10 баллов ШКГ, 10 пациентов – 11-13 баллов ШКГ.

В другой группе пациентов прооперированных пункционно малоинвазивно по разработанному дифференцированному алгоритму (n=28), к моменту операции 12 имели уровень бодрствования 9-10 баллов ШКГ, 16 пациентов – 11-13 баллов ШКГ.

В группе больных с уровнем бодрствования 9-10 баллов ШКГ, прооперированных по рекомендательным протоколам, летальность составила 58,3%, при уровне бодрствования 11-13 баллов ШКГ летальность составила 30%.

В группе больных с уровнем бодрствования 9-10 баллами ШКГ, прооперированных по разработанному дифференцированному алгоритму, летальность составила 33,3%, при уровне бодрствования 11-13 баллов ШКГ – 18,7% (рис.2).

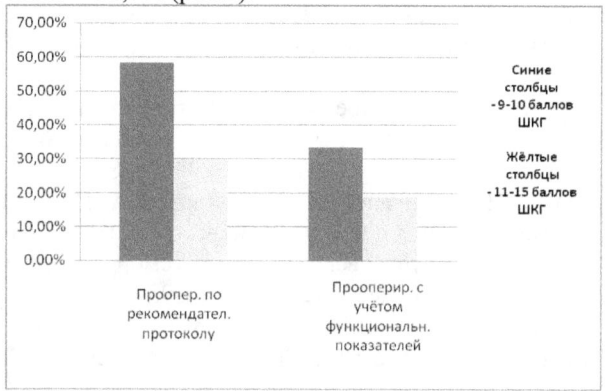

Рис.2. Показатели летальность среди больных с геморрагическим инсультом в группе прооперированных по рекомендательному протоколу и в группе отобранных на операцию по разработанному дифференцированному алгоритму.

Как видно из рис.2 у больных прооперированых малоинвазивно по рекомендательному протоколу с уровнем бодрствования 9-10 баллов отмечается высокий показатель летальности – 58,3%, в то время как у больных с уровнем бодрствования 9-10 баллов, но по данным АСВП не имеющих грубого нарушения проведения звукового сигнала по стволу головного мозга и без грубых нарушений перфузии в перифокальных от гематомы областях, летальность значительно ниже – 33,3%.

Наилучшие результаты малоинвазивного удаления внутримозговых кровоизлияний получены у больных с уровнем бодрствования 11-13 баллов ШКГ не имеющих грубого нарушения проведения звукового сигнала по стволу головного мозга и без грубых нарушений перфузии в перифокальных от гематомы областях – 18,7% случаев.

Таким образом, малоинвазивное удаление гематом у больных, прошедших дифференцированный отбор на основании разработанного алгоритма, имеет преимущество перед существующим рекомендательным протоколом по отбору данной категории больных на операцию.

Полученные данные требуют дальнейшего уточнения на большем клиническом материале и при подтверждении предварительных результатов могут быть использованы в разработке алгоритмов отбора больных с геморрагическим инсультом путаменальной локализации на операцию.

Литература:

1. Буренчев Д.В. Магнитно-резонансная томография при остром геморрагическом инсульте: автореф. дис. … д-ра мед. наук. – М., 2010 – 40 с.
2. Буров С.А. Хирургическое лечение внутричерепных кровоизлияний методом пункционной аспирации и локального фибринолиза: автореф. дис. … д-ра мед. наук. – М., 2008 – 48 с.
3. Верещагин Н.В., Пирадов М.А., Суслина З.А. Инсульт. Принципы диагностики, лечения и профилактики. – М., 2002 – 268 с.
4. Дашьян В.Г. Хирургическое лечение геморрагического инсульта: автореф. дис. … д-ра мед. наук. – М., 2009. – 49 с.
5. Крылов В.В., Дашьян В.Г. Выбор метода хирургического лечения гипертензивных гематом // Нейрохирургия. – 2005. – №2. – С. 10 – 16.
6. Скворцова В.И., Крылов В.В. Геморрагический инсульт. – М., 2005. – 160 с.
7. Berry I., Ranjeva P., Duthil C. Diffusion and perfusion MRI, measurements of acute stroke events and outcome: present practice and future hope // Cerebrovasc. Dis. 1998. – Vol. 8, Suppl. 2. – P. 8 – 16.
8. Chen X.C., Wu J.S., Zha X.P. Randomised multicentre prospective controlled trial in the standard treatment of hypertensive intracerebtral

hematoma // Clinical Journal of Chinese Neuroscience. – 2001. – Vol.9. – P. 365 – 368.

9. Fewel M.E. Spontaneous intracerebral hemorrhage: a review // Neurosurg. Focus. – 2003. – Vol.15(4). – P. 678 – 684.

10. Marquardt G., Wolff R., Janzen R.W. Basal ganglia haematomas in non-comatose patients: subacute stereotactic aspiration improves long-term outcome in comparison to purely medical treatment // Neurosurg. Rev. – 2005. – Vol.28(1). – P. 64 – 69.

11. Pantazis G., Tsitsopoulos P., Miha C. Early surgical treatment vs conservative management for spontaneous supratentorial intracerebral hematomas: A prospective randomized study // Surg. Neurol. – 2006. – Vol. 66(5). – P. 492 – 501.

И. В. Фирсова, Ю. А. Македонова, А. Н. Попова, Е. М. Чаплиева

Фирсова И. В. - ГБОУ ВПО «Волгоградский государственный медицинский университет» Министерства здравоохранения РФ, заведующая кафедрой терапевтической стоматологии, д.м.н., профессор.

Македонова Ю. А., Чаплиева Е. М. - ВолгГМУ, к.м.н., ассистенты кафедры терапевтической стоматологии.

Попова А. Н. – ВолгГМУ, к.м.н., доцент кафедры терапевтической стоматологии

МОРФОЛОГИЧЕСКИЕ ОСОБЕННОСТИ РЕАКЦИИ ПЕРИОДОНТА ПРИ ПЛОМБИРОВАНИИ СИСТЕМЫ КОРНЕВЫХ КАНАЛОВ В ЭКСПЕРИМЕНТЕ

Ежедневно стоматолог сталкивается с бесконечным множеством клинических ситуаций, каждая из которых требует интерпретации и анализа на основании совокупной оценки объективных показателей и клинического опыта врача. Несомненно, важная роль в качестве лечения осложненных форм кариеса, с учетом ближайших и отдаленных результатов, отводится составу и свойствам эндогерметиков [3,28; 4,58].. Современное направление в эндодонтическом лечении зубов предусматривает возможности для реализации биологического принципа сохранения апикального периодонта в жизнеспособном состоянии [2,88].. Поиски стоматологов направлены на изыскание возможности предотвратить воспаление интактного периодонта, и тем самым уменьшить количество осложнений, которыми чреват этот метод [1,186].. **Целью работы** является изучение морфологических изменений в периодонте лабораторных животных при пломбировании каналов корней зубов современными эндогерметиками.

Материалы и методы. Эксперимент выполнен на 60 белых беспородных крысах – самцах массой 250-300 г. Эксперименты были одобрены комитетом по этической экспертизе исследований Волгоградского Государственного Медицинского Университета (протокол №110 – 2010 от 20.02.2010).

Все животные были разделены на 3 группы: I –я группа – контрольная (эндодонтическое вмешательство не проводилось), II-ой группе пломбировали корневые каналы зубов материалом АН-Plus; III – ей группе – материалом Real Seal. Для исключения влияния на конечный результат эксперимента дополнительных факторов, связанных с индивидуальными особенностями лабораторных крыс, группы наблюдений формировались из одного и того же животного. Гистологическое исследование ткани периодонта проводилось на 3 сутки, 14 сутки, через 1 и 6 месяцев. С помощью морфометрического метода исследовали ширину апикального периодонта, диаметр кровеносных сосудов и коллагеновых волокон (мкм).

Данные, полученные в результате исследований, обрабатывали вариационно-статистическим методом на IBM PC/AT «Pentium-IV» в среде Windows 2000 с использованием пакета прикладных программ Statistica 6 (Statsoft-Russia, 1999) и Microsoft Exsel Windows 2000.

Анализ результатов. Как показали исследования в состав периодонта крыс входят коллагеновые волокна, натянутые между альвеолярным отростком и цементом корня. Помимо волокнистых структур входят разнообразные клетки, имеющие разную локализацию и строение. Среди клеточных структур наиболее часто встречаются фибробласты различной степени зрелости. Также встречаются: цементобласты, остеобласты, остеокласты и одонтокласты.

В результате проведенного морфологического исследования периодонта при обтурации каналов корней зубов лабораторных животных, было выявлено, что в течение первых 3-х суток реакция периодонта различалась в зависимости от используемого эндогерметика. Наиболее выраженная реакция периодонта наблюдалась при обтурации каналов силером AH-Plus. Значение ширины периодонта при использовании эндогерметика AH-Plus в 1,2 раза больше, чем в контрольной группе (428,5±12,6 мкм, p>0,05), в ткани периодонта данной группы обнаруживалось умеренно выраженное полнокровие кровеносных сосудов. По сравнению с контрольной группой является статистически достоверной разница в диаметре кровеносных сосудов (93,0±9,8 мкм) (p<0,05). Ширина коллагеновых волокон в данной группе достоверно больше, чем в контрольной группе (7,2±0,4 мкм и 2,8±0,6 мкм соответственно) при p<0,05.

Пломбирование каналов корней зубов лабораторных животных силером Real Seal не вызвало существенных изменений в ткани периодонта в ближайшие сроки исследования. Качественные и количественные показатели достигали контрольных значений, за исключением ширины коллагеновых волокон. Данное значение достигло максимума к 3 дню эксперимента и составило 5,3±0,07 мкм, что в 1,9 раза больше, чем в контрольной группе (2,8±0,6 мкм). Данная разница является статистически достоверно выше (p<0,05). Показатели диаметра сосудов и ширины периодонта статистически не отличаются от показателей контрольной группы животных (p>0,05).

Через 14 дней морфометрические данные и полуколичественные показатели ткани периодонта при применении силеров AH-Plus, Real Seal практически не отличались от первоначальных показателей эксперимента (3 дня) в каждой группе.

В отдаленные сроки эксперимента через 6 месяцев после обтурации корневых каналов эндогерметиком AH-Plus расширение периодонта сохранялось по сравнению с контрольной группой (580,1±28,8 мкм и 365,2±86,3 мкм соответственно), данная разница статистически достоверна, при p<0,05. Следует отметить, что изменения диаметра кровеносных сосудов в данной группе по сравнению с 3 сутками эксперимента оставались достоверно выше (p<0,05). Показатель ширины коллагеновых волокон достоверно превышал таковой в контрольной группе (5,7±0,5 мкм и 3,2±0,5 мкм соответственно).

Таким образом, при обтурации системы корневых каналов зубов силером AH-Plus гистологические и морфометрические изменения свидетельствуют о развитии незначительных очаговых деструктивных и умеренно выраженных воспалительных изменений в ранние сроки эксперимента, которые постепенно уменьшаются, и происходит восстановление гистологической структуры апикального периодонта в отдалённые сроки эксперимента.

Пломбирование каналов корней зубов крыс силером Real Seal в отдаленные сроки исследования не вызывало изменений ткани периодонта. Качественные и количественные показатели практически не отличались от показателей контрольной группы эксперимента.

Через 6 месяцев коллагеновые волокна периодонта сохраняли правильную ориентацию, их ширина составила 3,2±0,2 мкм, что являлось в 1,6 раза меньше, по сравнению с 3 сутками эксперимента (p<0,05). Данное значение не отличалось от показателя ширины коллагеновых волокон в контрольной группе (3,2±0,2 мкм и 3,2±0,5 мкм соответственно p>0,05)

Отмечалось умеренное полнокровие кровеносных сосудов, их диаметр не отличался от диаметра сосудов животных контрольной группы (33,2±9,1 мкм и 30,7±2,5 мкм соответственно) (p>0,05).

Показатель ширины периодонта через 6 месяцев по сравнению с контрольной группой статистически достоверно не отличался (377,3±32,5 мкм и 365,2±86,3 мкм соответственно) (p>0,05).

Таким образом, при обтурации каналов корней зубов силером Real Seal необратимых воспалительных и деструктивных изменений не наблюдалось, однако, имело место ограничение адаптивно-компенсаторных реакций.

Следовательно, понимание структурных изменений периапикальных тканей при прямом взаимодействии с тем или иным эндогерметиком позволяет не только констатировать изменения ткани периодонта, но и использовать их для решения прогностических задач в практической терапевтической стоматологии.

Литература

1. Беер Р., Бауман М.А., Киельбаса А.М. Иллюстрированный справочник по эндодонтологии. М., 2008. 239 с.

2.Гамбарини Дж. Герметизирующая способность нового обтурационного материала для корневых каналов Epiphany One с технологией Resilon/ Дж. Гамбарини // Эндодонтия. – 2008. - № 1 . – с. 88-92.

3.Луцкая И.К. Обоснование выбора эндодонтического лечения // Новое в стоматологии. 2001. № 2. С. 28-30. 4.LIN L.M., Gagler P., Langelan K. A histopatologic and hislobacteriologic study of 35 periapical endodontic surgical of specimens // J. Endod. 2006. Vol. 3, № 8. P. 58-60.

Гурьева В.А., Дударева Ю.А.

Дударева Юлия Алексеевна, врач акушер – гинеколог, кандидат медицинских наук, ассистент кафедры акушерства и гинекологии ФПК и ППС ГБОУ ВПО «Алтайский государственный медицинский университет» Министерства здравоохранения Российской Федерации
Гурьева Валентина Андреевна доктор медицинских наук, профессор. Заведующая кафедрой акушерства и гинекологии ФПК и ППС ГБОУ ВПО «Алтайский государственный медицинский университет» Министерства здравоохранения Российской Федерации

СОВРЕМЕННАЯ ОЦЕНКА СОСТОЯНИЯ ЗДОРОВЬЯ ПОТОМКОВ ЛИЦ, НАХОДИВШИХСЯ В ЗОНЕ РАДИАЦИОННОГО ВОЗДЕЙСТВИЯ (НА ПРИМЕРЕ СЕМИПАЛАТИНСКОГО ПОЛИГОНА)

Мировое сообщество более 60 лет волнует проблема последствий радиационного воздействия при ядерных взрывах на организм человека и его потомков [1,4;4,7]. Наиболее значимое влияние на радиационную обстановку в крае, особенно его юго-западных районов, оказало испытание первого ядерного устройства 29 августа 1949 года [4,7].
Репродуктивная система женщины является одним из самых чувствительных индикаторов неблагоприятного влияния окружающей среды и отдельных ее компонентов, в частности ионизирующее излучение [2,47; 3,18].
В настоящее время 2 поколение потомков вступило в фертильный возраст, что дает уникальную возможность оценить в следующем поколении репродуктивное здоровье женщин, проживающих на территории, подвергшейся воздействию Семипалатинского полигона.
Целью исследования явилась оценка состояния соматического здоровья, гинекологической патологии второго поколения потомков лиц, находившихся в зоне радиационного воздействия.
Материалы и методы: В основную группу вошли данные о 112 женщинах, являющихся вторым поколением потомков лиц, проживающих в населенных пунктах Алтайского края, находившихся на следе ядерного взрыва 29 августа 1949 г. на Семипалатинском полигоне. К контрольной группе были отнесены 53 женщины, которые сами, их родители, прародители, не подвергались воздействию ионизирующего излучения.
Изучалась экстрагенитальная патология, гинекологические заболевания, основные параметры иммунной системы у обследованных женщин. Проводилась оценка субпопуляционной структуры иммунокомпетентных клеток периферической крови методом проточной цитофлюориметрии с помощью моноклональных антител. Проводилась количественная оценка уровня провоспалительного цитокина: фактора некроза опухоли (TNF α)

методом твердофазного иммуноферментного анализа с использованием тест-систем Procon (ООО «Протеиновый Контур», г. Санкт-Петербург). Проведена рандомизация групп по возрасту, социальному положению, паритету. Обработка результатов исследований проводилась с помощью пакета прикладных программ Statistica 7.0, Excel 2007, позволяющих проанализировать данные с использованием параметрических и непараметрических критериев.

Результаты и обсуждение: Анализ экстрагенитальной патологии показал, что у женщин основной группы распространенность экстагенитальной патологии была в три раза выше, чем в контрольной группе (p<0,001). Одно из ведущих мест в структуре экстрагенитальной патологии в основной группе занимали болезни органов мочевыделительной системы, чаще всего представленные хроническими воспалительными заболеваниями почек (33,0±8,7%), частота которых превышала контрольную группу на 19,8% (13,2±1,3%; p=0,012).

Частота гинекологической заболеваемости у 2 поколения потомков лиц, находившихся в зоне радиационного воздействия на 41,8% превышала контрольную группу (p<0,05). В структуре гинекологической патологии преобладали воспалительные заболевания половых органов, частота их была на 16,7% выше по сравнению с контрольной группой (37,5±9,0% против 20,8±1,5%, p<0,05). Одним из факторов предрасполагающим к хроническим воспалительным процессам женских тазовых органов, особенно в репродуктивном возрасте, является ранний дебют половой жизни. Начало половой жизни женщин сравниваемых групп значимо не отличалось, и составило в основной группе - 17,5±1,9 лет, в контрольной группе – 17,8±1,8 лет (p>0,05). С помощью бинарной логистической регрессии установлено, что у 2 поколения потомков раннее начало половой жизни не влияет на частоту воспалительных процессов гениталий (χ^2=0,003; p=0,959). Другим значимым фактором, обуславливающим частоту воспалительных заболеваний, является частая смена половых партнеров. Причем частота женщин, не состоящих в браке, в основной и контрольной группе значимо не отличалась и составила соответственно 39,3±9,0% и 28,3±1,7% (p=0,230).

Учитывая, высокую частоту хронических воспалительных заболеваний у женщин второго поколения потомков проведен анализ субпопуляционной структуры иммунокомпетентных клеток. Выявлено, что у женщин основной группы более низкое процентное содержание супрессорно-цитотоксической субпопуляции Т-клеток 22,4±4,3, по сравнению с контрольной группой (25,5±3,8, p<0,05). За счет этого у пациенток основной группы имелось значимое увеличение иммунорегуляторного индекса соответственно 1,9±0,4 и 1,6±0,3 (p<0,05). У женщин 2 поколения потомков отмечается значимое снижение фагоцитарного индекса до 52,2±7,5, при сопоставлении с контрольной группой - 56,5±6,1 (p<0,05).

Проведенный корреляционный анализ показал сильную обратную связь между снижением процентного содержания Т-киллеров/супрессоров и повышением иммунорегуляторного индекса в основной группе (r =-0,84, p<0,001, в контрольной группе r =-0,61, p<0,01). Выявлены значимые различия коэффициента корреляции, показывающего взаимосвязь уровня Т-киллеров/супрессоров и повышением иммунорегуляторного индекса в основной и контрольной группах (p<0,05).

Установлено значимое увеличение одного из ведущих провоспалительных цитокинов - TNF α в сыворотке крови у потомков второго поколения лиц, находившихся в зоне радиационного воздействия, как проявление системной воспалительной реакции. Медиана TNF α в основной группе составила 37,6 пкг/мл, в контрольной группе медиана – 15,9 пкг/мл (U=531,5; p=0,0007).У женщин основной группы установлена значимая корреляционная связь между повышением уровня TNF α и снижением Т клеток киллеров/супрессоров (r=0,31; p=0,012). Изменения иммунограммы свидетельствует о нарушении функциональной активности клеточного звена иммунитета и угнетению противовирусной активности организма. Снижение количества фагоцитирующих клеток способствует развитию вторичных вялотекущих бактериальных инфекций и является одним из лабораторных подтверждений иммунодефицитного состояния у женщин основной группы.

Ослабление Т-супрессорного звена, обусловленное вероятнее всего, генетическим дефектом Т-супрессоров, способствует развитию аутоиммунных реакций, выраженность которых определяет TNF α, что объясняет различные патогенетические механизмы воспалительных процессов гениталий в сопоставляемых группах
Таким образом, последствия радиационного воздействия могут быть не только результатом прямого воздействия, но и отсроченного, через поколения родителей и прародителей.

Литература:
1.   Гурьева В.А. Состояние здоровья женщин в двух поколениях, проживающих на территории, подвергшейся радиационному воздействию при испытаниях ядерного устройства на Семипалатинском полигоне. Автореф. дис. …доктора мед. наук, Санкт – Петербург, 1996; 31.
2.   Куценко И.Г., Карпов А.Б., Евтушенко И.Д., Тахауов Р.М. К вопросу о влиянии ионизирующего излучения на репродуктивную систему женщин // Здравоохранение Российской Федерации – 2006. – №4. – С.47 – 51.

3.   Либерман А.Н. Радиация и репродуктивное здоровье. – Санкт-Петербург, 2003. – С. 233.

4.   Шойхет Я.Н., Козлов В.А., Коненков В.И., Киселев В.И., Сенников С.В., Колядо И.Б., Зайцев Е.В. Иммунная система населения, подвергшегося радиационному воздействию на следе ядерного взрыва. - Барнаул, 2000. – 179 с.

Заздравных Е.А.
аспирант, НИУ «БелГУ»
E-mail: genn-86@yandex.ru

ЭВОЛЮЦИЯ ГУМУСНОГО СОСТОЯНИЯ ЗОНАЛЬНЫХ ПОЧВ ЦЕНТРАЛЬНОЙ ЛЕСОСТЕПИ В ПРОЦЕССЕ ИНТЕНСИВНОГО АГРОГЕННОГО ВОЗДЕЙСТВИЯ

Мощный антропогенный пресс XX в. значительно ускорил негативные трансформации пахотных почв основных сельскохозяйственных регионов России. Происходящие в почвенном профиле пахотные нарушения изменяют почвенные режимы и вносят новые составляющие в их функционирование [1,21]. Интенсивная распашка приводит к изменению содержания органического углерода в пахотных почвах по сравнению с целинными участками. Однако, до сих пор нет единого мнения о сущности протекания процесса гумусообразования в пахотных почвах и о дальнейшем изменении их агроэкологического состояния [4,31].

Целью данного исследования являлось изучение влияния распашки на гумусного состояния зональных почв в пределах метрового профиля на территории Центральной лесостепи Белгородской области.

В ходе проведенного исследования были изучены важнейшие показатели гумусного состояния черноземных и серых лесных почв разных сроков земледельческого освоения. В серых лесных почвах длительная распашка приводит к уменьшению содержания гумуса в пахотных горизонтах. Однако происходит накопление гумуса в средней части почвенных профилей исследуемых пахотных почв (глубина 30-50 см). Причем в пахотных почвах более древнего освоения в срединных частях профиля содержится больше гумуса, чем в более молодых пахотных аналогах. По показателю содержания гумуса в слое 0-20 см все изученные пахотные почвы характеризуются низким содержанием органического вещества (2-4 %). С возрастом распашки в серых почвах при длительном использовании их без систематического применения удобрений отмечается нарастание гуматности органического вещества (рис. 1). Установленная закономерность свидетельствует о «созревании» гумуса в пахотный период эволюции серых лесных почв и о переходе их в черноземный тип почвообразования. Дальнейшему созреванию гумуса в почвах старопахотных массивов, вероятно, способствует продолжающаяся перестройка микробоценозов в связи с улучшением аэрации и активной зоогенной переработки почвенной толщи.

В изученных фоновых черноземах содержание гумуса в 0-20 см слое составляет 8-9 % (повышенное содержание). В пахотных вариантах на этой же глубине содержание гумуса опускается до 5-6 % (среднее содержание). Таким образом, за время земледельческого освоения (около 240 лет) содержание гумуса изменилось на одну градацию в сторону его уменьшения (с повышенного содержания к среднему).

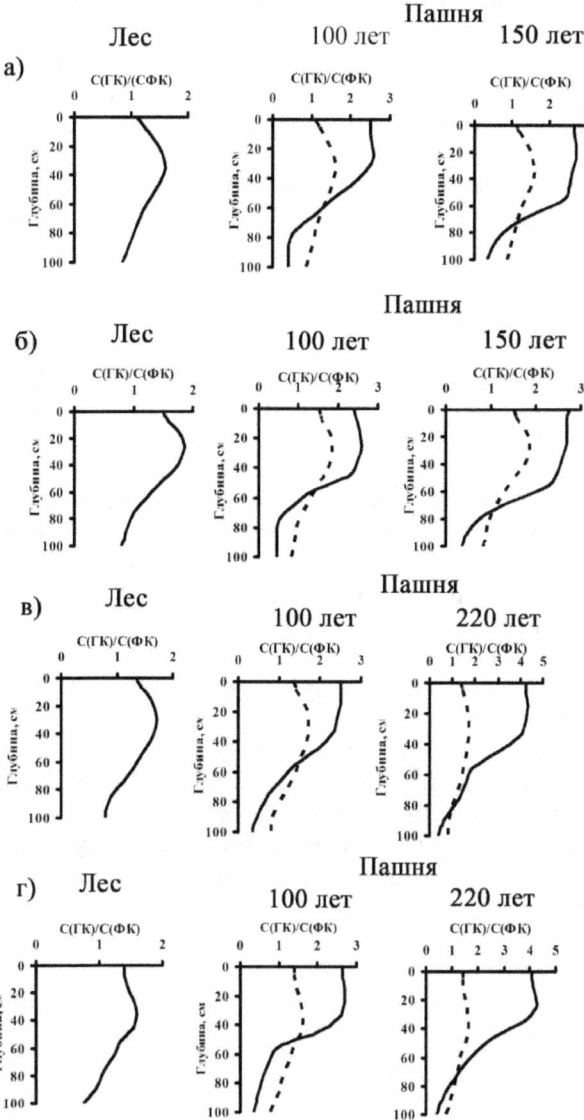

Рис. 1. Отношение углерода гуминовых кислот (ГК) к углероду фульвокислот (ФК) почв ключевых участков исследования агрогенной эволюции серых лесных почв: а) Самарино; б) Поляна, в) Мелехово; г) Казачья Лисица

Установлена дегумификация почвенной толщи по мере увеличения сроков земледельческого освоения черноземов. Средняя скорость дегумификации метрового слоя изученных черноземов составила по трем участкам 4,5 т/га. Впервые 100 лет распашки запасы гумуса уменьшаются незначительно. Степень гумификации органического вещества в черноземах отличается от этого показателя в серых лесных. С глубиной степень гумификации не уменьшается. Отмечены два максимума: на глубине 20-40 см и 40-60 см В верхних слоях 20-40 см и 40-60 см степень гумификации выше в серых лесных почвах, а в нижележащих слоях (глубже 60 см) – в черноземах.

Как показали результаты лабораторного исследования, групповой состав гумуса пахотных черноземов изменяется во времени незначительно и несущественно отличается от фоновых характеристик. Отношение гуминовых кислот к фульвокислотам снижается вниз по профилю.

Таким образом для серых лесных почв отмечено «созревание» гумуса в пахотный период эволюции серых лесных почв и о переходе их в черноземный тип почвообразования. Можно говорить о проградации серых лесных почв под действием распашки. Дальнейшему созреванию гумуса в серых лесных почвах способствует перестройка микробобиоценозов и активная зоогенная переработка почвенной массы. Для черноземов характерна дегумификация почвенной толщи по мере увеличения сроков земледельческого освоения.

Список литературы

1. Агроэкологическая оценка земель и оптимизация землепользования / А.Л. Черногоров, П.А. Чекмарев, И.И. Васенев и др. – М.: Издательство Московского университета, 2012. – 268 с.

4. Смагин, А.В. Динамика черноземов: реконструкция развития и прогноз агродеградации / А.В. Смагин // Проблемы агрохимии и экологии. – 2012. - № 3. – С. 31-38.

Харьковский В. М.
ст. научный сотрудник, канд.хим.наук, Южный научный центр РАН
9045033145@mail.ru

ОСОБЕННОСТИ ГИДРОХИМИЧЕСКОГО РЕЖИМА НИЖНЕГО ДОНА В ОСЕННИЙ ПЕРИОД

Формирование качества вод реки Дон на всем ее протяжении от Цимлянского водохранилища до устья происходит как под влиянием природных факторов (засушливый климат, повышенная минерализация поверхностного и подземного стока), так и под влиянием антропогенного воздействия (зарегулированность стока, интенсивное судоходство, гидроэнергетика, развитая промышленность, многоотраслевое сельское хозяйство, хозяйственно-бытовой сток). На качество воды р. Дон существенное влияние оказывают притоки – Северский Донец, Сал, Маныч, Аксай и Темерник, воды которых в значительной степени загрязнены.

В задачу настоящей работы входила оценка состояния вод Нижнего Дона в осенний период по гидрохимическим показателям.

По полученным результатам, температуры воздуха и воды соответствовали в основном значениям, характерным для южного региона поздней осенью (табл. 1). Основными факторами формирования кислородного режима в поверхностных водах р. Дон являются главным образом продукционные процессы. Насыщение кислородом в большинстве случаев выше предела растворимости (пересыщение), что может быть связано с ветровой активностью, сменой температур, а также осенним цветением водорослей. При этом наблюдается соответствие значений окислительно-восстановительного потенциала (Eh) степени насыщения кислородом – при снижении насыщения потенциал снижается (табл. 1).

Определение минеральных и общих форм биогенных элементов проводили фотометрическими методами, используя портативный фотометр «Эксперт – 003». Общие формы определяли после кипячения проб с персульфатом калия [1, 287].

Воды р. Дон богаты биогенными элементами (табл. 2). Основная их часть находится в органической форме, что связано как с прижизненным выделением органических веществ микроводорослями, так и с начавшимся их активным отмиранием. Пониженная концентрация минеральных форм – следствие их потребления имеющейся альгофлорой. Следует отметить различие в содержании общих форм азота и фосфора в воде р. Дон до впадения р. Северский Донец и после (табл. 2). Это может быть связано с повышенной минерализацией вод Северского Донца, способной сдерживать бактериальную деструкцию органического вещества.

Таблица 1.

Результаты полевых наблюдений

Место отбора проб	t^oC возд.	t^oC возд.	pH	Eh (млV)	O_2 раств. ($мгO_2/дм^3$)	Насыщ. O_2 %
г.Волго-донск	8,8	8,0	8,094	351	13,06	110
ст.Романов-ская	12,6	8,2	8,108	352	14,74	125
ст.Николаев-ская	6,0	7,5	8,045	366	13,37	111
г.Констан-тиновск	5,0	7,4	8,064	167	14,61	121
г.Усть-Донецк	5,7	5,0	8,142	381	17,11	134
г.Семикара-корск	6,2	7,5	7,859	23	8,92	74
х.Донской (устье реки)	2,6	6,0	8,342	68	11,87	95

По сведениям Экологического вестника Дона [2, 69], в нижнем течении р. Дон концентрации нитратов и фосфатов в 2012 г. не превышали нормативов предельного содержания. Концентрация нитритов, как реальный признак техногенного загрязнения воды, в 52 % случаев превышала ПДК. В обсуждаемый период по всем биогенным компонентам превышения предельных нормативов нами обнаружено не было.

Внушительный объем сточных вод, поступающих в речную сеть Дона, обусловил, естественно, высокую степень загрязненности вод нижнего течения реки, особенно по содержанию нефти и нефтепродуктов вследствие грузоперевозок и деятельности портов. По нашим данным [3, 86], в воде Нижнего Дона в начале 90-х годов прошлого века превышение ПДК нефтепродуктов (0,05 мг/дм³) наблюдалось практически повсеместно.

Определение нефтепродуктов проводили стандартным методом с экстракцией тетрахлорметаном, хроматографическим выделением

углеводородных фракций и ИК-регистрацией на концентратомере КН-2м
[4, 22]

Таблица 2.

Биогенные элементы в воде р. Дон

Место отбора проб	NH_4^+, мгN/дм^3	NO_2^-, мгN/дм^3	NO_3^-, мгN/дм^3	Nобщ, мгN/дм^3	PO_4^{3-} мгP/дм^3	Pобщ, мгP/дм^3	SiO_3^{2-} мгSi/дм^3
г.Волго-донск	0,07	0,005	0,12	0,48	0,045	0,099	5,4
ст.Романов-ская	0,06	<0,005	0,14	0,70	0,051	0,145	5,6
ст.Николаев-ская	0,04	0,005	0,09	0,82	0,045	0,115	5,1
г.Констан-тиновск	0,05	0,005	0,17	0,91	0,049	0,129	5,7
г.Усть-Донецк	<0,01	0,024	1,32	2,08	0,28	0,292	5,5
г.Семикара-корск	0,06	0,039	1,31	0,99	0,028	0,132	5,3
х.Донской (устье реки)	0,02	0,015	1,06	1,94	0,118	0,397	5,6

В настоящее время концентрации нефтепродуктов несколько снизились и составили вдали от крупных населенных пунктов от 0,03 до 0,04 мг/дм^3 (рис. 1). Заметное превышение нормативов ПДК (0,05 мг/дм^3) приурочено к местам активной хозяйственной деятельности – города Волгодонск и Семикаракорск, Усть-Донецкий порт и х. Донской (район скопления большого количества транзитных судов). Следует отметить, что после выхода в Таганрогский залив наступал спад концентраций вследствие смешения и разбавления водами залива, достигая в среднем 0,075 мг/дм^3 [5, 73].

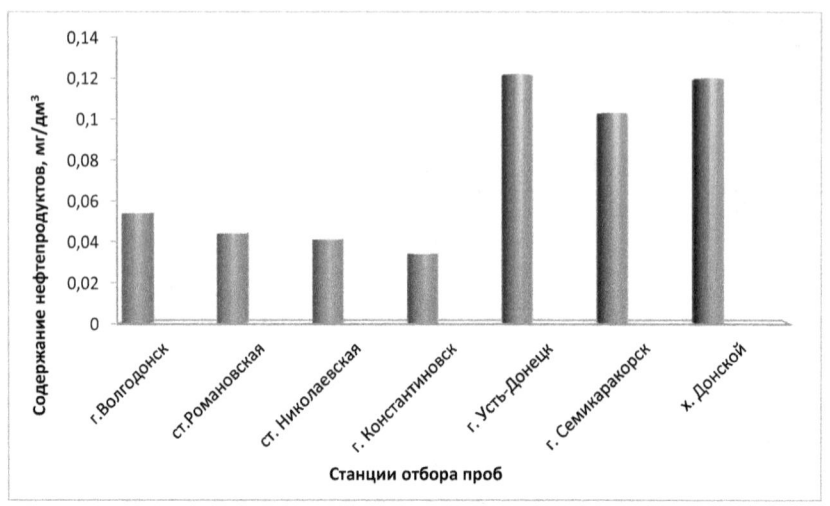

Рис. 1. **Содержание нефтепродуктов в воде**

Литература

1. Руководство по химическому анализу поверхностных вод суши. – Ленинград: Гидрометеоиздат, 1977. – 541с.
2. Экологический вестник Дона «О состоянии окружающей среды и природных ресурсов Ростовской области». – Ростов-на-Дону: Изд. Правительства Ростовской области, 2013. – 375 с.
3. Семёнов А.Д., Харьковский В.М., Сойер В.Г., Павленко Л.Ф., Александрова З.В. Особенности загрязнения Нижнего Дона // Тез. докл. Второго Международного конгресса "Вода: экология, технология" (ЭКВАТЭК-96). Москва, 17-21 сент. 1996 г. - М., 1996. С. 86-87.
4. Количественный химический анализ вод. Методика выполнения измерений массовой концентрации нефтепродуктов в питьевых, природных и очищенных сточных водах методом ИК-спектофотометрии на концентратомере КН-2м. ПНД Ф 14.1:2:4.168-2000. – М: ООО «Производственно-экологическое предприятие «СИБЭКОПРИБОР», 2000. - 22 с.
5. Сойер В.Г., Харьковский В.М. Нефтяное загрязнение вод реки Дон и Азовского моря// Фундаментальная наука и технологии – перспективные разработки: материалы международной научно-практической конференции, 22-23 мая 2013 г. Москва, Т. 2. С. 72-74.

Маратканова С.С., Петрова З.Н.
Маратканова С.С. - к.ф.н., доцент кафедры русского языка, литературы и методики их преподавания
Петрова З.Н. - ст. преподаватель кафедры педагогики и методики начального образования

К ВОПРОСУ О ЕСТЕСТВЕННОНАУЧНОМ ПОТЕНЦИАЛЕ ПОВЕСТИ «ПРИКЛЮЧЕНИЯ ТОМА СОЙЕРА» М. ТВЕНА

В свете современной парадигмы социально-гуманитарного образования, направленного на установление междисциплинарных связей, произведениям с приключенческой основой сюжета отводится особая роль в формировании у учащихся целостной картины мира.

Произведения приключенческого жанра, в силу динамичного сюжета и авантюрного характера событий, по традиции рассматриваются как досуговое чтение. В то же время нельзя не учитывать ряд жанровых источников (сказка, путешествие, историческая проза), благодаря которым приключенческая литература обретает смысловую многослойность. Исследователи, в своем стремлении придать этому литературному явлению системный характер, выделяют робинзонаду (Д. Дефо, Р. Стивенсон); маринистику (Ж. Верн, Р. Саббатини); произведения о сухопутных путешествиях (М.Рид, В. Арсеньев); приключенческую историческую прозу (А. Дюма, В. Скотт) и книги о собственно детских приключениях (М. Твен, В. Каверин). Они могут быть включены как дидактическая единица в раздел географии, так как являются источником географических образов для детей от младшего школьного до подросткового и юношеского возрастов. Литература и география создают целостное образовательное поле, а автор произведения выступает не только как мастер слова, но и как путешественник, естествоиспытатель. Взгляд исследователя при этом направлен на хронотоп, а первоочередной задачей является выявление содержательности его пространственных образов. Именно такой подход к анализу текста реализован нами на примере приключенческой дилогии «Приключения Тома Сойера» - «Приключения Гекльбери Финна» Марка Твена. Художественно-географический образ Америки, созданный писателем этой страны, вобрал в себя реальные топонимы и картографию конкретного пространства. А важный прием композиции – детализированный пейзаж, выполняет не только психологическую роль, отражая настроение, внутренний мир героев-мальчишек. По мысли И. А. Антиповой, в книге, задуманной как воспоминания о детстве, американскому писателю удалось органично передать «неомраченную радость открытия мира» [1, с. 197-198]. Главный герой повести, Том Сойер, активная и одновременно лирическая натура, во время бегства на остров удивляется красоте, богатству и многообразию родной природы [5, с. 206]. Автор наполняет пейзаж художественными подробностями естественнонаучного характера, с помощью которых и реализуется познавательная функция детской литературы.

На протяжении всей повести автор знакомит нас с животным и растительным миром этого континента. Зрительно приближая к читателю цветы, деревья, животных, насекомых, птиц, создает цветовой и звуковой образ экзотической природы. Причем раскрывает его не только глазами любознательных героев, но и человека, обладающего суммой знаний о повадках животных, их внешнем виде, среде обитания, звучании голоса. Например, знакомясь с описанием пещеры, где заблудились Том и Бекки, мы узнаем о лабиринте извилистых коридоров, фантастических колоннах сталактитов и сталагмитов, подземных озерах и родниках, стаях летучих мышей. В тексте мы находим и разнообразный числовой материал, который можно использовать на уроках математики, знакомя детей с иностранными мерами длины и веса. Дети могут, например, не только посчитать длину и массу сома, которого поймал Гекльбери Финн, но и познакомиться с футами и фунтами, научиться переводить эти меры из одной системы в другую, что способствует формированию практических умений учеников и приучает их не оставлять непонятым ни одно слово.

Автор на своем опыте знал тягу детей к путешествиям. В автобиографической повести «Старые времена на Миссисипи» он писал: «Я путешественник! Никогда еще ни у одного слова не было такого чудесного привкуса!»[3, с.19] Поэтому к образу Тома Соейра можно обращаться при реализации краеведческого компонента в образовании школьников. Исследовать природу родного края, подобно герою приключенческой повести – что может быть увлекательнее? Педагогическую целесообразность такого подхода в свое время теоретически обосновал основоположник научной педагогики в России К.Д. Ушинский. Он, придавая большое значение «местному элементу», рассматривал его как одно из важных средств наглядности и связи с окружающей жизнью [4, с. 140-141]

Итак, интерпретация текста с приключенческой сюжетной доминантой в интегративном аспекте - это познавательный процесс, связанный с рассмотрением художественного образа в более широком исследовательском поле. Подобная практика способствует повышению уровня читательской компетенции, предполагающего у читателя потребность в диалоге с автором как средстве познания мира. Ребенок в процессе знакомства с пространственными образами не только формирует представление о географической картине мира, но и обретает практико-ориентированные знания, актуальные в условиях глобализации, осознает их смысл, что способствует социальной адаптации, ориентирует личность на создание широкого образовательного горизонта.

Список использованной литературы

1. Бунеев, Р. Н., Бунеева, Е. В. Очерки о детских писателях / Р. Н. Бунеев, Е. В. Бунеева // Справочник для учителей начальных классов. – М.: Баллас, 1999. - С. 197-198.
2. Твен, М. Приключения Тома Сойера: повесть / М. Твен. // М.: Детская Литература, 2012.
3. Твен, М. Старые времена на Миссисипи: повесть / М. Твен. // Собр. соч.: в 8 т. - М.: Правда, 1980. – Т.4.
4. Ушинский, К. Д. Родное слово: книга для первоначального чтения / К. Д. Ушинский // Избр. пед. пр-я. – М.: 1968. – С. 142.
5. Чернявская, И. С. Зарубежная детская литература: учеб. для студ. библ. фак. и-тов культуры / И. С. Чернявская. – М. : Просвещение, 1982. – С. 206.

Сурова Л.В.
доцент, к.б.н., каф. БЖД, ГОУ ВПО «Казанский государственный энергетический университет», г. Казань, surova58@mail.ru

ФОРМИРОВАНИЯ КУЛЬТУРЫ БЕЗОПАСНОСТИ СТУДЕНТОВ В ПРОЦЕССЕ ПРОФЕССИОНАЛЬНОЙ ПОДГОТОВКИ В КГЭУ

В настоящее время становится очевидным факт, что обеспечение безопасности человека и общества не может ограничиваться только нормативными правовыми, организационно-техническими и образовательными мероприятиями. Безопасное состояние должно стать целью и потребностью человека. Решить эту задачу можно путем формирования культуры безопасности, включающей развитие качеств личности, направленных на обеспечение собственной безопасности, бережное отношение к окружающей среде, безопасности всех сфер жизнедеятельности - социальной, экономической, военной, демографической, техногенной, информационной, экологической.

Рассматривая теоретические аспекты процесса формирования культуры безопасности жизнедеятельности, был проведен анализ:

• условий, принципов взаимоприемлемого (безопасного) существования человека в окружающей среде (С.В.Белов, Р.С.Дурнев, О.Н.Русак, В.В.Сапронов);

• структурных компонентов культуры, профессионально-педагогической деятельности (О.С.Анисимов, И.Ф.Исаев, Л.Н.Макарова, Е.И.Мещерякова, С.Ф.Сердюк);

• компонентов культуры личной безопасности (А.В.Генералов, В.Н.Мошкин);

• критериев, которые раскрываются через совокупность качественных показателей (Т.М. Давыденко, И.Ф.Исаев, И.А.Шаршов);

• уровней сформированности культуры безопасности жизнедеятельности (Р.С.Дурнев, Л.Н.Макарова, И.Н.Немкова).

Таким образом, формирование культуры безопасности жизнедеятельности студентов – это целенаправленная педагогическая деятельность, способствующая конструктивному взаимоотношению будущих специалистов с окружающей средой, на основе постоянного самосовершенствования и умения вступать в интеллектуальное, информационное, общественно-политическое, энергетическое и другие взаимодействия с природной, техногенной и антропогенной сферами в процессе жизни и деятельности [1].

Культура безопасности жизнедеятельности студентов – интегральное качество личности, определяющее ее направленность на развитие потребности в безопасности на основе совокупности профессиональных и специфических знаний, постоянного совершенствования умений и навыков безопасной реализации профессиональной и социальной деятельности [2]. Процесс обучения безопасной жизнедеятельности тесно связан с процессом воспитания культуры безопасности. Формирование культуры безопасности осуществляется в процессе воспитания, морально - психологической подготовки, пропаганды знаний, оперативного информирования об угрозе возникновения и правилах поведения в чрезвычайных ситуациях. При этом основой формирования культуры является образование.

Воспитание культуры безопасности включает следующие составляющие: общую теоретическую подготовку к безопасной жизнедеятельности (осмысление общих проблем риска, безопасности, опасности и т.д.), формирование предметных умений и навыков (развитие видов деятельности, которые осуществляются не только в безопасных условиях, но и в условиях риска), психологическую подготовку к безопасной жизнедеятельности (формирование смелости, решительности, готовности к разумному риску и т.д.), развитие качеств личности, необходимых для безопасной жизнедеятельности (проницательности, дальновидности, гуманности, оптимистичности и т.д. как основы безопасности человека и общества)[3].

Среди студентов, начинающих изучать курс БЖД в КГЭУ, была проведена диагностика уровня культуры безопасности. Анкетирование проводилось для получения информации о том, на каком уровне и в какой степени студент готов к безопасной жизнедеятельности, способен ли в случае необходимости оказать доврачебную медицинскую помощь и самопомощь, умеет ли оценивать наличие опасных и вредных факторов среды обитания.

Мы применили следующую шкалу оценки качеств: очень высокий, высокий, средний, низкий, и очень низкий уровни готовности к безопасности или помощи пострадавшим. Среди 100 опрошенных ни один из студентов не оказывал срочную доврачебную помощь (при переломах, кровотечениях, обмороке, тепловом ударе, экстренную реанимационную помощь) на практике. Несмотря на это студенты оценили свои теоретические знания.

Анализируя результаты, проведенной диагностики, можно сделать следующие выводы: помочь при переломе смогут 53% анкетируемых, не помогут 47%; при кровотечениях правильно произведут наложение жгута 74%, не сделаю этого 26%; правильно проведут искусственную вентиляцию легких 42%, не окажут помощи 58%; верно выполнят непрямой массаж сердца 51%, неэффективным окажется у 49%; окажут помощь при обмороке 55%, сделают это неверно 35%; помогут при тепловом ударе 54%, не помогут 46% опрошенных. Получается, что в половине случаев студенты, приступающие к изучению курса БЖД в вузе, не смогут оказать первую (доврачебную) медицинскую помощь пострадавшим.

Далее предложили студентам отметить факторы, оказывающие наиболее неблагоприятное воздействие на их здоровье. Среди таких оказались курение, сон менее 8 часов в сутки, загрязнение атмосферы, употребление некачественной питьевой воды, неполноценное питание, употребление спиртных напитков, стресс, избыток информации, незначительные физические нагрузки. Ни один из опрошенных не назвал себя абсолютно здоровым. При этом спортом занимаются только 35 человек (35%), у компьютера проводят от 5 до 7 часов ежедневно. Студенты знают и понимают, что приводит к ряду заболеваний, но не всегда эти знания применяют в жизни.

Студентам предложили указать те источники, из которых они получают наибольшее количество информации о культуре безопасности и её составляющих. Среди них были отмечены: жизненный опыт, просмотр фильмов и социальных роликов, изучение курса ОБЖ в школе, самостоятельное изучение тематической литературы, брошюр, плакатов, памяток.

Подводя итоги анкетирования, можно сделать вывод о том, что не все студенты готовы к опасным и экстремальным ситуациям, к оказанию первой медицинской помощи, к здоровому образу жизни, к применению своих знаний на практике, т.е. операционный компонент находится на среднем уровне. Хотя другие компоненты – мотивационный, ориентационный, волевой и оценочный развиты достаточно высоко.

Для повышения культуры БЖД студентов вуза необходимо:
• усилить практико-ориентированную направленность формируемых знаний, применяя на лабораторных и практических занятиях имитационные и ситуационные задания, аналогичные чрезвычайным и экстремальным ситуациям;
• повышать творческую активность в обеспечении безопасности жизнедеятельности (нестандартность мышления решения задач, способность к видению проблем, применению инноваций);
• грамотно применять практические навыки обеспечения безопасности в опасных и нестандартных ситуациях, возникающих в учебном процессе, повседневной жизни и экстремальных ситуациях;
• чаще демонстрировать в местах пребывания молодежи социальные ролики о разрушительном действии нездорового образа, алкоголизма, наркотиков, никотина, беспорядочной половой жизни;
• предложить студентам самостоятельно создать плакат, брошюру, ролик, фильм о безопасном поведении, образе жизни, организовать конкурс на лучшую работу.

Значение безопасности как глобальной ценности человечества постоянно возрастает. Это обусловлено социально-экономическими условиями жизни, возрастающими информационно-психическими нагрузками, состоянием окружающей среды и условиями труда. В настоящее время можно говорить о переходе от постиндустриального общества к обществу рисков. Особое место среди проблем безопасности занимает формирование безопасности личности, в том числе и студентов. Это обусловлено возрастанием интенсивности информационного потока, широким внедрением технических средств и компьютерных технологий в учебный процесс, сильным социально-экономическим прессингом, негативно влияющим на состояние физического, психического и социального здоровья студентов, особенностями их подготовки в учреждениях профессионального образования технического профиля. Техногенная нагрузка на биосферу все более возрастает. И выпускник КГЭУ должен осознать ответственность за сохранение человечества как биологического вида; познакомиться с характеристиками чрезвычайных ситуаций, их последствиями; получить сведения об организации системы защиты от последствий чрезвычайных ситуаций природного, техногенного и социального характера, знания по основам здорового образа жизни, гражданской обороне, обороне государства и воинской обязанности; приобрести умения и навыки, как предвидения и избежания опасности, так и обеспечения личной и общественной безопасности; быть готовым к безопасному типу поведению в повседневной жизни, опасных и чрезвычайных ситуациях природного, техногенного и социального характера.

Литература

1. Писарь О.В. Теория и технология формирования личной безопасности студентов образовательного учреждения технического профиля: Монография. - Смоленск: Изд-во «Универсум», 2008. – 342 с.

2. Сурова Л.В. Формирование культуры безопасности жизнедеятельности студентов. – Вестник КГЭУ, Казань 2010 №3– с. 154-160.

3. Мошкин В.Н., Калачев Г.А. Модель процесса воспитания культуры безопасности студентов // Педагогический университетский вестник Алтая: научно-педагогический журнал БГПУ. – Барнаул, 2006. – № 2. – [Электронный ресурс]. – Режим доступа: http://www.uni-altai.ru/info/journal/vestnik/, свободный.

Стецко Н.И., Хабибулин В.А.
магистр 1 курса Дальневосточного федерального университета,
к.филол.н., доцент кафедры «Международные отношения» ДВФУ
Nikolairu91@gmail.com

«ПЕРЕЗАГРУЗКА» КАК ОПРЕДЕЛЯЮЩАЯ КОНЦЕПЦИЯ АМЕРИКАНО-РОССИЙСКИХ ОТНОШЕНИЙ ВО ВРЕМЯ ПЕРВОГО ПРЕЗИДЕНТСКОГО СРОКА Б. ОБАМЫ

После распада биполярной системы и дезинтеграции СССР Соединенные Штаты Америки оказались единственной сверхдержавой на планете. Выйдя победителем из «холодной войны», это государство приступило к увеличению свой мощи и влияния в мире, тем самым сделав его однополярным. Во многом этим обстоятельством объясняется их поведение на международной арене: распространение демократии в качестве единственно возможного начала организации общества, действия, основанные на «праве силы» (а не «силе права»), унилатерализм и т.д. Однако со временем стало очевидно, что возможности даже такого крупного и мощного государства, как США, небезграничны. Затянувшиеся военные операции в Афганистане и Ираке, бурный рост экономики Китая, финансово-экономический кризис и как следствие огромный внутренний долг и дефицит бюджета побудили Вашингтон пересмотреть свою внешнюю политику и искать партнеров для совместной борьбы с угрозами и проблемами XXI в. Данную мысль высказывает один из ведущих и авторитетных специалистов в сфере международных отношений в США Зб. Бжезинский: «В глобальной политике рост популистских устремлений и связанные с этим трудности выработки общего ответа на политические и экономические кризисы создают угрозу возникновения международного беспорядка, на которую ни Германия, ни Россия, ни Турция, ни Китай, ни Америка в одиночку не могут дать эффективного ответа. Возникновение глобального беспорядка, вызванного, в том числе, новыми угрозами существованию всего мира и выживанию человечества, может быть эффективно предотвращено только совместными усилиями стран, приверженных демократическим ценностям» [5].

В качестве ответа на современные вызовы в двусторонних отношениях с Российской Федерацией администрация Б. Обамы предложила концепцию «перезагрузки». В основу будущей политики по отношению к России был положен доклад Т. Грэма «U.S.-Russia Relations. Facing Reality Pragmatically» (июль 2008), в котором политолог предлагал строить сотрудничество с Москвой исходя из «общности угроз», а не «общности интересов» (вопросы безопасности, нераспространение ОМУ, энергетический вопрос, экономические проблемы). Обращалось внимание на невозможность совпадения ценностей двух государств –

приверженности демократическим ценностям, рыночной экономике [7; 1, с. 200].

Американская сторона опиралась на «подход двух треков» (double track approach) [4]. Согласно ему, Соединенные Штаты могут сотрудничать с Кремлем по конкретным международным вопросам и одновременно работать с российским обществом, общественными организациями и оппозицией, способствуя тем самым постепенным политическим преобразованиям в России. Акцент делался на том, что не следует жестко увязывать сотрудничество с РФ с ее готовностью взаимодействовать (а не соперничать) с США на постсоветском пространстве и осуществлять демократические преобразования [2]. Авторы политики «двух треков» Дж. Коллинз и М. Рожански также предлагали оказывать влияние на Россию через международные институты, используя Европейскую конвенцию по правам человека, Хельсинкские соглашения, Парижскую хартию, а также механизмы ОБСЕ.

Намерения американцев четко выразил эксперт Центра за американский прогресс С. Шарап: «"перезагрузка" позволяет Вашингтону хотя бы как-то влиять на проблемное поведение России и открывает больше возможностей для действий в российской строго регулируемой внутриполитической жизни» [6].

Таким образом, ясно прослеживается основная идея новой политики США: избежать «зависания», застоя двусторонних отношений. Вашингтон не намеревался качественно повысить уровень взаимодействия с Москвой, создать новую парадигму сотрудничества. Вероятно, демократическая администрация осталась верна своим идейным историческим приоритетам: проводить политику, направленную на «демократизацию» России, на мониторинг состояния гражданского общества, прав и свобод личности в РФ. Если на официальном уровне сохранялась «дружеская» риторика, регулярные встречи, обещания и рукопожатия, то на деле отношения продолжали оставаться в кризисе и застое.

Анализ сложившейся ситуации в исторической ретроспективе показал, что от «перезагрузки» не приходилось ждать «прорывных» результатов уже и потому, что стороны вкладывали различное идейное содержание в этот тезис. В то время, как основной заинтересованностью РФ было расширение торгово-экономического взаимодействия двух держав, то администрация Б. Обамы изначально называла сферами сотрудничества борьбу с терроризмом, дальнейшее сокращение ядерных арсеналов и продолжение переговорного процесса по вопросам сокращения вооружений, сохранение всестороннего диалога на разных уровнях, взаимодействие в решении отдельных глобальных проблем (экология, климат, эпидемии, наркотики и др.) [3].

Необходимо понимать, что на сегодняшний день Российская Федерация не является внешнеполитическим приоритетом США. В традиционном обращении к Конгрессу (январь, 2011) и в новой военной стратегии (февраль, 2011) Россия занимает незначительное место и ей отводится ограниченная роль страны, помогающей Соединенным Штатам противостоять террористической угрозе. Последние президентские выборы также четко подтвердили этот тезис: о России говорили немного, а основной акцент в выступлениях представителей демократической и республиканской партий делался на ситуации в Сирии, Иране, Ближнем Востоке в целом.

Говоря о результатах политики «перезагрузки» необходимо иметь в виду, что подразумевала под ней демократическая администрация Б. Обамы. Данная парадигма двусторонних взаимоотношений изначально не задумывалась как долгосрочная, масштабная, с новым содержанием и целеполаганием политика. Планировалось сотрудничество по Афганистану, нераспространению оружия массового уничтожения, терроризму, пиратству, Арктике, сфере энергетики, урегулированию конфликтов в Евразии. И новая концепция свою задачу выполнила: спасла отношения США и России от «зависания», однако не перевела их в другую систему координат, в рамках которой две страны могли бы выйти на качественно новый уровень взаимодействия. Американский истеблишмент, вероятно, пока не готов осознать мысль, что в эпоху глобализации, взаимозависимости и многополярности у двух государств имеется множество общих интересов. Еще слишком сильны стереотипы времен «холодной войны» в мышлении американских политиков и политологов.

Будучи переизбранным на второй срок Б. Обама не заинтересован в появлении дополнительных проблем и сконцентрирует усилия на улучшении социально-экономического положения внутри США и стабилизации ситуации на Ближнем Востоке. Поэтому основой американской политики в отношении России останется идея «перезагрузки». Сохраняется открытым вопрос: сможет ли наша страна получить дивиденды, играя по американским правилам? К сожалению, история дает на это категоричный ответ.

Источники

1. Шаклеина Т.А. Россия и США в мировой политике: Учеб. пособие для студентов вузов. М.: Аспект Пресс, 2012. – С. 272.

2. Шаклеина Т.А. Россия – США: оптимизм и пессимизм перезагрузки // Перспективы. Фонд исторической перспективы [Электронный ресурс]. URL http://perspektivy.info/oykumena/amerika/rossija__ssha_optimizm_i_pessimizm_perezagruzki_2012-02-03.htm [Дата обращения 28.08.2013 г.].

3. Шаклеина Т.А. «Перезагрузка» отношений России и США свои задачи выполнила // МГИМО Университет МИД России [Электронный

ресурс]. URL http://www.mgimo.ru/cuban50/228861.phtml [Дата обращения 28.08.2013 г.].

4. A Reset for the U.S.-Russia Values Gap, M. Rojanski and J.F. Collins // Carnegie Endowment for International Peace [Электронный ресурс]. URL http://carnegieendowment.org/files/russia_values_gap.pdf [Дата обращения 28.08.2013 г.].

5. Our Common Geopolitical Challenge. Remarks delivered by Dr. Zb. Brzezinski at the plenary session of the Global Policy Forum // Center for Strategic & International Studies [Электронный ресурс]. URL http://csis.org/publication/our-common-geopolitical-challenge [Дата обращения 28.08.2013 г.].

6. Reset This. What's Behind the Ginned-up Crisis in U.S.-Russia Relations? By S.Charap //Foreign Policy Magazine [Электронный ресурс]. URL http://www.foreignpolicy.com/articles/2011/08/12/reset_this [Дата обращения 28.08.2013 г.].

7. U.S.-Russia Relations. Facing Reality Pragmatically, T. Graham // Center for Strategic & International Studies [Электронный ресурс]. URL http://csis.org/files/media/csis/pubs/080717_graham_u.s.russia.pdf [Дата обращения 28.08.2013 г.].

Пфетцер С.А.
Кемеровский государственный университет
pfetzer@mail.ru

ЦЕННОСТНЫЕ АСПЕКТЫ ПРОБЛЕМЫ ПОЛИТИЧЕСКОГО УЧАСТИЯ СОВРЕМЕННОЙ РОССИЙСКОЙ МОЛОДЕЖИ

Политическое участие понимается как инструмент влияния граждан на власть, на формирование ее институтов и их деятельность, и проявляется вовлеченностью в общественно-политическую жизнь. Политическое участие закрепилось в качестве важной категории современных политологических теорий, раскрывающих его системно-функциональные, поведенческие, социально-психологические, институциональные и другие аспекты. Сегодня характер и уровень политического участия граждан рассматривается в качестве одного из наиболее важных критериев демократичности общества и стабильности его политической системы, показателя его политической культуры.

К числу основных структурно-содержательных характеристик политического участия можно отнести уровень его институционализированности, активности и конвенциональности. Выраженность данных параметров в тех или иных группах, также как и их качественное своеобразие, определяются совокупным действием целого ряда факторов: социально-экономическими и социально-демографическими характеристиками; мотивами и ценностными предпочтениями; представлениями о власти и обществе и отношением к ним. Соответственно, модель исследования политического участия современной российской молодежи должна включать одновременно оценку как названных содержательных показателей, так и определяющих их выраженность факторов.

В качестве основных детерминант активности и поведения человека сегодня рассматриваются ценностные представления, позволяющие соотносить индивидуальные потребности и мотивы с нормами, принятыми в социуме. В политологических исследованиях ценностные представления рассматриваются в качестве регуляторов социально-политической активности личности и социальных общностей, определяющих степень ее выраженности и направленность. При этом политологический подход к пониманию ценностей является интегративным, основываясь на идее об их двойственном происхождении, а также на общем для философских, социологических и психологических концепций представлении о системном характере ценностей, т.е. о существовании их в виде системы, представляющей собой упорядоченную по значимости иерархию. В контексте нашего исследования ценности можно определить как устойчивые убеждения в том, что те или иные цели и средства политической деятельности предпочтительнее остальных.

Ценностные представления понимаются также в качестве центрального компонента политической культуры тех или иных общностей. Особое методологическое значение для нас имеет теория региональной политической культуры, согласно которой индивидуальные политические установки формируются именно в рамках локальной политической культуры под влиянием ценностей, усваиваемых личностью в результате политического взаимодействия с представителями местного сообщества.

Основаниями классификации ценностей в политологических исследованиях являются их терминальный или инструментальный характер, «модернизм» или «универсализм», культурно-историческое и психологическое происхождение. В данном контексте дифференцируются, в частности, ценности, отдельно сформированные процессами адаптации, социализации и индивидуализации, преобладание которых в личностном развитии определяется рядом социально-демографических факторов [2].

Как свидетельствуют результаты ряда исследований, сформированность системы политических представлений, отношение к власти, ее институтам и результатам их деятельности, а также готовность к различным формам политического поведения зависят от ориентации на ценности адаптации, социализации или индивидуализации [1;2]. Можно предположить, что направленность на данные ценностные системы будет определять и различия в характере и уровне собственно политического участия.

Преемственность и развитие системы ценностей того или иного общества обеспечивается как принятием молодежью ценностей старших поколений, так и выработкой ей новых ценностных ориентиров. Поэтому молодежь в настоящее время рассматривается не только в качестве объекта процесса социализации, обеспечивающего посредством принятия норм и ценностей сохранение и воспроизводство существующей системы социальных отношений, но и как самостоятельный и активный субъект социального развития. Тем самым молодежь предстает как важнейший социальный ресурс, базовый потенциал сохранения и приумножения материальных и духовных ценностей, с ней связывается надежда на будущее более справедливое и гуманное общество. С другой стороны, с молодежью связываются и различные опасения и тревоги, определяющиеся, в частности, утратой ценностей, присущих предыдущим поколениям.

В современных социологических и политологических исследованиях не наблюдается какого-либо единства в описании и интерпретации иерархии ценностных ориентиров нынешнего поколения российской молодежи. Молодежь России, как большая социальная общность, весьма неоднородна в ценностном отношении, поскольку в молодежной среде сегодня представлены различные ценностные системы. Противоречивость политических ценностей сегодняшней молодежи закономерно проявляется и в разнонаправленности ее политического поведения. Двойственность политического поведения в целом выражается и в различиях отдельных содержательных характеристик политического участия современной российской молодежи: его активности, институционализированности и конвенциональности.

Активность гражданского и политического участия российской молодежи как правило оценивается как низкая. При этом большинство политологов, анализирующих данную проблему, в качестве основного фактора снижения уровня политического участия называют его принудительность или мобилизационный характер. Соответственно, политическое участие российской молодежи определяется преимущественно как институционализированное или мобилизованное. Основным каналом осуществления политической активности молодежи сегодня является так называемое «системное» политическое участие, проявляющееся в основном вступлением молодых людей в проправительственные молодежные политические организации или в «партию власти», и во многих случаях приобретающее характер имитации или квазиучастия.

Однако в последнее время наблюдается определенное «пробуждение» российской молодежи, проявляющееся в росте ее неинституционализированной активности, которая может приобретать радикальную или даже экстремистскую форму. Соответственно, характер политического участия российской молодежи, в настоящее время преимущественно конвенциональный, в обозримом будущем может подвергнуться опасному изменению. Отмеченные тенденции в характере и динамике политического участия молодежи, свойственные для современной России в целом, все более отчетливо проявляются и в российской провинции, что подтверждает тезис о накоплении большего протестного потенциала в российской «глубинке» и применительно к молодежной среде.

Поскольку политическое участие молодежи детерминируется ее ценностными предпочтениями, важное место в предупреждении экстремизма должно занимать изучение системы ценностей молодежи и поддержка становления ее просоциальной направленности. Все это свидетельствует об актуальности изучения ценностных предпочтений и политического участия современной российской молодежи в их единстве и причинно-следственной взаимосвязи. Данная задача особенно значима в контексте построения прогностической модели политического участия молодежи российской провинции.

Литература:

1. Зеленин, А.А. Государственная молодежная политика РФ: концептуальные основы, стратегические приоритеты, эффективность региональных моделей [Текст] /А.А. Зеленин. – Saarbrüchen: Lambert Academic Publishing, 2012. – 596 с.

2. Яницкий, М.С. Ценностное измерение массового сознания [Текст] / М.С. Яницкий – Новосибирск: Изд-во СО РАН, 2012. – 237 с.

Низамов Р.М.[1], Сагдиев Р.С.[2], Зиганшин Р.Б.[3],
Сулейманов С.Р.[4], Зяббаров А.Н.[5]

[1]к.с.-х.н., доцент; [2]к.с.-х.н.; [3]аспирант; [4]аспирант; [5]аспирант
ФГБОУ ВПО «Казанский государственный аграрный университет»,
г. Казань

ОПТИМИЗАЦИЯ НЕКОТОРЫХ ЭЛЕМЕНТОВ ТЕХНОЛОГИИ ВОЗДЕЛЫВАНИЯ ПОДСОЛНЕЧНИКА НА МАСЛОСЕМЕНА В УСЛОВИЯХ РЕСПУБЛИКИ ТАТАРСТАН

Российская Федерация наряду с Украиной являются мировыми лидерами по возделыванию подсолнечника. В 2011-2012 гг. на их долю приходилось около половины произведенного в мире подсолнечника (16,9 из 38,8 млн. тонн). Высокая рентабельность производства делает эту культуру основным масличным сырьем России: в структуре посевных площадей некоторых регионов доля подсолнечника составляет 12%, а в производстве основных масличных культур доходит до 80%.

До недавнего времени лидером России по производству подсолнечника традиционно считался Южный федеральный округ (ФО) [1, 49-51; 2, 144-146], однако в 2011 году первое место по площади и производству подсолнечника стал Приволжский ФО – около 3 млн.га. и 3,2 млн. тонн соответственно, отодвинув на второе место Южный ФО (2,4 млн. га и 3,0 млн. тонн). На долю четырех областей - Ростовской, Волгоградской, Саратовской и Самарской приходилась почти половина посевов подсолнечника - 3,475 млн. га [3].

Согласно данным Минсельхоза РФ в 2012 году посевы подсолнечника были сокращены и составили 6,2 млн.га, что на 1,02 млн. га меньше прошлогоднего уровня. Это, прежде всего, связано как с прогрессирующим истощением почв, так и причинами ухудшения фитосанитарной ситуации в посевах подсолнечника связанные с нарушением севооборота.

В Республике Татарстан площадь посевов подсолнечника имеет тенденцию увеличения и в 2012 г. уже составила 81 тыс. га. Росту посевов подсолнечника также способствует относительно устойчивая урожайность данной культуры, которая за 2011-2012 гг. составила 10,6-10,7 ц/га. Для сравнения, в Южном ФО в 2011 г. урожайность составила 14,5 ц/га, хотя потенциальный урожай может достигать 4-5 тонн с гектара. Основные причины столь низких показателей: нарушение основополагающего правила выращивания подсолнечника, несоблюдение, а иногда и отсутствие адаптивных технологий возделывания в регионах, несоблюдение севооборота, возрастающее воздействие паразитов, вредителей и болезней.

Для успешного возделывания и расширения посевных площадей подсолнечника в новых регионах его распространения, к которым можно отнести и Татарстан, где до недавнего времени возделывалось не более 3,8 тыс. га этой культуры, в первую очередь необходимо на основе долголетних исследований установить оптимальную норму высева, так как этот фактор является не менее важным условием формирования урожая, чем минеральное питание, защита растений от болезней и вредителей и другие элементы технологии возделывания.

Исследования по данному вопросу проводились в 2009-2011 гг. на опытных полях Казанского государственного аграрного университета на серых лесных почвах Предкамья. В опытах возделывались гибриды Джаззи и Казио с нормой высева от 50 до 80 тыс. шт. всхожих семян на 1 га. Все наблюдения, учеты и анализы проводили по общепринятым методикам. Минеральные удобрения вносились из расчета получения 20 ц/га маслосемян подсолнечника. Фенологические наблюдения, подсчет густоты стояния растений, определение структуры урожая в образцах проводили по методике Государственного сортоиспытания сельскохозяйственных культур [4, 10-15]. Влажность зерна, лузжистость и масса 1000 семян определены согласно ГОСТ Р52325-2005 [5, 9-14].

Результаты исследований показали, что развитие растений по вариантам опытов протекает неравномерно. Так, анализ высоты растений изучаемых гибридов подсолнечника показал незначительную зависимость между высотой и плотностью стеблестоя (r=0,20...0,22). Высота растений в большей степени зависела от погодно-климатических условий вегетационного периода (r=0,79...0,95) и составила 154,3-174,3 см в зависимости от возделываемого гибрида и варианта опыта [6, 12-15].

К концу вегетации на 1 га посевов количество растений у гибрида Казио варьировало от 39,8 до 65,9 тыс. шт. в зависимости от нормы высева. У гибрида Джаззи плотность перед уборкой по вариантам опыта составила 40,8-67,3 тыс. шт. растений на 1 гектар.

Увеличение норм высева семян от 50 до 80 тыс. шт. на 1 га привело к уменьшению диаметра корзинок на 19,4-19,9%, общей площади корзинок на 35%, а продуктивной - на 38,8-40,4 процента.

Важным элементом структуры урожая и продуктивности посевов является заполненность корзинок семенами. В среднем за 3 года количество полных семянок в корзинке варьировало от 725 до 908 шт. у гибрида Казио и от 793 до 948 шт. у гибрида Джаззи в зависимости от нормы высева семян. При этом прослеживается обратная корреляционная зависимость: чем выше густота растений перед уборкой, тем меньше образуются полных семянок в корзинке (r= -0,96...-0,98).

С увеличением количества растений на 1 га уменьшается продуктивность корзинки и масса 1000 семян. Так, при норме 50 тыс. шт./га она равнялась 44,1г у гибрида Казио и 46,9 г у гибрида Джаззи, а при норме 80 тыс. шт./га масса 1000 семян снижается до 36,2 и 39,8 г соответственно, что на 28 и 15% ниже по сравнению с контрольным вариантом опыта.

Урожайность гибридов подсолнечника изменялась как по годам исследований, так и по вариантам опыта с разными нормами высева. При этом результаты корреляционно-регрессионного анализа показали, что урожайность данной культуры в большей степени зависит от влагообеспеченности вегетационного периода (r=0,80 у гибрида Джаззи и 0,88 - у Казио). Коэффициент корреляции между урожайностью и нормами высева значительно ниже: 0,38 для Джаззи и 0,25 для Казио.

В 2009 и 2011 гг. наиболее оптимальной являлась норма высева 70 тыс. шт. всхожих семян на 1 га. В эти годы урожайность была выше по сравнению с контрольным вариантом опыта на 26,7-33,8 процента. Увеличение нормы высева (до 80 тыс. шт./га) не приводит к росту урожайности по сравнению с третьим вариантом опыта. В 2010 году продуктивность загущенных посевов была ниже по сравнению с контролем.

В среднем за 3 года исследований, на контрольном варианте опыта урожайность составила 1,21 т/га у гибрида Казио и 1,57 т/га у гибрида Джаззи (таблица 1).

Таблица 1 – Влияние норм высева на продуктивность гибридов подсолнечника (2009-2011 гг.)

Гибриды	Нормы высева, тыс. шт./га	Урожайность, т/га	Содержание жира, %	Валовой сбор растительного масла, кг/га	Прибавка растит. масла к контролю	
					кг/га	%
Казио	50 (контроль)	1,21	49,8	602,6	-	-
	60	1,59	49,5	787,1	184,5	30,6
	70	1,82	49,6	902,7	300,1	49,8
	80	1,61	49,1	790,5	187,9	31,2
НСР$_{05}$		0,13				
Джаззи	50 (контроль)	1,57	50,1	786,6	-	-
	60	1,71	49,9	853,3	66,7	8,5
	70	1,91	50	955,0	168,4	21,4
	80	1,82	49,3	897,3	110,7	14,1
НСР$_{05}$		0,14				

Самая высокая урожайность (1,82 и 1,91 т/га) была получена при посеве на 1 га 70 тыс. шт. всхожих семян. При норме высева 80 тыс. шт./га прибавка урожая к контролю составила всего 14,1 и 15,9 процента. У обоих гибридов максимальный сбор растительного масла наблюдался при норме высева 70 тыс. шт. всхожих семян и составил 902,7 и 955 кг/га.

Таблица 2 – Энергоэкономическая эффективность возделывания гибридов подсолнечника на разных фонах минерального питания и нормах высева

Норма высева, тыс. шт./га	Затраты, руб./га	Выручка, руб./га	Прибыль, руб./га	Рента-бель-ность, %	Себесто-имость, руб./ц	Агроэнер-гетический коэффи-циент
Казио						
50 (контроль)	12766	21150	8384	66	905	1,97
60	13267	23850	10583	80	834	2,22
70	13691	26400	12709	93	778	3,18
80	13892	24150	10258	74	863	2,39
Джаззи						
50 (контроль)	12949	23550	10601	82	825	2,19
60	13328	25650	12322	92	779	2,39
70	13737	28650	14913	109	719	3,53
80	13999	27300	13301	95	769	2,54

Результаты рассчитанные, по энергоэкономическим показателям до-дополнительно свидетельствуют о том, что возделывание подсолнечника на маслосемена в условиях Республики Татарстан экономически выгодно, так как во всех вариантах опыта получен чистый экономический доход. Однако наиболее экономически выгодным из всех исследуемых норм высева семян для обоих гибридов является норма 70 тыс. шт. всхожих семян на 1 гектар.

Таким образом, нормы высева семян подсолнечника оказывают непосредственное влияние на рост и развитие растений, урожайность и валовой сбор растительного масла с 1 га, а также на экономические показатели возделывания данной культуры.

Литература

1. Низамов Р.М. Состояние и перспективы производства растительных масел в Приволжском Федеральном округе / Низамов Р.М., Мифтахов А.Д. // Вестник Саратовского ГАУ. 2007. – №1. – С. 49-51.

2. Низамов Р.М. Продуктивность подсолнечника в зависимости от норм высева в условиях Республики Татарстан / Низамов Р.М., Сагдиев Р.С. // Вестник Казанского ГАУ. 2011. – №1 (19). – С. 144-146.

3. Перспективы подсолнечника в России [Электронный ресурс]. – Режим доступа: http://www.apiworld.ru/stati/perspektivy-podsolnechnika-v-rossii/. (Дата обращения: 23.08.2013).

4. Методические указания Государственной комиссии по сортоиспытанию сельскохозяйственных культур. – М., 1985. – 53 с.

5. ГОСТ Р 52325-2005 Семена сельскохозяйственных растений. Сортовые и посевные качества. – М.: Стандартинформ, 2005. – 19 с.

6. Сагдиев Р.С. Продуктивность подсолнечника в зависимости от фонов минерального питания и норм высева в условиях Республики Татарстан. Автореферат дис. на соиск. учен. степени канд. с. - х. наук. - Казань, 2012. -18 с.

Белюченко И.С. - профессор, д.б.н., **Мельник О.А.** - доцент, к.б.н., **Никифоренко Ю.Ю.** - ассистент, **Славгородская Д.А** - ассистент
ФГБОУ ВПО «Кубанский государственный аграрный университет»

ФОРМИРОВАНИЕ СЛОЖНЫХ КОМПОСТОВ И ИХ ВЛИЯНИЕ НА РАЗВИТИЕ СЕЛЬСКОХОЗЯЙСТВЕННЫХ КУЛЬТУР

Отходы производства и потребления накапливаются на полигонах во всех регионах нашей страны в колоссальных объемах, в результате чего возникают проблемы их складирования, хранения и использования, а выделяющиеся из них токсичные газы и фильтраты загрязняют воздух, поверхностные и грунтовые воды и почвенный покров. Отходы всех производств, включая бытовые, являются гетерогенными дисперсными образованиями, состоящими из двух и большего числа фаз с развитой поверхностью. По равновесности и устойчивости дисперсных систем отходы делятся на лиофильные и лиофобные: первые термодинамически равновесные и высокодисперсны, формируются на основе отходов при производстве продукции из природного сырья, а вторые – термодинамически неравновесные и обладают большой свободной поверхностной энергией. В определенных условиях при смешивании отходов лиофильных и лиофобных систем происходит их коагуляция на основе сближения частиц, сохраняющих первоначальные формы и размеры, и объединяемых в плотные агрегаты. Нестабилизированные и неустойчивые лиофобные системы отходов непрерывно изменяют свой дисперсный состав в сторону укрепления частиц. Стабилизированные лиофильные системы сохраняют дисперсность в течение длительного времени [1,180]. На кафедре общей биологии и экологии ведутся исследования по разработке технологий их использования для производства сложных компостов, представляющих ценное удобрение, повышающее плодородие почв и имеет важное значение для развития аграрных систем.

Научные исследования по созданию и оценке эффективности сложного компоста проводили в условиях агроландшафта Ленинградского района Краснодарского края. Была проведена сравнительная характеристика состава и свойств сложного компоста для улучшения физических, химических и биологических особенностей чернозема обыкновенного и повышения его продуктивности при выращивании сельскохозяйственных культур. В качестве сырьевой базы служил полуперепревший навоз КРС, навоз свиней, куриный помет (отходы животноводства), некачественные корнеплоды сахарной свеклы, корзинки подсолнечника и др. (отходы растениеводства), отходы переработки природного сырья – получения фосфорных и калийных удобрений (отходы промышленности), осадки сточных вод (бытовые отходы), а также различные природные отходы (опавшие листья, плоды, подстилка и т.д.). Совмещение органических и минеральных отходов (полуперепревший навоз КРС, свиной навоз и др. + зола, фосфогипс и др.) образует сульфат аммония, что снижает денитрификацию, сокращает инфильтрацию азотистых соединений в грунтовые воды, сдерживает минерализацию органического вещества.

Важной практической и экологической задачей является сохранение различных форм азота в навозе, поэтому его компостирование совместно с фосфогипсом и отходами растениеводства является важным мероприятием от бесполезных потерь одного из основных элементов питания. При совместном компостировании навоза КРС, растительных остатков и фосфогипса происходит ослабление процессов денитрификации и заметное повышение концентрации аммонийного азота. В процессе созревания компоста содержание NH_4^+ повысилось и в среднем составило 0,09±0,01, тогда как в полуперепревшем навозе КРС – 0,07±0,01 %. По истечении пяти месяцев потери азота в аммонийной форме в полуперепревшем навозе КРС составили около 40-50 %, тогда как в сложном компосте – всего 18,2 %. Содержание общего фосфора в сложном компосте составило 45,5±1,6, а в почве с полуперепревшим навозом КРС – 32,6±1,3 мг/кг. При смешивании полуперепревшего навоза с фосфогипсом и другими отходами, образующими агрегаты, активизируется процесс структурообразования сложного компоста, улучшается его физико-химические свойства (плотность, порозность и другие), а также качественный состав почвенно-поглощающего комплекса.

Формирование сложного компоста всегда сопровождается активизацией микробиологических процессов, способствующих активации их дыхания, образованию новых круговоротов биогенов и трансформации их органических веществ. Численность отдельных групп микроорганизмов постепенно нарастает, что особенно заметно у аммонифицирующих и олиготрофных бактерий. Использование в сложном компосте фосфогипса способствует обеззараживанию органической составляющей. Это связано с влиянием серной, фосфорной и других кислот на гельминты, которые в кислой среде погибают в связи с мацерацией их оболочки. Таким образом, формируемый сложный компост через 4–5 месяцев становится безопасным, обладает положительными свойствами и может быть использован в качестве мелиоранта сельскохозяйственных земель, способствующего улучшению физических, химических и биологических свойств почвы.

Эффективность сложного компоста при его внесении в почву установлена в ходе проведения полевых опытов в хозяйстве ОАО «Заветы Ильича». Его использование повлияло на агрофизические характеристики: снизилась плотность почвы на 10 % и увеличилась порозность на 10–15 %, и на 20–25 % – влагоемкость. Это привело к улучшению структурно-агрегатного состава верхнего слоя почвы (0–20 см), что способствовало созданию благоприятных условий для интенсивного роста сельскохозяйственных культур. Процесс агрегирования почвы при внесении сложного компоста усиливает стабильность органического вещества в почве, поскольку основным центром аккумуляции органического азота и углерода являются микроагрегаты, представляющие комплексы коллоидных частиц фосфогипса с органическими коллоидами почвы и сельскохозяйственных отходов. Внесение в почву под сельскохозяйственные культуры сложного компоста повышает (на 16,1 %) действие органического вещества. Увеличение в почве содержания фосфора и кальция обусловливается, главным образом, поступлением этих элементов с минеральной частью сложного компоста, а повышение содержания азота связано со снижением трансформации органических отходов (таблица 1).

Таблица 1 – Агрохимические свойства чернозема обыкновенного

Вариант	pH H_2O	Органическое вещество, %	N общ, %	P_2O_5, мг/кг	SO_4^{2-}, %	CaO, %
Контроль	$8,26 \pm 0,18$	$3,53 \pm 0,06$	$0,26 \pm 0,01$	$32,64 \pm 1,34$	$0,08 \pm 0,01$	$0,14 \pm 0,01$
Сложный компост	$7,03 \pm 0,17$	$4,10 \pm 0,08$	$0,36 \pm 0,01$	$45,51 \pm 1,62$	$0,13 \pm 0,01$	$0,29 \pm 0,01$

На опытном участке, где вносился сложный компост, повысилось содержание дождевых червей и энхитреид – важнейших производителей гумуса, что связано с повышением в почве органического вещества и продуктивной влаги. Увеличение численности популяции дождевых червей говорит о благоприятных условиях питания и развития при совместном внесении в почву сложного компоста. Так, численность дождевых червей на контроле составила 23, на опытном участке – 65 экз./м^2, а энхитреид, соответственно, – 115 и 227 экз./м^2.

Положительное влияние сложного компоста на развитие и урожайность сельскохозяйственных культур выявлено как в первый год его действия, так и в последействии (таблица 2).

Таблица 2 – Сложный компост на урожайность культур

Год действия компоста / культура	Год исследований	Урожайность, ц/га	
		контроль	сложный компост
1-й / озимая пшеница	2008	52,1	63,1
2-й / кукуруза на зерно	2009	70,0	95,1
3-й / озимая пшеница	2010	49,0	56,0
4-й / сахарная свекла	2011	326,3	385,7
5-й / озимая пшеница	2012	53,1	60,8

Таким образом, предлагаемая технология использования отходов позволяет за короткий срок получить высокоэффективный сложный компост, который можно вносить в почву на период 4–5 лет и существенно влиять на продуктивность основных сельскохозяйственных культур. Экономическая эффективность применения сложного компоста по выращиванию отдельных культур в пятилетнем севообороте варьирует по годам от 10 до 18 %; эффективность сложного компоста под зерновыми культурами существенно значима.

Литература:

1. Муравьев Е.И., Белюченко И.С. Коллоидный состав и коагуляционные свойства дисперсных систем почвы и некоторых отходов промышленности и животноводства // Тр. КубГАУ, 2008. – №11. – С. 177-182.

УНИФИКАЦИЯ ТЕРМИНОЛОГИИ В СФЕРЕ ЭТНОНАЦИОНАЛЬНЫХ ОТНОШЕНИЙ КАК КОНЦЕПТУАЛЬНАЯ ПРОБЛЕМА

Ургалкин Ю.А.,
д.филос.н., проф. Кафедры
Социологии и педагогики
Самарского государственного
экономического уни верситета
Ургалкин А.М.
аспирант института права
Самарского государственного
экономического университета

Аннотация: В статье в дискуссионном плане рассматриваются вопросы, связанные с унификацией терминологии в сфере этнонациональных отношений. Проводится мысль о том, что используемая в специальной литературе и официальных документах терминология нуждается в уточнении и переосмыслении, что, в свою очередь, является важным условием оптимизации этнонациональной политики современного Российского государства.

Ключевые слова: нация, титульная нация, этносы, межэтнические отношения, этнические группы, национальные меньшинства, народ, этнонациональная политика.

Одной из приоритетных задач развития современного российского общества является оптимизация межэтнических отношений, представляющая собой такой выбор из множества вариантов управленческих и политических решений, который с наибольшей прогностической вероятностью ведет к наилучшим социально-экономическим результатам.

В связи с этим перед государством и обществом стоят задачи дальнейшего совершенствования государственной этнонациональной политики, развития в обществе толерантности, налаживания межэтнического и межконфессионального согласия, устранения других факторов, угрожающих целостности и самому существованию Российской Федерации как государства. Эта задача со всей определенностью поставлена в «Стратегии государственной национальной политики Российской Федерации на период до 2025 года», принятой в декабре 2012 года. В частности, в ней отмечается, что «Государственная национальная политика Российской Федерации нуждается в новых концептуальных подходах с учетом необходимости решения вновь возникающих проблем, реального состояния и перспектив развития национальных отношений [1].

Одним из таких подходов является унификация терминологии, этнонациональной проблематики. Дело в том, что такие понятия, как «нация», «титульная нация», «народ», «коренные малочисленные народы», «этнос», «этничность», «этническая группа», «национальные меньшинства», «суверенитет» и др. многими исследователями используются в разных, а иногда и вовсе противоположных смыслах.

Например, среди множества имеющихся теоретических трактовок нации на сегодняшний день можно выделить конструктивистскую и примордиалистскую. Имеют место социобиологические подходы, основанные на идеях превосходства одной нации или религии над другой. Широкое распространение получило этатистское понимание нации как совокупности жителей одного государства, объединенных общим гражданством. В отечественной литературе указанные категории многими

[1] Года. утверждена указом президента российской федерации от 19 декабря 2012 г. №1666

учеными анализируются с позиций марксистско-ленинской теории наций и национальных отношений[2.]

Различные точки зрения имеют как объективные, таки субъективные причины. В их основе лежат характер общественного устройства и политических режимов, региональные особенности, социальное неравенство и религиозные различия, что нередко вызывает кризисы и конфликты вплоть до раскола общества и возникновения новых национальных государств. Многие местные национальные элиты, опираясь на доктрину «многонационального народа» и практику этнического федерализма, от имени так называемых «титульных наций» стараются обеспечить привилегированные позиции в общественно-политическом сознании, используют их как средство политической мобилизации и приоритетного доступа к власти и ресурсам.

Все это говорит о том, что для осмысления этнонациональных процессов и проведения научно обоснованной государственной этнонациональной политики соответствующей современным реалиям, необходимо выявлять смысл и значение каждого понятия, отграничивать одну дефиницию от другой, чтобы избежать их пересечения по смыслу.

Определенный интерес в этом плане представляет четкое определение такого понятия как «народ». В настоящее время в научной литературе, как в международно-правовой, так и в этнологической, не

2. Бауэр О.Национальный вопрос и социал-демократия. СПб., 1909.Тавадов Т.Г. Этнология. М.: Проект, 2002. С.264; Нации и этносы в современном мире: Словарь-справочник. СПб.: ИД «Петрополис», 2007. С.69; Геллнер Э. Нации и национализм. М.,1991.С.35; С.139; Гумилев Л.Н. Этносфера. История людей и история природы . М.: Экопрос, 1993.С.506-507.;Тишков , В.А. Реквием по этносу : Исследования по социально-культурной антропологии / Валерий Александрович Тишков . - М.: Наука, 2003. .

существует общепринятого понятия «народ». Различные направления в этнологии включают в характеристики народа, кроме таких общепризнанных, как происхождение, язык, культура, территория проживания, самосознание, порой такие весьма своеобразные признаки, как религиозная принадлежность, политическая общность и даже, как утверждает М.П. Фомиченко, «стремление к выживанию».[3]

В соответствии со своей концепцией выше упомянутый автор применительно к нашей стране выделяет четыре основные группы народов РФ: государствообразующий титульный народ страны (русские), коренные титульные народы субъектов РФ, коренные малочисленные народы регионов, национальные меньшинства[4]

Возникает вопрос: как на практике разделить «народы» на указанные группы? Ни один из субъектов Российской Федерации не является моноэтничным. Более того, в 12 из 21 республик в РФ «титульная» этническая группа не является большинством населения, а в некоторых из них представляет сравнительно малую часть. Так, в Карелии этот показатель достигает 9,2%, в Хакасии – 12,0%, в Адыгее - 24,2%, Коми 25,2%, Бурятии -27,8%, Удмуртии-29,3%, Башкортостане - 29,8%, в Республике Алтай -30,6%, Мордовии- 31,9%, Марий Эл- 42,9%, Саха-Якутии 45,5%, Карачаево-Черкессии-49,8%. Доля «титульного» населения в Татарстане составляет 52,9%, Калмыкии – 53,3%, Северной Осетии – Алании 62,7%, Кабардино-Балкарии - 66,4%, Чувашии -67,7%, Тыве - 77,2%, Ингушетии - 77,3%, Чечне - 93,5%. В полиэтничном Дагестане, где ни одна из групп не преобладает, доля автохтонных народов составляет в

---

3 См.: Большой юридический энциклопедический словарь –М.: Книжный мир, 2003; Советский энциклопедический словарь/ Научно-редакционный совет: А.М.Прохоров(пред).- М.: «Советская энциклопедия» 1981.-1600с.; Философский энциклопедический словарь. М.: Советская энциклопедия, 1983.

4 См.: Фомиченко М.П. К вопросу о самоопределении народов в Российской Федерации //http://www.ni-journal.ru/archive/2005/n6_2005/322b42dd/fomichenko506/

общей сложности 90,7%. В среднем доля «титульных» групп в населении республик достигает 50,1%. Для сравнения, в 1989 г. она составляла 42,0%.[5]

Можно ли в таком случае население той или иной республики считать единым народом или в ней должны жить два народа: все население субъекта Федерации и «титульный народ», или же только «титульный народ»? Абсурдность такой ситуации наглядно проявляется в Конституции Татарстана. В преамбуле к ней записано: "Настоящая Конституция выражает волю многонационального народа Республики Татарстан и татарского народа.»[6] Создается уникальная ситуация: российские граждане, проживающие в субъекте Федерации, юридически разделены на два народа. Более того, татарское население является трижды народом: народом многонациональной республики Татарстан, собственно татарским народом и народом Российской Федерации. А как в таком случае быть с другими равноправными субъектами РФ? Должны ли быть в них «титульные народы»? Можно ли употреблять выражения « многонациональный народ Тюменской, (Оренбургской, Самарской и т.д.) области и русский народ»? Или « многонациональный народ еврейской автономной области и еврейский народ»? Газета «Комсомольская правда» (Тюменский выпуск) в номере 116 за 2012 год опубликовала материал с кричащим заголовком: « В Тюменской области живут больше 140 народов!». Среди них называются корейцы (454 чел.), Гагаузы(150 чел.), даргинцы (211 чел.), езиды (71 чел.), вепсы (5чел.). К «народам», проживающим на территории Тюменской области, газета относит также

---

5 Национальный состав России. //http:ru.wikipedia. org/wiki/ю

6. Конституция Республики Татарстан.(в редакции законов Республики Татарстан от 19 апреля 2002 года № 1380, от 15 сентября 2003 года № 34-ЗРТ, от 12 марта 2004 года № 10-ЗРТ, от 14 марта 2005 года № 55-ЗРТ, от 30 марта 2010 года № 10-ЗРТ, от 22 ноября 2010 года № 79-ЗРТ, от 22 июня 2012 года № 40-ЗРТ). //http:www.gossov.tatarstan.ru/konstitucia/

японцев, англичан, аджарцев, индийцев, пуштунов, поморов, нанайцев (по одному человеку), саамов, нивхов и мегрелов (по два человека), итальянцев и испанцев (по три человека)[7.] В Оренбургской области функционирует «Ассамблея народов Оренбургской области», в которой, наряду с греками, немцами, казахами, башкирами, евреями и т.д., представлены еще и «тюркские народы Оренбуржья».[8] Сам собой напрашивается вопрос: а кто представляет «титульные народы» указанных субъектов Федерации? Следующий вопрос: имеется ли какой-либо содержательный смысл в этом термине? Само название «титульный» уже подразумевает какое-то особое положение данной группы населения по сравнению с другими, живущими не одно поколение на данной территории. Это проявляется и в стремлении заместить все руководящие должности лицами «титульной нации (народа)», добиться налоговых послаблений, в перекосах в культурно-языковой политике и т.д.

Ситуация нашла бы разрешение и объяснение в том случае, если вместо термина «народ», равно как и «нация», в применении к субъектам Федерации и другим этнотерриториальным образованиям употреблять понятие «этнос» и «малочисленный этнос». Это автоматически сняло бы многие проблемы, связанные с межэтническими конфликтами, с амбициями и сепаратистскими настроениями местных элит, с другими вышеуказанными негативными проявлениями.

Подобные интерпретации понятий диктуют необходимость унификации этнонациональной терминологии, приведения её в соответствие с мировой практикой. Как справедливо отмечает М.А.Фадеичева, « непроработанный, архаичный категориальный

---

7 . В Тюменской области живут больше 140 народов! http://kp.ru/daily/24186/394801.
8. Наурыз – праздник многонациональный.//http.www.orinfo.ru/n/61050). Опубликовано : 24.04.2012 09:47.

аппарат не позволяет достигнуть понимания проблемы и следовательно ,- оставляет концептуально безосновной политику РФ в сфере регулирования межэтнических отношений...»[9]

В какой-то мере исправить подобное положение призван подготовленный правительством РФ законопроект «О внесении изменений в отдельные законодательные акты Российской Федерации в связи с унификацией терминологии в сфере межнациональных отношений». Основной идеей Законопроекта является устранение противоречий в терминологии, используемой в федеральном законодательстве в сфере межэтнических

---

[9] Фадеичева М.А. Парадигмальные основания этни ческой политики неопостсоветской России. // ttp:www.ifp.uran.files/publ/eshegodnik/2008/14.pdf

отношений, и возможных правовых коллизий, связанных с толкованием законодательства в данной сфере.[10]

Реализация законопроекта будет способствовать дальнейшему совершенствованию этнонациональной политики государства, формированию межэтнической толерантности, мира и согласия в обществе и, как следствие, экономическому и социокультурному процветанию страны.

---

[10] См.: Федеральный закон (Проект). О внесении изменений в отдельные законодательные акты Российской Федерации в связи с унификацией терминологии в сфере межнациональных отношений.//http:/ww.minregion.ru/

Литература.

Бауэр О.Национальный вопрос и социал-демократия. СПб., 1909.

Бердяев Н. А. Судьба России. – В кн.: Бердяев Н. Соч.: в 2 тт. – М., 1998. – 2.

Большой юридический энциклопедический словарь –М.: Книжный мир, 2003

Геллнер Э. Нации и национализм. М.,1991.

Гумилев Л.Н. Этносфера. людей и история природы . М.: Экопрос, 1993.

Тавадов Т.Г.Этнология.М.:Проект, 2002.

Нации и этносы в современном мире: Словаврь-справочник.СПб.: ИД «Петрополис», 2007.

Тишков В.А. Реквием по этносу : Исследования по социально культурной антропологии / Валерий Александрович Тишков . - М.: Наука, 2003.

Фадеичева М.А. Парадигмальные основания этни ческой политики неопостсоветской России. // ttp:www.ifp.uran.files/publ/eshegodnik/2008/14.pdf

Философский энциклопедический словарь. М.: Советская энциклопедия, 1983.

Фомиченко М.П. К вопросу о самоопределении народов в Российской Федерации///http:/www.ni-al.ru/archive/2005/n6_2005/322b42dd/fomichenko506/

Национальный состав России. // http:ru.wikipedia. org/wiki/ю

Конституция Республики Татарстан.(в редакции законов Республики Татарстан от 19 апреля 2002 года № 1380, от 15 сентября 2003 года № 34-

ЗРТ, от 12 марта 2004 года № 10-ЗРТ, от 14 марта 20[05 года № 55-ЗРТ, от 30 марта 2010] года № 10-ЗРТ, от 22 ноября 2010 года № 79-ЗРТ, от 22 июня 2012 года № 40-ЗРТ).

//http:www.gossov.tatarstan.ru/konstitucia/

Сведения об авторах.
Ургалкин Юрий Алексеевич
Д.филос.н., ПРОФЕССОР КАФЕДРЫ СОЦИОЛОГИИ И ПЕДАГОГИКИ
сАМАРСКОГО ГОСУДАРСТВЕННОГО ЭКОНОМИЧЕСКОГО
УНИВЕРСИТЕТА.(СГЭУ)
г.сАМАРА 100, УЛ.цИОЛКОВСКОГО 1 «а», КВ.15.
Т. 8 846 2424777
СОТ 88276858021
УРГАЛКИН ЛЕКСЕЙ мИХАЙЛОВИЧ
Аспирант института права СГЭУ
Эл.адрес : speromelori@gmail.com

Чеджемов Г.А.
Самарский государственный экономический университет, Самара, Россия

РОЛЬ ОБРАЗОВАНИЯ В СОВРЕМЕННОМ ОБЩЕСТВЕ

Вокруг института образования всегда разворачивалось множество различных дискуссий и это немудрено- обучение является фундаментальным процессом в нашей жизни. Благодаря ему индивид имеет возможность адаптироваться к окружающей действительности, используя опыт предшествующих поколений. Под обучением социологи понимают относительно постоянное изменение в человеческом поведении или способностях, являющееся следствием опыта. Так как обучение столь важно в социальной жизни, общество, как правило, не отдает его на волю случая и может брать на себя задачу передавать определенные взгляды, знания и навыки своим членам путем формального обучения- социологи называют его образованием.

Образование – один из аспектов сложного и многогранного процесса социализации, с помощью которого индивид приобретает определенные модели поведения, необходимые для эффективного участия в жизни общества. Институт образования призван обеспечивать социальную стабильность и интеграцию общества, непосредственно влияет на социализацию членов общества и занятие определенных социальных позиций.

Более конкретно образование можно охарактеризовать как относительно самостоятельную систему, задачей которой является систематическое обучение и воспитание членов общества, направленное на овладение определенным знанием, идейно-нравственными ценностями, умениями, навыками, нормами поведения.

В наше время подготовка к самостоятельной жизни процесс не только более продолжительный, чем в традиционном обществе, но и требует немалых финансовых затрат. Государство в развитых странах тратит до трети национального дохода на образование.

Необходимо выделить такую важную задачу, выполняемую институтом образования в современном обществе, как подготовка индивидов к размещению их по определенным социальным позициям в социальной структуре общества. Это одно из важнейших функциональных требований любой социальной системы, которое решается не общеобразовательной школой, а специальными учебными заведениями- училищами, техникумами, колледжами, институтами, университетами и др. Все эти заведения относятся к формальному образованию. Функционирование системы формального образования определяется в обществе культурными стандартами, идеалами, политическими установками, которые находят свое воплощение в проводимой государством политике в области образования, так как господствующая в обществе система образования подчиняется определенному официальному предписанному образцу, определяющему объем получаемых знаний.

Ни для кого не секрет, что социальный статус человека в обществе в первую очередь зависит от престижа его профессии, а она – от полученного образования.

Общепризнано, что без развития высшего образования невозможно обеспечить экономическую, политическую и культурную независимость нации, развития общества, а это должно быть связано с требованиями государства и перспективами развития страны. Весь цивилизованный мир стремится получить в свое распоряжение специалистов с высшим образованием для эффективного использования большого потенциала науки, используя материальное и моральное стимулирование интеллектуального развития человека, создавая условия в социуме для востребованности талантливых и образованных людей. В России, к сожалению, этот процесс не получает должного ускорения и отечественная наука очень часто сталкивается с проблемой «утечки умов». Выпускники сегодняшней российской высшей школы с успехом проходят всевозможные конкурсные отборы и занимают высокие посты в крупных западных компаниях (в США, например, в самых престижных и секретных областях работает более тысячи российских специалистов). Ярким подтверждением тому служит прошедший в мае 2011 года в американском городе Орландо (штат Флорида) чемпионат мира по программированию. Из 12 награжденных команд-5 приехали из России и такая положительная тенденция сохраняется с 2005 года. Студенты решали по восемь задач из одиннадцати возможных, имея в своем арсенале лишь один компьютер и три калькулятора! А на решение каждой задачи обычно уходит целый семестр! По окончании чемпионата многим награжденным ребятам поступило предложение пройти стажировку с дальнейшим трудоустройством от известной компании IBM и других крупных компаний.

В сегодняшней системе образования социологи отмечают такие кризисные процессы, как коммерциализация (расширение платной основы обучения); элитизация (сокращение среди студентов доли выходцев из рабочих и крестьян и увеличение доли выходцев из семей интеллигенции); децентрализация (расширение самостоятельности вузов в части создания собственных программ обучения , поисков источников финансирования и т.д)

В качественном образовании нуждается не только отдельный индивид, но и все общество в целом. Благодаря высшему образованию человек надеется совершить восхождение по карьерной лестнице в бизнесе, на политическом или культурном поприще. Система образования дает стране высококвалифицированных работников, что должно, несомненно, означать рост производительности труда, внедрение новых технологий, выход на передовые позиции в социальном и экономическом развитии.

Список литературы

1.Волков Ю.Г., Добреньков В.И., Нечипуренко В.Н., Попов А.В. Социология: Учебник- Изд.2-е,испр.и доп.-М.; Гардарики,2003-512с.;ил;
2.Токарева Е.М. Социология: Конспект лекций.-М.:МИЭМП,2005.-70с;
3.Фролов С.С. Социология. Учебник для высших учебных заведений.М,:Наука,2001.-384с.;
4. Шереги Ф.Э, Харчева В.Г., Сериков В.В. Социология образования: прикладной аспект.-М.: Юристъ,1997.-287с;

Клименко М.Ю., Кашарина Т.П.

ОБЕСПЕЧЕНИЕ ЭКОЛОГИЧЕСКОЙ БЕЗОПАСНОСТИ ГОРОДСКОЙ ЗАСТРОЙКИ И ХОЗЯЙСТВА

Экологическая безопасность урбанизированных территорий Юга России во многом зависит от изменения климатических условий, что наблюдается в последнее время и сопровождается ростом повторяемости метеорологических экстремумов и возникновения опасных природных процессов, в том числе оползни, сели, наводнения и т.п., которые могут возникнуть одно за другим, принося значительные разрушения. В связи с этим при разработке мероприятий по защите городской застройки и хозяйства, в том числе рекреационных зон, например, Красная Поляна г. Сочи, необходимо разрабатывать технические решения, способствующие задержанию и предупреждению подобных явлений.

За последние 20 лет фактически разрушена система наблюдений за селями, учет их проявлений практически не ведется. Однако в настоящее время опасность схода селей увеличивается, что обусловлено современным состоянием климатических условий и возрастающим техногенным воздействием на геологическую среду. Поэтому требуется оценка современной активности селей и тенденции изменения их активности в ближайшие годы, чтобы обеспечить безопасность городской застройки и населения. Для этого нами предлагается усовершенствованное техническое решение по сдерживанию селя и последующих за ним процессов (рис.1), а так же блок-схему инженерной защиты объектов от селей (рис.2).

Данное техническое решение защитного сооружения предполагает выполнять в железобетонном лотке грунтонаполняемые оболочки, позволяющие разбивать поток, который будет попадать на гибкий решетчатый рассекатель потока из композитного материала, далее в другую секцию, в которой вновь оседают крупные каменные наносы и затем задерживаются гибкой вантовой плотиной. После этого уже мутный поток, который потерял скорость, растекается в железобетонном лотке, а далее может быть направлен в отстойник.

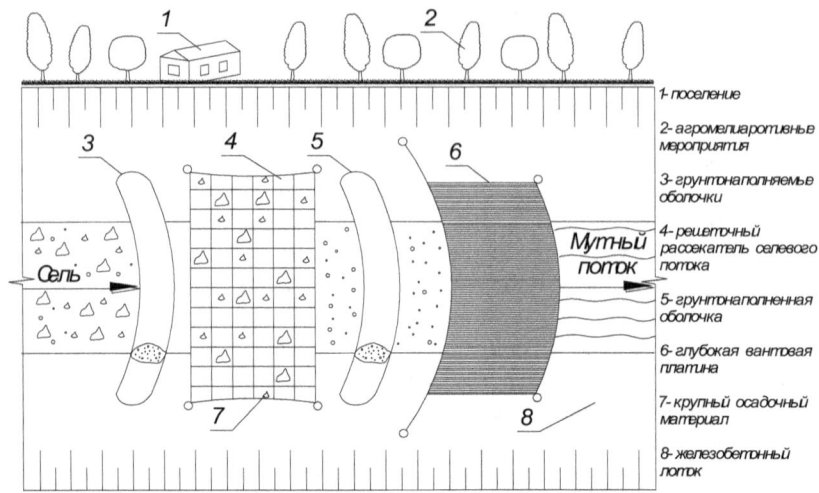

1- поселение

2- агромелиаротивные мероприятия

3- грунтонаполняемые оболочки

4- решеточный рассекатель селевого потока

5- грунтонаполненная оболочка

6- глубокая вантовая платина

7- крупный осадочный материал

8- железобетонный поток

Рис.1. Техническое решение селезащитного сооружения

Основные направления инженерной защиты объектов от селевых потоков представлены на блок-схеме (рис.2) в виде системы действий, основанной на комплексном взаимодействии технических разработок с научным сопровождением.

Рис.2. Блок-схема инженерной защиты объектов от селей

Авторами предполагается использование сведений об изменениях селевых процессов в зависимости от природных и техногенных явлений при создании проектной, научной и нормативной разработки рекомендаций по возведению предлагаемого технического решения. В настоящее время подана заявка на патент, разработан алгоритм программы по определению общего технического состояния зданий и сооружений, их долговечности, условной надежности и примерной стоимости капитального ремонта, а также произведены вероятностные расчеты по новому сооружению с учетом предлагаемой методики.

Литература:

1. Кашарина Т.П. Экологическая инфраструктура: учебное пособие для студентов вузов по спец. 270102/ Т.П. Кашарина; Южно-Российский государственный технический университет (НПИ) – Новочеркасск: ЮРГТУ (НПИ), 2010.-198с.

2. Кашарина Т.П. , Экологическая безопасность и надежность строительных конструкций при проектировании и эксплуатации / Т.П. Кашарина, М. Ю. Клименко «Вестник ВОЛГАСУ», серия «Строительство и архитектура», Выпуск №25(44), 2011г.

3. Кашарина Т.П. , Клименко М.Ю. Экологическая безопасность и надежность строительных конструкций при проектировании и эксплуатации. «Вестник ВОЛГАСУ», серия «Строительство и архитектура», Выпуск №25(44), 2011г.

4. Клименко М.Ю. Методы прогнозирования существования строительных конструкций / М.Ю. Клименко, Т.П. Кашарина, Дефекты зданий и сооружений. Усиление строительных конструкций: материалы XVI научн.-метод. конф., посвящ 85-телию со дня рождения проф. В.Т. Гроздова, г. Санкт-Петербург, 23 марта 2012 г. / СПбФВАТТ (ВИТУ). – СПб., 2012.-С. 96-101.

Приходько А.П., Кашарина Т.П.

ТЕОРЕТИЧЕСКИЕ И ЭКСПЕРИМЕНТАЛЬНЫЕ ИССЛЕДОВПАНИЯ ГРУНТОАРМИРОВАНОЙ КОНСТРУКЦИИ

В настоящее время Азовское море, Цимлянское, Манычское, Веселовское водохранилища подвержены значительным абразивным процесса, что угрожает подмыву зданий и сооружений урбанизированной территории, рекреационным зонам и т.п., причем общая площадь зоноустойчивого размыва достигает 20% поверхности для моря. Для ликвидации неблагоприятных природных и техногенных процессов, в целях повышения общего благоустройства, качества среды жизнедеятельности населения, что соответствует современным требованиям экологической инфраструктуры страны, необходимо выполнение комплекса мероприятий, в том числе подпорных сооружений, по укреплению береговых склонов.

В современном строительстве в качестве подпорных сооружений находят широкое применение технические решения грунтоармироавнных конструкций. Алгоритм проектирования подобных сооружений представлен на рис. 1. Для обоснования применения грунтоармированных сооружений авторами разработаны конструктивные решения и методы их обоснования [1]. На основании проведенных теоретических исследований по определению усилий в подпорной стенке и в армолентах разработана программа на ЭВМ и получено свидетельство о государственной регистрации [2]. Применение ее, позволяет значительно сократить время на проектирование данных конструкций.

В настоящее время разрабатывается программный комплекс по совместной работе лицевых элементов насыпи и армолент. Разработанное техническое решение с лицевой стенкой из отдельных лицевых элементов и армолент с различным углом наклона в грунтовом массиве позволяет обеспечить большую надежность и устойчивость грунтоармированного сооружения в целом [4].

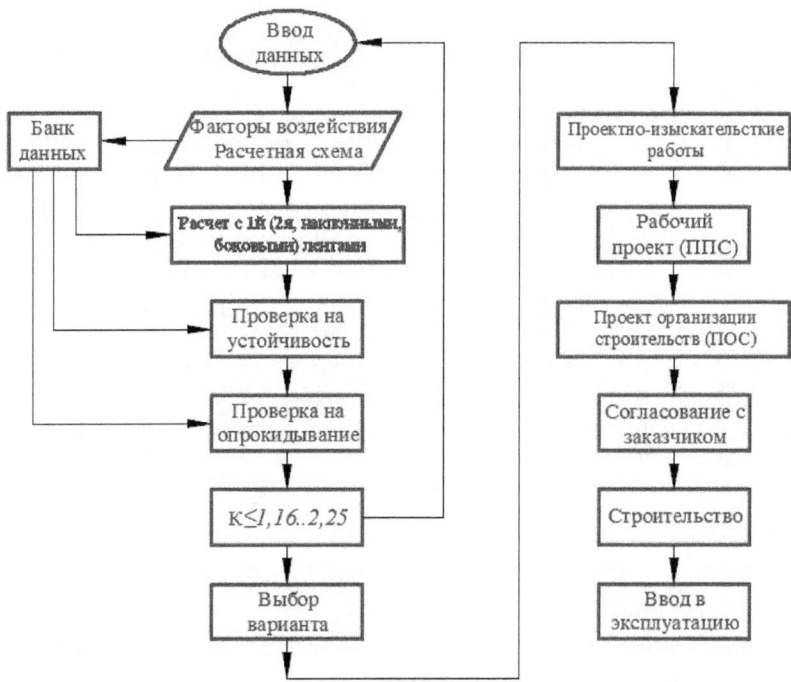

Рис. 1. Алгоритм проектирования грунтоармированного сооружения

В результате проведенных теоретических исследований выявлено, что усилия в наклонных армолентах зависят в большей степени от угла их наклона, ширины армоленты, высоты засыпки. Зависимость прилагаемого усилия на ленту Т от угла наклона ленты и высоты конструкции представлена на рис. 2 [3, 5].

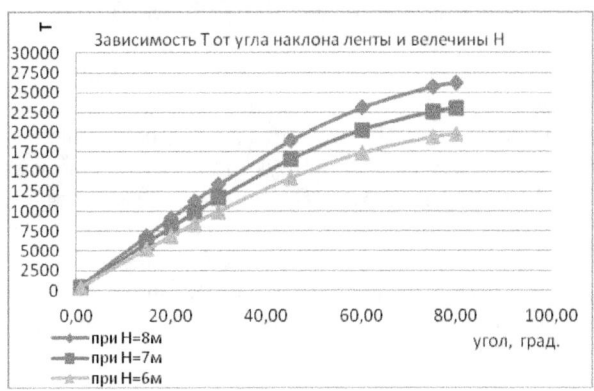

Рис. 2. График Т $f(\varphi, H)$

Для внедрения в проектную и строительную практику разработанного авторами конструкторского решения были проведены экспериментальные исследования. Для выполнения экспериментальных исследований в лотке были проведено 16 серий предварительных испытаний, позволяющих определить оптимальные параметры элементов лицевой стенки и зоны армирования. В качестве армирующего материала в предварительных опытах использовали кальку толщиной 0,03 мм, ширина армополос 10 мм. Такой материал был выбран в связи с желанием получить картину распределения усилий внутри образца, судя по местам обрыва «арматуры».

В результате проведения теоретических и экспериментальных исследований авторами было разработаны рекомендации по проектированию и возведению грунтоармированных подпорных сооружений, выполнены обоснования целесообразности применения подобных конструкций; разработан проект берегоукрепления участка побережья Азовского моря в районе с. Натальевка по заказу ООО «Стройдеталь».

На основании применения вышеизложенных результатов исследований и рекомендаций грунтоармированных конструкций повышается экономичность в 2-3 раза по сравнению с железобетонными блоками (ФБС), а также экологическая безопасность прибрежной фауны (хамса, килька, мидии, гребешки и т.п.), которые обеспечивают питание промысловым рыбам.

Литература:
1. Патент №2444589 «Грунтоармированное сооружение и способ его возведения», заявка №2010131312, опубликована 10марта 2012г.
2. «Расчет грунтоармированного основания» свидетельство гос. регистрации программы для ЭВМ №2010616390, опубл. 24.09.2010г.
3. Приходько А.П. Усиление оснований и фундаментов малоэтажных комплексов на техногенных грунтах. – Волгоград ВолгГАСУ, 2009. – с.192-193.
4. Кашарина Т.П. Методы обоснования работы грунтоармированных элементов конструкций с применением композитных материалов/ Т.П. Кашарина, А.П. Приходько, - Волгоград. ВолгГАСУ, 2010.
5. Кашарина Т.П. Обоснование параметров элементов грунтоармированной насыпи с применением композитных (полимерных) материалов/ Т.П. Кашарина, А.П. Приходько, - Волгоград. Вестник ВолгГАСУ, 2011, № 22(44).

Богданова Н.А.
аспирант, ИМиМ ДВО РАН
Черномас В.В.
доктор техн. наук, доцент, ИМиМ ДВО РАН
Соснин А.А.
канд. техн. наук, ИМиМ ДВО РАН

СРАВНЕНИЕ РЕЗУЛЬТАТОВ ФИЗИЧЕСКОГО И КОМПЬЮТЕРНОГО МОДЕЛИРОВАНИЯ ПРОЦЕССА ДЕФОРМАЦИИ НЕОДНОРОДНОГО МАТЕРИАЛА ПРИ ЕГО ОСАДКЕ В ЗАКРЫТОЙ МАТРИЦЕ

Целью исследования является анализ и сравнение результатов численного эксперимента, полученных в программной среде «Q Form 3D» с данными натурного эксперимента, полученными при физическом моделировании.

Для физического моделирования процесса осадки неоднородного плоского образца была разработана методика, позволяющая зафиксировать динамику его уплотнения в закрытой матрице[1,299].

Условия контакта поверхностей образца со стенками закрытой матрицы и плоскостью пуансона оценивали через идеальные значения фактора трения (0 и 1), максимальное значение которого соответствовало идеальному контакту, а минимальное – контакту через слой силиконовой смазки (ТУ 2384-032-56751830-2007). Скорость деформирования установили на уровне 0,5 мм/с.

Степень деформации образцов ε_i при перемещении пуансона на 0, 5, 15, 25 и 35 мм соответственно составляла $\varepsilon_0=0$, $\varepsilon_1=0,03$, $\varepsilon_2=0,1$, $\varepsilon_3=0,17$, $\varepsilon_4=0,25$.

Для численного моделирования процесса осадки неоднородного плоского образца использовалась программная среда «Q Form 3D». Конфигурацию исследуемого объекта (заготовки) и формообразующего инструмента создавали в программной среде «T-Flex». Моделировался процесс холодной объемной штамповки на гидравлическом прессе с максимальным усилием 50 МН. Свойства материала образца задавали в виде функции (1), полученной в результате аппроксимации экспериментальных данных испытаний материала образцов на сжатие.

$$\sigma = 2,11 \cdot \varepsilon^{0,39} \cdot \exp(-4,1 \cdot \varepsilon) \cdot \xi^{0,56} \qquad (1)$$

где θ - температура, ε - степень деформации, ξ - скорость деформации, коэффициенты находили путем минимизации функционала метода наименьших квадратов [2,88]

На рис.1 и рис.2 представлены результаты сравнения физического и компьютерного моделирования.

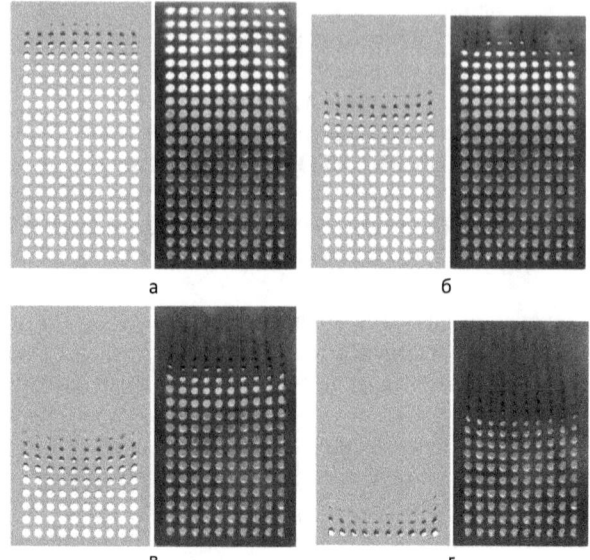

Рис.1. Сравнение изображений экспериментальных образцов с расчетными моделями Q-Form при различных степенях деформации (f=1): а – ε_1=0,03; б – ε_2=0,1; в – ε_3=0,17; г – ε_4=0,25.

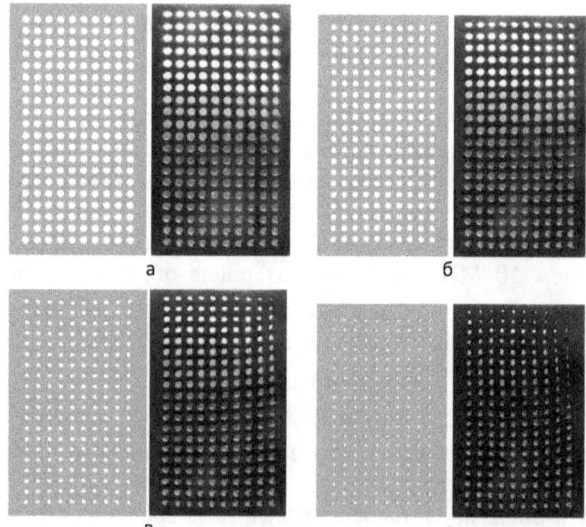

Рис. 2. Сравнение изображений экспериментальных образцов с расчетными моделями Q-Form при различных степенях деформации (f=0): а – ε_1=0,03; б – ε_2=0,1; в – ε_3=0,17; г – ε_4=0,25.

При значении фактора трения f=1 (рис.1) при физическом моделировании наблюдали формирование ярко выраженного фронта уплотнения материала при степенях деформации свыше 0,1, в то время как в расчетной модели он формируется значительно раньше ($\varepsilon \geq 0,03$).

При значении фактора трения f=0 (рис. 2) различия становятся более очевидными. В экспериментальных образцах наблюдается наличие четкого фронта уплотнения материала, который в расчетной модели отсутствует.

На рис.3 представлены результаты анализа распределения усилий в процессе деформирования. Видно, что при факторе трения f=1 расчетные значения усилий в конце цикла осадки в два раза превышают значения усилий при физическом моделировании (1210 Н и 593 Н соответственно), а при факторе трения f=0 практически совпадают (180 Н и 176 Н соответственно).

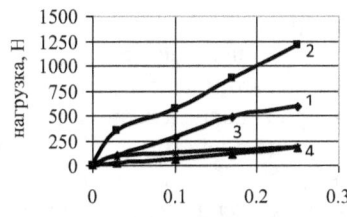

Рис. 3. Кривые расчетных и экспериментальных нагрузок. 1 – экспериментальная нагрузка при f=1; 2 – расчетная нагрузка при f=1; 3 – экспериментальная нагрузка при f=0; 4 – расчетная нагрузка при f=0.

В результате сравнения данных физического и компьютерного моделирования процесса осадки неоднородного материала в закрытой матрице можно сделать вывод о некорректности, полученной в программной среде «Q Form 3D» модели. Полученная расчетная модель близка к схемам деформирования образцов в условиях всестороннего сжатия и не адекватна данным, полученным при физическом моделировании процесса. Очевидно, что для расчетного моделирования процесса деформирования необходимо уточнение параметров модели с учетом сжимаемости материала .

Список используемых источников

1. Моделирование деформации неоднородного материала при его осадке в закрытой матрице/Н.А.Богданова, Н.С.Ловизин, А.А.Соснин, В.В.Черномас//Инновационные материалы и технологии: достижения, проблемы, решения:материалы Междунар. науч.-техн. конф., (Комсомольск-на-Амуре, 21-22 июня, 2013г.) В 2 ч., ч.1. – Комсомольск-на-Амуре: ФГБОУ ВПО «КнАГТУ», 2013. – 379 с.

2. Г. М. Севастьянов, Об одном способе задания определяющих зависимостей «напряжения – скорости деформаций» в условиях активного пластического течения по опытным данным // Дальневосточный математический журнал. 2011. №11:1. С. 88–92.

Богданова Н.А.,

аспирант, ИМиМ ДВО РАН,

Черномас В.В.,

доктор техн. наук, доцент, ИМиМ ДВО РАН,

Соснин А.А.,

канд. техн. наук, ИМиМ ДВО РАН.

ФИЗИЧЕСКОЕ МОДЕЛИРОВАНИЕ ПРОЦЕССА ДЕФОРМАЦИИ НЕОДНОРОДНОГО МАТЕРИАЛА ПРИ ЕГО ОСАДКЕ В ЗАКРЫТОЙ МАТРИЦЕ

Целью данного исследования является определение влияния скорости деформирования и условий контакта в системе «образец – матрица – пуансон» на характер уплотнения неоднородного материала с помощью физического моделирования процесса осадки пористого плоского образца в закрытой матрице.

Для моделирования процесса осадки неоднородного материала была разработана методика, позволяющая зафиксировать динамику уплотнения неоднородной пластины в закрытой матрице. Неоднородность образца задавали с помощью равномерно распределенной по фронтальной плоскости открытой пористости (значение пористости 0,25), выполненной в виде отверстий диаметром 4 мм. (рис.1). Соотношение размеров образца 2:1:0,15 (140×70×10,5 мм) выбирали исходя из условий моделирования плоской деформации [1,132] В качестве материала для изготовления образцов использовали скульптурный пластилин «Люкс» по ТУ 2389–011–02954519–99.

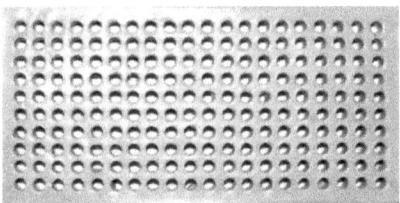

Рис.1. Внешний вид образца

Фиксирование процесса уплотнения производили высокоскоростной видеосъемкой через фронтальные стенки матрицы, выполненные из прозрачного материала. Перемещение пуансона и запись силовых параметров в процессе уплотнения образца проводили на экспериментальном стенде, оборудованном на базе испытательной электромеханической машины Instron-3382 (рис. 2).

Рисунок 2 – Стенд для проведения испытаний: 1 – образец;
2 – матрица; 3 – пуансон.

Физическое моделирование процесса деформирования неоднородного материала проводили для четырех серий экспериментов, отличающихся между собой скоростью деформирования и условиями контакта образцов со стенками матрицы и пуансоном. Условия контакта поверхностей образца со стенками закрытой матрицы и плоскостью пуансона оценивали через идеальные значения фактора трения (0 и 1), максимальное значение которого соответствовало идеальному контакту, а минимальное – контакту через слой силиконовой смазки (ТУ 2384-032-56751830-2007). Скорость деформирования при проведении испытаний выбрали из рекомендуемого интервала скоростей деформирования характерных для обработки материалов давлением и устанавливали на двух уровнях – минимальной (0,5 мм/с) и максимальной (5 мм/с) (табл.1).

Таблица 1

№ серии эксперимента	Скорость деформирования, мм/с	Фактор трения
1	0,5	1
2	5	1
3	0,5	0
4	5	0

Откликами эксперимента являлись данные в виде кривой в координатах «нагрузка – перемещение», синхронизированные с раскадровкой видеосъемки, а также изменение геометрических размеров пор и их взаимное расположение.

По раскадровке с помощью программного пакета «Image- Pro.Plus» оценивали изменение геометрических размеров пор и их взаимное расположение в процессе деформации (площадь поперечного сечения положение центра отверстия в декартовых координатах, величина главных осей отверстия и угол поворота наибольшей главной оси относительно вертикали.)

Распределение усилий деформирования для различных серий экспериментов представлены на рис.3.

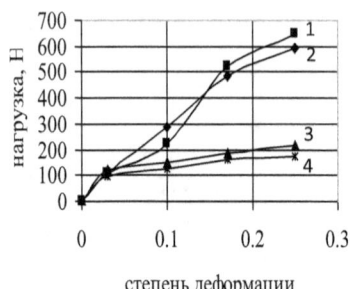

степень деформации

Рис. 3 Распределение усилий деформирования для различных серий экспериментов:1 – первая серия; 2 – вторая серия; 3 – третья серия; 4 – четвертая серия.

Условия идеального контакта образца со стенками матрицы характеризуются более высокими энергетическими затратами на процесс деформирования (рис. 3, кривые 1, 2), чем при деформировании со смазкой (рис. 3, кривые 3, 4). Максимальное усилие, возникающее в конце процесса деформирования составляет 645,95 Н и соответствует 1 серии экспериментов. Минимальное усилие, возникающее в конце процесса деформирования составляет 176,46 Н и соответствует 4 серии экспериментов. Влияние скорости деформирования на сопротивление деформации зависит от условий контакта образца со стенками матрицы. При значениях фактора трения f = 1 сопротивление деформации с увеличением скорости уменьшается, что приводит к снижению усилия с 645,95 Н до 593 Н, а при значении фактора трения f = 0 – к уменьшению усилия с 216 Н до 176,46 Н.

В результате экспериментального исследования процесса осадки неоднородного материала в закрытой матрице предложена методика оценки изменения геометрических размеров пор в процессе деформирования, позволяющая определить фронт уплотнения. Выявлено, что характер изменения геометрических размеров пор, зависит от их расположения (удаленности от боковой контактной поверхности образца с матрицей) и фактора трения. Наибольшему формоизменению подвергаются поры, расположенные вблизи контактной поверхности.

Список использованных источников

1.Качанов Л.М. Основы теории пластичности. – М.: «Наука». 1969.-420 с.

Астахов В.И., Данилина Э.М.
д.т.н., профессор каф. «Прикладная математика»,
аспирант каф. «Прикладная математика»,
Южно-Российский государственный политехнический университет
(Новочеркасский политехнический институт)
elka-hy@mail.ru

ВКЛАД РАЗРЕЗА ПЛАСТИНЫ В ЭЛЕКТРОМАГНИТНУЮ СИЛУ

При разработке системы демпфирования (гашения колебаний) электродинамического подвеса может оказаться полезной оценка возмущений, действующих на катушку с током или постоянный магнит, играющую роль магнитной опоры, источником которых являются разрезы (стыки) проводящего путевого полотна.

Приведем такую оценку на примере прямоугольного витка с постоянным током i, летящего со скоростью $\bar{\upsilon} = -\bar{e}_y \upsilon$ ($\upsilon = const$, $\upsilon << c$, c – скорость света в вакууме) над бесконечной немагнитной пластиной, имеющей геометрически малую толщину h, с прямолинейным разрезом, выполненным вдоль оси координаты x (рис. 1). Геометрический центр витка A (пересечение диагоналей) имеет координаты 0, $y_A(t)$, z_A.

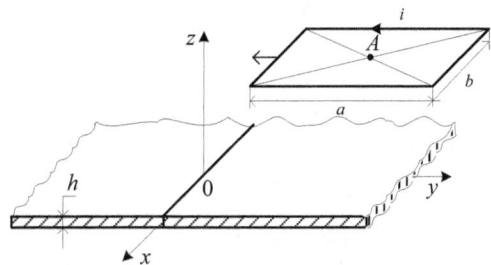

Рис. 1 Расположение витка над пластиной с разрезом

Малость толщины h понимается в том смысле, что z-координата плотности вихревых токов $\bar{\sigma}$ пренебрежимо мала, эффект близости несущественен, как показано в [1, 63], а при рассмотрении магнитного поля снаружи пластину допустимо заменить проводящей плоскостью S ($z = 0$).

Тогда, интересующая нас электромагнитная сила $\overline{F}$, испытываемая витком со стороны магнитного поля вихревых токов пластины, есть

$$\overline{F} = -\mu_0 \iint\limits_{S} \left[\bar{\sigma}\overline{H}^0 \right] dS, \tag{1}$$

где $\bar{\sigma}$ – линейная плотность поверхностных вихревых токов;

$\overline{H}^0$ – напряженность магнитного поля витка; $\mu_0 = 4\pi \cdot 10^{-7}$ Гн/м.

Применяя к (1) формулу Планшереля в терминах функции тока ψ, вводимой равенством $\sigma = [\operatorname{grad}\psi\, \bar{e}_z]$ и калибровкой $\psi = 0$, $y = 0$, получим [1, 47]:

$$F_y = \operatorname{Im}\left(\frac{\mu_0}{4\pi^2}\int\limits_{-\infty}^{\infty} dm\int\limits_{-\infty}^{\infty} n\psi\breve{H}_z^0 dn\right), \quad F_z = -\operatorname{Re}\left(\frac{\mu_0}{4\pi^2}\int\limits_{-\infty}^{\infty} dm\int\limits_{-\infty}^{\infty}\sqrt{m^2+n^2}\,\psi\breve{H}_z^0 dn\right),$$

где m, n – параметры преобразования Фурье.

Решая краевую задачу для функции тока ψ методами интегральных преобразований и теории обобщенных функций [2, 130] и выделяя в (1) вклад разреза (помечен индексом «2»), будем иметь

$$F_{y2}(t) = -\frac{8\mu_0^2\upsilon i^2}{\pi^2}\int\limits_0^{\infty} dm\int\limits_0^{\infty}\frac{\sin^2\left(\dfrac{mb}{2}\right)}{m^2}\sin\left(\frac{na}{2}\right)\times$$

$$\times e^{-\sqrt{m^2+n^2}\,|z_A|}I(m,n,t)\sin(n\upsilon t)dn,$$

$$F_{z2}(t) = -\frac{8\mu_0^2\upsilon i^2}{\pi^2}\int\limits_0^{\infty} dm\int\limits_0^{\infty}\frac{\sin^2\left(\dfrac{mb}{2}\right)\sqrt{m^2+n^2}\,\sin\left(\dfrac{na}{2}\right)}{m^2}\times$$

$$\times e^{-\sqrt{m^2+n^2}\,|z_A|}I(m,n,t)\cos(n\upsilon t)dn,$$

Входящий в эти формулы интеграл $I(m,n,t)$ выглядит как

$$I(m,n,t) = \int\limits_0^{\infty}\sin\left(\frac{\upsilon a}{2}\right)e^{-\sqrt{m^2+\upsilon^2}\,|z_A|}\times$$

$$\times\operatorname{Im}\left(\frac{\gamma^*(\upsilon)e^{-j\upsilon\upsilon t}}{G\!\left(\lambda^*(\upsilon),m\right)\!\left(2\sqrt{m^2+\upsilon^2}+\lambda^*(\upsilon)\right)\!\left(2\sqrt{m^2+n^2}+\lambda^*(\upsilon)\right)}\right)d\upsilon,$$

где $\lambda^*(n) = -jn\upsilon\gamma^*(n)\mu_0$, $\gamma^*(n) = \dfrac{2\gamma}{p^*(n)}th\left(\dfrac{p^*(n)h}{2}\right)$, $p^*(n) = \sqrt{-jn\upsilon\gamma\mu_0}$,

$$G\!\left(\lambda^*(n),m\right) = \int\limits_0^{\infty}\frac{dn}{\left(2\sqrt{m^2+n^2}+\lambda^*(n)\right)\sqrt{m^2+n^2}} = \frac{\dfrac{\pi}{2}-\operatorname{arctg}\!\left(\dfrac{\lambda^*(n)}{\sqrt{4m^2-\left(\lambda^*(n)\right)^2}}\right)}{\sqrt{4m^2-\left(\lambda^*(n)\right)^2}}\quad [3],$$

γ – удельная проводимость материала пластины.

С помощью компьютерной программы проведены расчеты для системы электродинамического подвеса, в которой пластина толщиной $h = 0,0254$ м выполнена из сплава алюминия $\gamma = 2,5 \cdot 10^7 \, (\text{Ом} \cdot \text{м})^{-1}$. Размеры витка $a \times b = 3 \times 0,5 \, \text{м}^2$, электрический клиренс $z_\Э = z_A - \dfrac{h}{2} = 0,3$ м, ток витка $i = 1$ кА. F_{z2}, Н y_A, м

Результаты расчетов в зависимости от положения витка с током относительно разреза представлены на рис. 2.

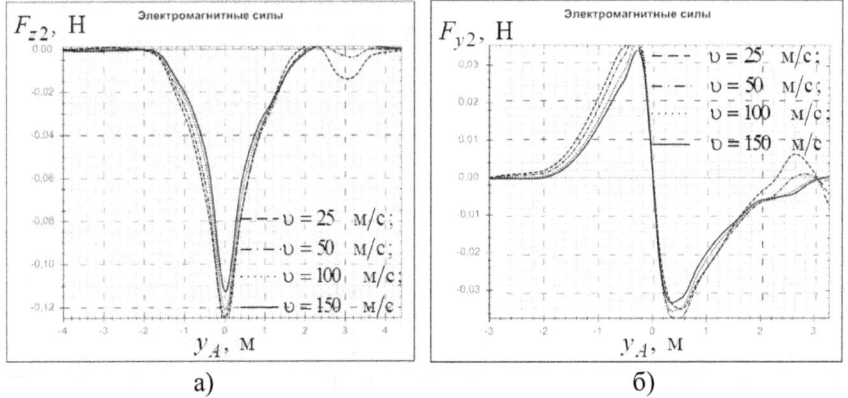

Рис. 2 Вклад разреза
а) в подъемную сила; б) в тормозную силу

При тех же данных для пластины без разреза расчет электромагнитной силы выполнен в [4]. Сравнивая данные рис. 2 с [4], отметим, что при прохождении над разрезом $(y_A = 0)$ токовая рамка испытывает значительные возмущения подъемной и тормозной сил (в подъемной силе до 15%, в тормозной – более 100%), причем согласно рис. 2 б) передняя по отношению к движению поперечная сторона витка испытывает дополнительное торможение, а задняя, напротив, – подталкивание.

Литература

1. Астахов В.И., Математическое моделирование инженерных задач в электротехнике. Новочеркасск: НГТУ, 1994. 192 с.

2. Кеч В., Теодореску П. Введение в теорию обобщенных функций с приложениями в технике. М.: Мир, 1978. 518 с.

3. http://www.wolframalpha.com/input/?i=integrate+

4. Чун-Ву Ли, Менендец Р. Сила, действующая на катушки с током, движущиеся над проводящим листом, и ее применение для магнитной левитации // Труды института инженеров по электротехнике и радиоэлектронике. 1974. 62. № 5. С. 28–39.

Фукс С.Л.
к.т.н., доцент
Хитрин С.В.
д.х.н., профессор
Девятерикова С.В.
к.т.н., доцент
ФГБОУ ВПО "ВятГУ". г.Киров

ЭКОЛОГИЧЕСКИ БЕЗОПАСНЫЕ ПРОЦЕССЫ ПЕРЕРАБОТКИ И ПРИМЕНЕНИЯ ВТОРИЧНЫХ ПРОДУКТОВ ПРОИЗВОДСТВ ФТОРПОЛИМЕРОВ

В последние время возникла острая экологическая и экономическая необходимость переработки крупнотоннажных отходов производства и эксплуатации фторполимеров, в частности, политетрафторэтилена (ПТФЭ).

Один из видов крупнотоннажных неутилизируемых отходов производства фторполимеров – это маточные растворы (МР), сбрасываемые в настоящее время в промышленные сточные воды без предварительной очистки. Анализ состава показал, что они содержат ряд ценных компонентов, позволяющих их использовать как ПАВ в различных процессах. Одним из вариантов их использования является применение в качестве носителя дисперсной фазы при нанесении композиционного электрохимического покрытия металл – фторполимер [1, с. 959 – 962; 2, с. 599 – 603; 3, с. 617 – 621].

Изучали возможность использования МР производств сополимеров ВДФ – ГФП (винилиденфторид – гексафторпропилен), ТФХЭ – ВДФ (трифторхлорэтилен – винилиденфторид) и политетрафторэтилена (ПТФЭ), а также вторичной суспензии фторопластов Ф-4Д и Ф-4МД в процессе получения композиционного электрохимического покрытия (КЭП) из цинкатного электролита.

Содержание и состав дисперсной фазы по сухому остатку изменялись для МР (г/л): ВДФ – ГФП – до 0,99; ТФХЭ – ВДФ – до 0,52; ПТФЭ – до 0,35; для вторичных суспензий (г/л): Ф-4МД – до 8,71; Ф-4Д – до 8,32.

Оптимизацией составов электролитов-суспензий и режимов нанесения КЭП цинк-полимер путем математического планирования экспериментов установлено, что наибольшее влияние на выход по току цинка и состояние поверхности оказывает плотность тока.

Исследование влияния концентраций оксида цинка, гидроксида натрия и количества МР или суспензии ПТФЭ в электролите при реализации опытов в соответствии с матрицами планирования полного факторного эксперимента типа 2^3 и проведения статистической обработки экспериментальных данных позволило составить регрессионные модели в виде нелинейных уравнений.

Анализ уравнений регрессии показал, что присутствие в составе электролитов дисперсной фазы в сочетании с другими факторами оказывают большее влияние, чем состав щелочного электролита цинкования. Установлено также, что выход по току цинка при получении КЭП в электролите, содержащем МР процесса синтеза ПТФЭ, в большой степени зависит от концентрации щелочи. По результатам крутого восхождения определили оптимальные составы электролитов с различными добавками.

Структуру КЭП и его состав определяли с помощью сканирующего электронного микроскопа и атомно-абсорбционного метода.

Введение маточных растворов в электролит цинкования позволяет увеличить выход по току цинка и обеспечивает получение сплошных, равномерных покрытий, с мелкокристаллической структурой. Отмечено, что введение в электролит высоких концентраций суспензий Ф-4Д и Ф-4МД снижает выход по току цинка в сравнении со стандартным электролитом цинкования.

Установлено, что все добавки маточных растворов и суспензий фторполимеров улучшают коррозионную стойкость КЭП по сравнению с цинковыми, причем наименьшую скорость коррозии имеют покрытия, осаждаемые из электролита с добавкой МР ТФХЭ – ВДФ.

Следующий вид отходов – твердые отходы ПТФЭ. Осуществляли процесс их деструкции в муфельной печи в интервале температур 430 – 500 °C в присутствии переносчика фтора – CoF_3.

Опыты осуществляли в герметизованном графлексом стальном реакторе специальной конструкции. Образующиеся продукты под действием избыточного давления выводили из реактора в виде газа, жидкости и порошка – ультрадисперсного ПТФЭ. Отход извлекали после охлаждения реактора. В результате контакта с водой удаляли водорастворимую часть, а осадок, состоящий преимущественно из CoF_3, высушивали, подвергали помолу и использовали вновь в качестве добавки к свежей порции катализатора.

Оптимизацию процесса термодеструкции в присутствии отхода CoF_3 в смеси осуществляли также при помощи математического планирования эксперимента, где факторами являлись количество отходов ПТФЭ (7,5–12,5 г), CoF_3 (40–50 г) и вторичного CoF_3 (0-10 г).

Для получения оптимального состава смеси и режимов реактора было осуществлено крутое восхождение от центра матрицы планирования. Результаты показали, что оптимальным является соотношение ПТФЭ : CoF_3: вторичный CoF_3 = 10:45:5 соответственно. Выход ультрадисперсного ПТФЭ при этом составляет 66,3 %.

Исследование влияния вторичного CoF_3 при использовании его в исходной смеси показало, что максимальная эффективность термодеструкции ПТФЭ характерна для опытов без отмытого CoF_3 (образование 82,40 % ультрадисперсного УПТФЭ). Однако его использование стабилизирует процесс деструкции.

Образующийся ультрадисперсный ПТФЭ опробован в качестве компонента композиционных химических покрытий Ni-P и Co-P с положительным результатом (повышение толщины до 18 %, увеличение микротвердости до 10 % и коррозионной стойкости в 1,5 раза).

Как было указано выше, в результате исчерпывающего фторирования ПТФЭ образуется еще один отход – отработанный катализатор CoF_3. Выделяемая из него водорастворимая часть CoF_2 нами исследована в качестве добавки для нанесения композиционного покрытия на стальные изделия, а остаток CoF_3 смешан с исходным реагентом для повторного использования.

Изучали условия нанесения композиционных химических покрытий (КХП) Co – P из растворов, содержащих CoF_2, на слой КХП Ni – P, исследовали физические и коррозионные свойства полученных покрытий.

Оптимальный состав раствора для нанесения КХП Co – P определяли при помощи метода математического планирования. Результаты показали, что КХП, полученные с использованием отхода CoF_2, имеют толщину 10-15 мкм и повышенную твердость при скорости осаждения на 25 % выше, чем с применением CoF_2 реактивной чистоты. Покрытие Co – P обладает кристаллической структурой, размер частиц которой колеблется от 0,8 до 5,1 мкм.

Испытания КХП Co – P на коррозионную стойкость показали, что также наибольшей коррозионной стойкостью обладают КХП Co – P, полученные из раствора с использованием отхода CoF_2.

Литература

1. Фукс С.Л., Рязанцева Е.А., Рязанская Ю.В., Хитрин С.В. Изучение возможности совместной утилизации отходов синтеза мономеров, содержащих цинк, и фторопластов для получения новых электрохимических покрытий с повышенными защитными свойствами. Журнал прикладной химии, 2012. Т. 85. Вып. 6. С. 959 – 962.

2. Фукс С.Л., Рязанцева Е.А., Хитрин С.В. Исследование влияния отходов производства фторполимеров на свойства композиционных электрохимических покрытий цинк – фторполимер. Журнал прикладной химии, 2012. Т. 85. Вып. 4. С. 599 – 603.

3. Fuks S.L., Ryazantseva E.A., Khitrin S.V. A Stady of the Effect of Waste from Production of Fluoropolymers on Properties of Zink – Fluoropolymer Composite Electrochemical Coatings. Russian Journal of Applied Chemistry, 2012. V. 85. N.4. P. 617 – 621.

Хитрин С.В.
д.х.н., профессор
Метелева Д.С.
аспирант
Фукс С.Л.
к.т.н., доцент
Скопина А.П.
аспирант
Ахлиманова А.С.
аспирант
ФГБОУ ВПО "ВятГУ". г.Киров

СЕЛЕКТИВНЫЕ СОРБЕНТЫ ИЗ ГИДРОЛИЗНОГО ЛИГНИНА

Объектом данной работы является наиболее тоннажный отход гидролизной и биохимической промышленности – гидролизный лигнин (ГЛ). Одним из способов повышения эффективности квалифицированного использования является проведение различной по природе модификации ГЛ [1]. Лигнин (Л) – это характерный химический и морфологический компонент тканей высших растений, который является частью древесины, совместно с композицией полисахаридов (целлюлозой и гемицеллюлозой). Л входит в состав всех наземных растений, занимая по количеству в растительных тканях второе место после целлюлозы. В одревесневших клеточных стенках аморфный Л скрепляет полисахаридные структуры, заполняя пустые пространства между фибриллами целлюлозы и гемицеллюлоз, придавая тем самым механическую прочность и устойчивость стволам и стеблям растений. Л придает гидрофобность проводящим клеткам древесины [1, с. 756-760]. В отличие от целлюлозы, Л характеризуется неоднородностью мономерного состава макромолекулы. Основными монолигнолами являются n-кумаровый, конифериловый, синаповый спирты, имеющие фенилпропеновую структуру.

Л может выступать в качестве замены высокотехнологичных и сложных химических продуктов. Несмотря на это ничтожная часть его природного производства вовлекается в технологические процессы переработки растительного сырья. Поэтому поиск рациональных путей использования лигнина приобретает чрезвычайно актуальное значение.

Цель работы – изучение модификации ГЛ для получения сорбентов селективным к различным загрязнениям.

Для достижения этой цели решались следующие задачи: проведение анализа научно-технической литературы и патентов для выявления строения, свойств и применения Л, в том числе и в качестве сорбентов; выбор объектов исследования, оптимальные способы модификации для последующего получения образцов опытных сорбентов на основе Л;

исследование состава и структуры Л до и после модификации образцов; выбор наиболее оптимального направления исследования модифицированных продуктов на основе лигнина; исследование сорбционных свойств препаратов Л и проведение анализа полученных результатов.

Для исследования используется ГЛ Кировского биохимического завода. Л подвергался обработке 1,2 %-м раствором щелочи. При этом происходит разрушение и вымывание углеводных компонентов лигнина. Нейтрализовался уксусной кислотой до pH 5,4, отправлялся на фильтрацию и сушку. В результате образуется активированный щелочью лигнин - полифепан (ПФ).

ПФ подвергался карбоксиметилированию. Загруженный образец смешивался с 1,5 % раствором щелочи, обрабатывался монохлорацетатом натрия, нейтрализовался уксусной кислотой до pH 5 - 5,5, а далее промывался водой до pH 6 - 6,5 и отправлялся на сушку. В итоге получался образец ПФк. ПФ подвергался аминированию ПФа. В выбранных режимах моноэтаноламином, перемешивался, далее отправлялся на фильтрование, промывку и сушку - ПФа.

По аналогичной технологии получен образец, подвернутый сначала карбоксиметилированию, а затем аминированию - ПФка.

У исходных и модифицированных образцов определялись элементный, функциональный состав, исследовались внешний вид, удельная площадь поверхности, объем пор по воде, сорбционная способность по отношению к тяжелым металлам, нефтепродуктам, и другим органическим загрязнителям.

Для исходных ГЛ и ПФ также определялось содержание целлюлозы, лигнина и сульфатной золы. Они оказывают влияние на проявление сорбционных свойств Л. После обработки щелочью у образцов ПФ содержание целлюлозы меньше, чем у ГЛ, так как разрушается тонкая структура древесных волокон.

По данным элементного анализа исходных Л, снижение содержания углерода при одновременном увеличении содержания кислорода в образце ПФ по сравнению с ГЛ свидетельствует о превращении части метоксильных групп при щелочной активации в фенольные. Увеличение содержания кислорода у образца ПФк связано с введением карбоксильных групп. У образцов ПФа и ПФка наблюдается относительное уменьшение содержания кислорода по сравнению с ПФ при практически неизменном содержании углерода, что подтверждает включение этаноламинных фрагментов в лигниновые структуры.

При сравнении ИК-Фурье спектров образцов ГЛ и ПФ данные спектрального анализа согласуются с данными элементного анализа, появляются и усиливаются пики, характеризующие гидроксильные группы, что подтверждает превращение метоксильных групп при активации в фенольные. Основные изменения происходят в области валентных колебаний С-Н и О-Н групп.

Спектральный анализ аминированного Л подтверждает протекание реакции аминирования, появляются пики, характеризующие аминогруппы.

Проведено определение функционального состава исследуемых образцов.

Карбоксиметилирование Л повышает количество карбоксильных групп при общем снижении содержания фенольных групп. Это свидетельствует о преимущественном протекании карбоксиметелирования с участием фенольных групп. Аминирование Л уменьшает количество карбоксильных групп. Аминирование карбоксиметилированного Л снижает число карбоксиметильных групп, что подтверждает протекание реакции аминирования по карбоксильным группам.

Исходные и модифицированные образцы исследовали с помощью сканирующей электронной микроскопии. Оказалось, что у исходных образцов сохраняются волокна целлюлозы, которые при щелочной активации сильнее разрушаются. Модифицированные образцы имеют еще более рыхлый вид. ПФка обладает губчатой структурой с характерными отверстиями на поверхности. Объем пор у ПФ больше, чем у ГЛ. Данный показатель при карбоксиметилировании не изменяется по сравнению с ПФ и значительно увеличивается при аминировании. При аминировании карбоксиметилированного Л объем пор уменьшается до уровня исходного гидролизного лигнина. Площадь удельной поверхности у ПФ больше, чем у ГЛ. Наибольшую площадь имеет аминированный образец.

Проведены исследования адсорбционной способности исходных и модифицированных образцов.

Наивысшая адсорбционная способность в отношении Pb2+ наблюдается у ПФ, что связано с образованием фенольных групп в ортоположении. У ГЛ данный показатель ниже, так как щелочная обработка приводит к удалению нежелательных примесей и освобождению пор в ПФ. Из модифицированных образцов высшей адсорбционной способностью обладает ПФа, так как появление аминных групп (аминов, амидов, иминов) способствует образованию дополнительных координационных связей. Карбоксиметилированный Л имеет самую низкую способность сорбировать Pb2+ из-за уменьшения количества фенольных групп.

Интересным было исследовать возможность улавливания нефтепродуктов и других органических загрязнителей воды модифицированными лигнинами. Оказалось, что наиболее эффективно сорбируют нефтепродукты ПФка и ПФ.

Степень очистки достигает 98 - 99 %.

Органические загрязнители, на примере метиленового синевого, конго красного и желатина, эффективнее всего сорбируют образцы ПФа и ПФка.

Литература

1. Khitrin S.V. Modification of hydrolysis lignin [Text] / S.V. Khitrin, D.S. Meteleva, E.V. Mazeina, O.A. Shmakova, A.V. Konovalova // European Science and Technology: materials of the IV international research and practice conference, Vol. II, Munich, April 10th – 11th, 2013 / publishing office Vela Verlag Waldkraiburg – Munich – Germany, 2013, C.756-760.

УДК 621.771: 539.3

А.А. Соснин - кандидат технических наук, научный сотрудник лаборатории проблем металлотехнологий Федерального государственного бюджетного учреждения науки Института машиноведения и металлургии Дальневосточного отделения Российской академии наук

В.В. Черномас - доцент, доктор технических наук, заведующий лабораторией проблем металлотехнологий Федерального государственного бюджетного учреждения науки Института машиноведения и металлургии Дальневосточного отделения Российской академии наук

АНАЛИЗ РАБОТЫ УСТАНОВКИ ГОРИЗОНТАЛЬНОГО ЛИТЬЯ И ДЕФОРМАЦИИ МЕТАЛЛА С ПРИМЕНЕНИЕМ 3D МОДЕЛИРОВАНИЯ

В настоящее время возрастает роль моделирования сложных устройств и агрегатов, которое позволяет значительно упростить их разработку. Установка горизонтального литья и деформации металла (УГЛДМ, рис. 1) представляет собой много компонентный и сложный агрегат, в котором реализуется совмещенный технологический процесс, при котором в подвижном составном кристаллизаторе материал металлоизделия одновременно кристаллизуется и деформируется.

Конструктивной особенностью УГЛДМ является наличие двух плоскостей симметрии – продольной (П1, рис. 1) и поперечной (П2, рис. 1). Установка включает двухручьевой охлаждаемый кристаллизатор, который

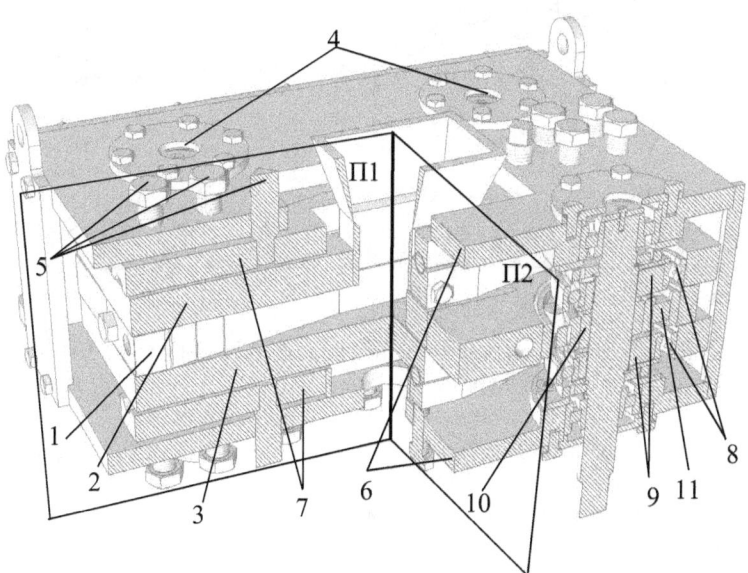

Рис. 1 3D – модель УГЛДМ

состоит из четырех частей: двух боковых стенок 1, верхней 2 и нижней 3 стенок. Каждая из боковых стенок 1 приводится в движение двумя приводными эксцентриковыми валами 4, вращение которых направлено навстречу друг другу. Верхняя и нижняя стенки приводятся в движение от одной из пар приводных эксцентриковых валов 4 и плотно прижимаются к боковым стенкам 1 нажимными устройствами 5, установленными в стенках 6 станины через устройство 7, представляющее собой плоский подшипник с шариками. Боковые стенки 1 имеют наклонные и прямые участки. Верхняя стенка 2 имеет окно для установки разливочного стакана. Такое же окно имеет и верхняя стенка станины 6.

В связи со всей сложностью УГЛДМ, необходимо получить её виртуальную модель. Готовая 3D – модель позволяет провести кинематический и динамический анализ работы УГЛДМ, которые в свою очередь позволяют оценить области контакта формирующегося металлоизделия и инструмента, что позволит описать процесс формирования изготавливаемого металлоизделия.

Для анализа области контактов необходимо создать модель области затвердевшего металла и привязать её к плите. За один цикл обжатия предполагаемый клин совершал поступательное движение вместе с плитой (рис. 2) Во время передвижения анализировались области пересечения клина и боковых плит кристаллизатора. Для этой цели использовался инструмент «проверка пересечений тел».

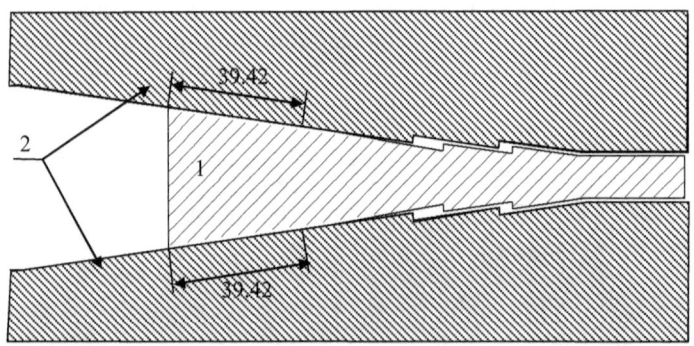

Рис. 2 Схема пересечения модели области затвердевшего металла и подвижных стенок кристаллизатора УГЛДМ. 1 – модель области затвердевшего металла. 2 – инструмент.

Численные результаты динамического анализа представляются в виде зависимостей в соответствующих координатах. Координаты выбираются в зависимости от измеряемых величин.

УДК 621.771: 539.3

А.А. Соснин - кандидат технических наук, научный сотрудник лаборатории проблем металлотехнологий Федерального государственного бюджетного учреждения науки Института машиноведения и металлургии Дальневосточного отделения Российской академии наук ,

В.В. Черномас - доцент, доктор технических наук, заведующий лабораторией проблем металлотехнологий Федерального государственного бюджетного учреждения науки Института машиноведения и металлургии Дальневосточного отделения Российской академии наук

НЕОБХОДИМЫЕ УСЛОВИЯ УСТОЙЧИВОСТИ ТЕХНОЛОГИЧЕСКОГО ПРОЦЕССА, РЕАЛИЗУЕМОГО НА УСТАНОВКЕ ГОРИЗОНТАЛЬНОГО ЛИТЬЯ И ДЕФОРМАЦИИ МЕТАЛЛА

В Институте машиноведения и металлургии ДВО РАН разработана и изготовлена установка горизонтального литья и деформации металла (УГЛДМ), позволяющая получать из расплавленного металла в непрерывном режиме металлоизделия из алюминиевых сплавов заданного поперечного сечения. Эта установка позволяет реализовать процесс, при котором несколько традиционных технологий совмещаются в едином технологическом потоке.

При разработке технологического процесса изготовления металлоизделий на УГЛДМ нельзя напрямую руководствоваться технологическими критериями отдельных процессов, входящих в состав совмещенного процесса. Для анализа устойчивости совмещенного процесса получения качественных металлоизделий необходима разработка специфических критериев, учитывающих особенности данного процесса. К числу таких особенностей относится то, что кристаллизатор УГЛДМ конструктивно выполняется составным из двух боковых, верхней и нижней стенок, которые имеют возможность взаимного перемещения друг относительно друга и то, что сплав, из которого формируется металлоизделие одновременно находится в кристаллизаторе в жидком, жидкотвердом, твердожидком и твердом состояниях [1].

Поскольку максимальные напряжения и деформации в рассматриваемой системе развиваются в калибрующей области кристаллизатора и учитывая, что касательные напряжения значительно меньше нормальных напряжений формирующегося в этой области металлоизделия, то условие для калибрующей области можно записать в следующем виде:

$$\sigma_T^{T=T_{III}} < \sigma_{ii}^{max} < \sigma_B^{T=T_{III}}, \qquad i=1,2,3,$$

(1)

где σ_{ii}^{max} - максимальные нормальные напряжения в направлении осей x_1, x_2 и x_3, возникающие в металлоизделии при его обжатии в калибрующей области кристаллизатора, МПа; $\sigma_B^{T=T_{III}}$ - предел прочности материала металлоизделия на сжатие (растяжение) при соответствующей температуре калибрующей области кристаллизатора, МПа; $\sigma_T^{T=T_{III}}$ - предел текучести материала металлоизделия на сжатие (растяжение) при соответствующей температуре калибрующей области кристаллизатора, МПа

Условие для степеней деформаций:

$$\varepsilon_{кр1}^{T=T_{III}} < \varepsilon_{III}^{max} < \varepsilon_{кр2}^{T=T_{III}},$$

(2)

где ε_{III}^{max} - максимальная степень деформации, возникающая в металлоизделии при его обжатии в калибрующей области кристаллизатора, %; $\varepsilon_{кр1}^{T=T_{III}}$ - критическая степень деформации материала металлоизделия на сжатие (растяжение, сдвиг) при заданной температуре калибрующей области кристаллизатора и соответствующая первому максимуму на кривой рекристаллизации материала, %; $\varepsilon_{кр2}^{T=T_{III}}$ - критическая степень деформации материала металлоизделия на сжатие (растяжение, сдвиг) при заданной температуре калибрующей области кристаллизатора и соответствующая второму максимуму на кривой рекристаллизации материала, %.

Полученные условия необходимо учитывать при реализации процесса получения из расплавленного металла в непрерывном режиме металлоизделия из алюминиевых сплавов заданного поперечного сечения на УГЛДМ.

СПИСОК ИСПОЛЬЗОВАННЫХ ИСТОЧНИКОВ:

1. Одиноков В.И., Черномас В.В., Ловизин Н.С. Исследование процесса получения металлоизделий из цветных и черных сплавов на установке вертикального литья и деформации металла. Владивосток: Дальнаука, 2011, 107 с.

Будадин О.Г.[1], Каледин В.О.[2], Нагайцева Н.В.[3], Пичугин А.Н.[4]
[1]Д.т.н., начальник отдела неразрушающего контроля и технической диагностики ФНПЦ Открытое акционерное общество «Центральный научно-исследовательский институт специального машиностроения», oleg.budadin@yandex.ru
[2]Д.т.н., профессор, декан факультета информационных технологий, Новокузнецкий институт (филиал) федерального государственного бюджетного образовательного учреждения высшего профессионального образования «Кемеровский государственный университет», vkaled@mail.ru
[3]Новокузнецкий институт (филиал) федерального государственного бюджетного образовательного учреждения высшего профессионального образования «Кемеровский государственный университет», аспирант, natalya.nagaytseva@yandex.ru
[4]Главный инженер, заместитель генерального директора по производству ФНПЦ Открытое акционерное общество «Центральный научно-исследовательский институт специального машиностроения», pich-and@yandex.ru

ИДЕНТИФИКАЦИЯ МОДЕЛИ ТЕПЛОВОГО ЭФФЕКТА ПРИ РАЗРУШЕНИИ ОРГАНОПЛАСТИКА

В связи с активным применением композиционных материалов и изделий из них, остро стоит задача разработки методов прогнозирования их свойств на протяжении всего жизненного цикла эксплуатации. Увеличение сложности конструкции из композиционных материалов неизбежно влечет за собой вероятность появления как макро- (нарушение сплошности типа непроклеев, расслоения и трещин), так и микродефектов. Получение стабильных выходных характеристик, а, следовательно, и повышение эксплуатационной надежности изделий, возможно только при правильном выборе и обеспечении технологического процесса изготовления, включающего одним из обязательных этапов применение достоверных методов и средств неразрушающего контроля [1].

Механизм разрушения полимерных композиционных материалов существенно отличается от механизма разрушения металлов, главным образом тем, что резервирование прочности в композитах обеспечивается не площадкой текучести, а большим различием напряжений при начале образования микротрещин и при появлении магистральной трещины. Поэтому представляется необходимым предварительное изучение закономерностей «побочных» термодинамических явлений при накоплении дефектов в полимерных композиционных материалах.

Совместное изучение механических и тепловых явлений является предметом связанных задач термоупругости, термопластичности и термовязкоупругости. Деформирование сплошной среды описывается уравнением движения и уравнением теплопроводности. В линейном приближении уравнение движения содержит слагаемое, пропорциональное градиенту температуры. Этим учитывается влияние неравномерного нагрева тела на возникающие в нем деформации и напряжения. Уравнение теплопроводности линейной модели термоупругости включает слагаемое, пропорциональное скорости относительного изменения объема (скорости дилатации), которое отражает тот факт, что изменение объема тела приводит к перераспределению в нем тепла [2]. Обычно при обратимом термоупругом деформировании дилатационное слагаемое влияет на температуру столь незначительно, что им можно пренебречь по сравнению с интенсивностью внутренних и поверхностных источников тепла. Однако в случае необратимой деформации, сопровождающейся накоплением дефектов, приобретают существенное значение термодинамические процессы, определяемые микроразрушениями.

В данной работе предлагается методика неразрушающего контроля с помощью регистрации тепловизионным оборудованием температурных полей, возникающих при механическом нагружении, заключающаяся в сравнении фактически полученной и эталонной (рассчитанной заранее в соответствии с проектными параметрами изделия) картины нагрева. Настройка модели, позволяющей рассчитать нормальные поля температур, требует проведения идентификационных экспериментов на образцах из конструкционного материала, идентичного материалу контролируемой конструкции.

Технология проведения идентификационного эксперимента следующая. С постоянной скоростью деформации образец растягивается до разрушения; после разрушения – выдерживается в испытательной машине в течение одной минуты. Регистрируются диаграммы деформирования и температурные поля.

При испытании образцов из органопластика, армированного тканью ТСР 3 на связующем ЭДН-1У, характерным является разрушение путем расслоения. Это объясняется тем, что разрывное удлинение волокон превышает разрывное удлинение связующего между слоями. При росте нагрузки на начальном этапе тепловизор фиксирует равномерный нагрев поверхности образца; непосредственно перед разрушением появляется небольшое пятно с температурой на 2-3 градуса выше, чем на остальной поверхности образца. При дальнейшем остывании температура постепенно уменьшается и выравнивается.

Для обработки данных измерений идентификационных экспериментов и вычисления параметров диаграммы деформирования и диаграммы нагрева разработана программа «Идентификация теплового эффекта деформации». Диаграмма одноосного деформирования аппроксимируется экспоненциальной функцией, описывающей уменьшение модуля упругости при деформации и асимптотическое приближение касательного модуля к постоянной величине. В результате обработки серии из девяти экспериментов определяются начальный и касательный модули упругости, а также строятся графические зависимости переменного касательного модуля, напряжения, работы необратимых сил и условной температуры (отношение рассеянной энергии к теплоемкости) от деформации (в %) для каждого из образцов.

Данные, полученные с тепловизора, используются для построения диаграмм нагрева и идентификации коэффициента теплового эффекта – доли рассеянной энергии, затрачиваемой на нагрев.

Умножив условную температуру на полученный для каждого из образцов коэффициент b, можно найти зависимость адиабатической температуры (учитывающей потери энергии на накопление локальных микроповреждений) от деформации. Установлено, что для органопластика эта зависимость имеет характер, близкий к квадратичной функции, и может быть аппроксимирована параболой вида $T_{ад}(\varepsilon) = 0{,}2 \cdot b \cdot \varepsilon^2$, где b=0,4 – коэффициент теплового эффекта (доля рассеянной энергии, затрачиваемая на нагрев), ε – деформация в процентах.

Расчет нестационарных полей температуры в образцах с концентраторами был произведен с использованием пакета программ «Композит НК 2012» [3]. Поля температур, рассчитанные с учетом кондуктивного теплопереноса в образце, для всех образцов серии меньше отличаются от температурных полей, полученных с помощью тепловизора, чем рассчитанные адиабатические температуры. Температура, рассчитанная с учетом теплопроводности образца, меньше адиабатической; потери на теплопроводность для рассмотренной формы образца составляют примерно 50%.

Области повышения температуры при средней деформации от 1,5 до 2% зачастую не регистрируются тепловизором, но становятся видимыми при достижении деформации порядка 50% от предельной.

ЛИТЕРАТУРА

1. Махутов Н.А., Гаденин М. Комплексный контроль. Диагностика материалов и конструкций на разных стадиях их жизненного цикла // Технадзор. 2011. №5. с.46-48
2. Жигалин А.Г. Замкнутые решения динамических задач связанной термоупругости для цилиндра и шара // А.Г. Жигалин, С.А. Лычев / Вычислительная механика сплошных сред. – 2011. – Т. 4, № 2. – с. 17-34
3. Бурнышева Т.В. Развитие пакета программ математического моделирования сопряженных задач мезаники неоднородных конструкций / Т.В. Бурнышева, В.О. Каледин, И.В. Равковская, С.В. Эптешева / Вестник Кемеровского гос. ун-та, 2010. № 1. – с. 3-8.

Чернавин В.Ю.,
канд. техн. наук, доцент, Восточно-Казахстанский государственный
технический университет им. Д. Серикбаева

ПОВЫШЕНИЕ НЕСУЩЕЙ СПОСОБНОСТИ И ТРЕЩИНОСТОЙКОСТИ ЭКСПЛУАТИРУЕМЫХ СТРОИТЕЛЬНЫХ КОНСТРУКЦИЙ СТАЛЕФИБРОБЕТОНОМ С ИСПОЛЬЗОВАНИЕМ ОТХОДОВ ПРОИЗВОДСТВА

В настоящее время одним из эффективных конструкционных материалов является сталефибробетон, в котором в качестве дисперсной арматуры применяется стальная проволочная или пластинчатая фибра. Основным преимуществом сталефибробетона по сравнению с обычным бетоном является более высокое сопротивление осевому растяжению (в 2-3 раза) и ударная прочность (вязкость) (в 8-10 раз). Применяется этот материал не только для изготовления конструкций несъемной опалубки, свай, ребристых плит перекрытий, но и для усиления эксплуатируемых конструкций зданий и сооружений существующей застройки.

В научно-производственной лаборатории "БОСКОР" Восточно-Казахстанского государственного технического университета им. Д. Серикбаева разработаны способы повышения несущей способности и трещиностойкости существующих железобетонных и каменных конструкций.

Опыт обследования строительных конструкций показывает, что зачастую возникает необходимость усиления наклонных сечений железобетонных двутавровых балок покрытия. В этом случае усиление фибробетоном будет наиболее эффективным и целесообразным решением, благодаря тому, что существует возможность наращивания фибробетоном путем его укладки между стенкой и полками балки (рисунок 1) [1]. Этот метод усиления наклонных сечений целесообразно применять не только для стропильных балок, но и для таких конструкций как ребристые плиты, монолитные и сборные балки перекрытий.

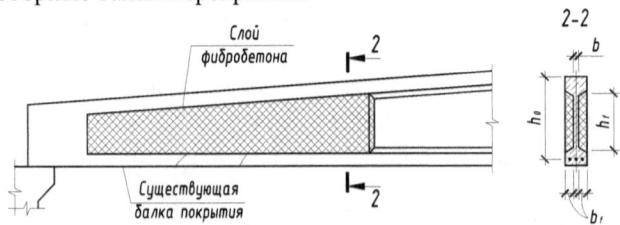

Рисунок 1 – Общий вид усиления двутавровой балки покрытия

Усиление и восстановление нормальных сечений изгибаемых железобетонных конструкций предлагается выполнять путем наращивания снизу сталефибробетоном [2]. Совместная работа усиливаемой конструкции и слоя наращивания обеспечивается подготовкой поверхности и установкой в просверленные отверстия Г-образных анкеров из арматурной стали (рисунок 2).

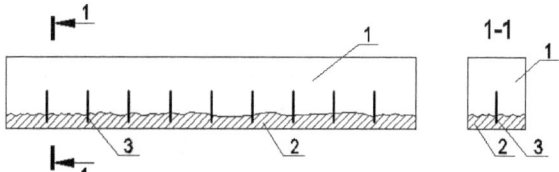

Рисунок 2 – Способ усиления нормальных сечений
изгибаемых железобетонных конструкций

В связи с повышением сейсмичности ряда районов Казахстана большинство кирпичных зданий существующей застройки перешли в категорию потенциально сейсмоопасных, так как они не отвечают обязательным конструктивным и расчётным требованиям сейсмостойкого строительства. Эти здания во время землетрясения могут получить серьезные повреждения и представляют опасность для людей.

Для повышения сейсмобезопасности зданий предлагается применять скрытые сталефибробетонные антисейсмические пояса [3]. Сущность предлагаемого способа сейсмоусиления показана на рисунке 3.

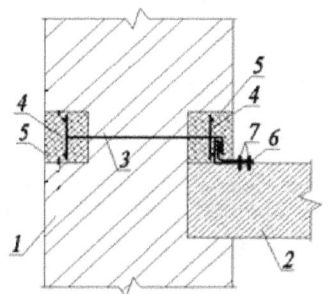

1 – кирпичная стена;

2 – плита перекрытия;

3 – анкерный стержень;

4 – плоский арматурный каркас;

5 – фибробетон;

6 – металлический неравнополочный

    уголок;

7 – анкерный крепеж

Рисунок 3 – Способ усиления кирпичных стен скрытыми
сталефибробетонными антисейсмическими поясами

Основным конструкционным материалом в предлагаемых способах усиления строительных конструкциях является сталефибробетон, широкое использование которого в Республике Казахстан сдерживается отсутствием собственного производства специализированной фибровой арматуры. Предлагается в качестве фибры при выполнении работ по усилению применять следующие отходы производства.

Во-первых, отходы, получаемые при производстве направляющих профилей для гипсокартонных листов.

Отходы (фибра оцинкованная листовая широкополосная - ОЛШ) представляют собой оцинкованные пластинки, полученные при рубке профилей гильотиной, с габаритами: $l = 30 \div 40$ *мм*, $b = 7 \div 8$ *мм* и толщиной листа $t = 0,4 \div 0,6$ *мм*. Ширина фибр постоянна и соответствует ширине ножа гильотины (стационарный рез или летучий рез), с допуском $\pm 0,5$ *мм*, установленной на линии для производства строительных профилей KNAUF. Фибра имеет гнутую форму из-за деформирования при рубке.

Во-вторых, отходы, получаемые при производстве термопрофилей, имеющих продольную перфорацию. Термопрофили ТС-, TU- образные стальные оцинкованные холоднотянутые изготавливаются на производственной линии SAMESOR PreFab согласно СТ ТОО 40395057-01-2008 и применяются в строительстве. Отходы (фибра оцинкованная листовая-ОЛ) представляют собой оцинкованные металлические пластинки, полученные при продольной перфорации профилей с габаритами: длина – 75 мм, ширина – 3 мм и толщина листа – 1; 1,2; 1,5 и 2 мм. Фибра имеет гнутую форму из-за деформирования при перфорации термоотверстий.

В-третьих, отработанные строповочные канаты, применяемые в мостовых, подвесных, строительных кранах и надшахтных копрах. Для получения готовых фибровых волокон канаты необходимо подвергнуть дополнительной обработке: резке, расплетению и очистке. Результаты сравнения характеристик заводской фибры и фибры из отходов сведены в таблицу 1.

Таблица 1 –Прочностные и стоимостные характеристики фибры

Характеристики фибры	Заводская фибра		Фибра из отходов		
	FIBREX (Класса прочности 3)	HENDIX	Фибра ОЛ	Фибра ОЛШ	Фибра из отработанных канатов
Временное сопротивление разрыву	853,3 МПа	1400 МПа	485 МПа	387 МПа	1809 МПа
Стоимость фибры	35 руб/кг	40 руб/кг	6* руб/кг	6* руб/кг	6** руб/кг
* Для фибры из отходов принята цена металлолома без учета обезжиривания; ** Для фибры из отработанных канатов не учтена стоимость переработки					

СПИСОК ЛИТЕРАТУРЫ

1 Инновационный патент РК №23652 на изобретение "Способ усиления наклонных сечений железобетонных балок". Астана. 2010.

2 Инновационный патент РК №23199 на изобретение "Способ усиления нормальных сечений изгибаемых железобетонных конструкций". Астана. 2010.

3Инновационный патент РК №25577 на изобретение "Способ усиления кирпичных стен скрытыми сталефибробетонными антисейсмическими поясами". Астана. 2012.

Баубеков К.Т.[*]
д.т.н., ассоциированный профессор,
заведующий кафедрой теплоэнергетики,
Диханбаев Б.И.[*]
д.т.н., ст. преподаватель кафедры теплоэнергетики
[*]Казахский агротехнический университет им. С.Сейфуллина
г. Астана, Республика Казахстан
baubekov52@mail.ru

ОПТИМИЗАЦИЯ ТЕХНОЛОГИИ СЖИГАНИЯ СЕРОВОДОРОДСОДЕРЖАЩЕГО ГАЗА

Внедрение ступенчатого сжигания сероводородсодержащего газа на котлах ТГМ-94 и ТГМ-84 Навоийской ГРЭС (НГРЭС) выявило ряд проблемных вопросов. Наличие сероводорода делает природный газ токсичным, взрыво- и коррозионно-опасным топливом, что вынуждает обратить серьезное внимание на изучение особенностей его сжигания и безопасность эксплуатации оборудования. Сжигание этого газа на НГРЭС было осложнено еще тем, что вместе с газом в котлы поступали механические примеси и газовый конденсат (газоконденсат). В число токсичных продуктов его сгорания, кроме оксидов азота, сажи, бенз(а)пирена, образующихся при сжигании «обычного» природного газа, входят также оксиды серы, обусловленные наличием в газе сероводорода. Имеющийся в то время опыт сжигания, сероводородсодержащего газа был весьма незначителен.

На НГРЭС поступает сероводородсодержащий газ с месторождения «Зеварда» и «Култак» с содержанием сероводорода до 0,1 %. Состав сероводородсодержащего газа, отобранного в период исследования, приведен в таблице 1.

Таблица 1 - Составы и характеристики сероводородсодержащих газов, поступающих на НГРЭС

Наименование компонентов газа	Формула	Наименование месторождения газа	
		Сероводородсодержащий газ месторождения «Зеварда»	Сероводородсодержащий газ месторождения «Култак»
Сероводород	H_2S	0,1	0,09
Углекислота	CO_2	3,59	2,83
Метан	CH_4	91,75	91,05
Этан	C_2H_6	3,41	3,12
Пропан	C_3H_8	0,53	1,02
Бутан	C_4H_{10}	0,22	0,41
Пентан	C_5H_{12}	0,14	0,83
Азот	N_2	0,36	-
$Q_н^p$, МДж/м³	-	34,69	34,78
ρ, кг/м³	-	0,77	0,767

При объемном содержании H_2S в газе до ~0,1 % весовое количество H_2S в газе составляет 1,52 г/м^3, что в 76 раз превышает требования по взрывобезопасности котельных установок, которые предусматривают использование в качестве топлива природного газа с содержанием сероводорода не более 2 г/100 м^3. Температура воспламенения сероводорода ~290 ºС, обычного природного газа ~500 ºС, т.е. газ, даже с небольшим содержанием H_2S может иметь температуру воспламенения значительно ниже, чем бессернистый газ. Сероводород обладает ядовитыми свойствами и активно действует на металл, вызывая его коррозию. Присутствие влаги в газе резко усиливает корродирующее действие серодоворода. Углекислый газ и азот снижает теплотворную способность газа. Влага помимо того, что увеличивает сероводородную коррозию, еще и сама по себе вызывает различные осложнения в работе газовой аппаратуры и, особенно в работе газогорелочных устройств.

Сероводородная коррозия возникает в результате химического взаимодействия металла с сероводородом во влажной среде по формуле (1):

$$Fe + H_2S \xrightarrow{\;H_2O\;} FeS + 2H \qquad\qquad (1)$$

Оба продукта в свою очередь оказывают вредное воздействие на металл: сульфид железа FeS образует с основным металлом гальваническую пару, являясь катодом, а атомарный водород становится причиной появления водородной хрупкости стали. Последнее связано с проникновением в толщу металла атомарного водорода, который заполняет пористые участки шлаковых включений и микроскопические пустоты по границам зерен. При переходе атомарного водорода в – молекулярный, создается высокое давление, вызывающее разрушение металла. В зависимости от качества металла могут образовываться водородные пузыри и раковины (в мягкой стали) или трещины (в сталях высокой прочности). Водородная хрупкость стали - наиболее опасный результат сероводородной коррозии, так как она может появляться значительно ранее коррозии других видов, особенно при повышенных давлениях газа. Продукты коррозии, вызываемой H_2S, могут обладать пирофорными свойствами, т.е. при температуре, начиная с 20 ºС и выше, при контакте с воздухом - самопроизвольно загораться.

Как считают большинство исследователей [2-4] организация ступенчатого сжигания сернистого мазута и сероводородных газов проблематично из-за возможности возникновения в зоне нижней радиационной части котлов сероводородной коррозии экранных труб. Интенсивность сероводородной коррозии топочных экранов зависит как от содержания H_2S в пристенной зоне, так и от температуры металла.

В связи с этим, в то время были разработаны различные способы ступенчатого сжигания сероводородсодержащего топлива [5, 6]. А поскольку, проведенные ранее исследования (САФ ВНИИПромгаз и Средазтехэнерго) показали, что условия протекания высокотемпературной коррозии в таком типе котла ТГМ-94 отсутствуют, т.е. измеренная температура металла экранных труб $\leq 670 \div 750$ К, а концентрация в пристенной зоне $H_2S \approx 0$, то эти способы были отложены и впоследствии частично внедрены на других объектах [7].

На котле ТГМ-94 и ТГМ-84 НГРЭС установлены газомазутные горелки ТКЗ с центральной газораздающей трубой с проходным отверстием для установки мазутной форсунки. Газ из трубы выходит через газовый насадок, перфорированный 20 отверстиями двух диаметров (Ø 8 и 19 мм), и попадает в поток закрученного воздуха (рисунок 1).

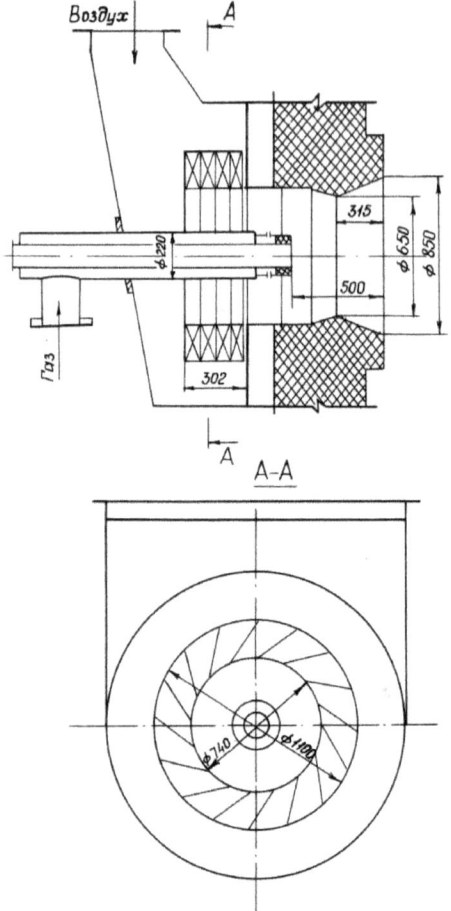

Рисунок 1 – Газомазутная горелка ТКЗ

При работе котла на этом газе в горелку попадает большое количество механических примесей и влаги. Это влечет за собой забивание раздающих отверстий газового насадка, резкое и неравномерное изменение сопротивления газовой части горелок, и большие перекосы соотношения «топливо-воздух» по ширине топки. Под действием высоких температур, примеси, содержащиеся в газе, спекаются в отверстиях газового насадка и забивают их частично или полностью, вследствие чего, происходит обгорание газового насадка горелки и разрушение амбразуры. В результате этих факторов наблюдается ухудшение смесеобразования, увеличение необходимого по условиям горения коэффициента избытка воздуха, ухудшение теплообмена в топке, перекосы по температурам дымовых газов и пара по сторонам котельного агрегата, увеличивается температура дымовых газов.

Указанные проблемы, в свою очередь, не снимали с повестки дня экологические проблемы станции, где из-за низкой высоты (56 м) дымовых труб приземные концентрации оксидов азота значительно превышали предельно допустимые (таблица 2).

Таблица 2 - Измеренные концентрации оксидов азота и бенз(а)пирена в атмосферном воздухе рабочей зоны НГРЭС

Место отбора пробы	Концентрация оксидов азота, мг/м^3	Концентрация бенз(а)пирена, мкг/100 м^3
Барабан котла ТГМ-84 (ст. № 6)	0,162	$0,04 \pm 0,004$
Дымосос котла ТГМ-94 (ст. № 8)	0,314	$0,043 \pm 0,03$
Дымосос котла ТГМ-151 (ст. № 1)	0,045	$0,12 \pm 0$
Барабан котла ТГМ-151 (ст. № 1)	0,053	$0,01 \pm 0$
2 ярус котла ТГМ-151 (ст. № 1), отм. $\nabla 9,0$ м	0,0832	$0,05 \pm 0$
Центральный пункт управления котла ТГМ-94 (ст. № 8)	0,0527	$0,078 \pm 0,002$
Лабораторный корпус	0,089	$1,8 \pm 0,006$
Центральная проходная	0,114	$0,5 \pm 0$
Газораспределительный пункт	0,162	$0,14 \pm 0$

Как показали опытно-промышленные исследования применение ступенчатого сжигания газа само по себе не снижает надежности горелочных устройств. Сложности возникают при относительно высоком исходном давлении газа перед котлом $\Delta P_{z} \geq 0,05$ МПа, вызванном коксованием газового конденсата в газораздающих отверстиях, которое приводит к увеличению скорости истечения газа из них и, как следствие, к забиванию и прогоранию газовых насадок или разрушению амбразуры как при одноступенчатом, так и при двухступенчатом сжигании.

Причем, для поддержания рекомендуемого давления газа перед котлом не выше $\Delta P_{z} \leq 0,03$ МПа, т.е. когда скорости истечения газа существенно не превышали расчетных величин, отверстия должны быть чистыми. Иначе, в случае забивания отверстии, для сохранения нагрузки персонал станции вынуждено увеличивал давление, которое приводило к нежелательному увеличению скорости истечения газа и глубины проникновения газа. При этом, агрессивная струя газа, содержащего сероводород, достигала поверхности и проникала вглубь огнеупорной кирпичной кладки амбразуры, разрушая ее таким путем.

Итак, необходима была реконструкция газовой части горелок, которая бы предотвратила отмеченные выше нежелательные процессы.

При этом даже такая простая задача, как оптимальное перфорирование (пересверление) газораздающих отверстии (при общем количестве 770 штук) в газовом насадке горелок на действующих 8 котлах представлялась нереальной из-за недопустимости останова и простоя в ремонте оборудования и острого дефицита электроэнергии в регионе.

Рассмотрим диффузионный процесс горения газа, т. е. горение при раздельной подаче газа и воздуха в объем, где происходит горение. При этом процесс горения происходит в зоне перемешивания малых объемов газа в среде с кислородом воздуха (~21% по объему), забалластированным азотом воздуха (~79% по объему). Скорость горения определяется двумя процессами: взаимной диффузией горючего и окислителя и химическими реакциями в образовавшейся газовоздушной смеси. Скорость перемешивания здесь значительно ниже скорости химических реакций, т.е. процесс горения полностью определяется диффузией.

При визуальном наблюдении видно, что турбулентный режим характеризуется отсутствием четкого деления на зоны продуктов сгорания, смеси воздуха с продуктами сгорания и смеси газов с продуктами сгорания. Все эти зоны сливаются с зоной продуктов сгорания, во всем объеме которой происходит горение отдельных малых объемов. В то же время на начальном участке факела можно видеть зону интенсивного горения, внутри которой имеется зона с преобладающим содержанием газа, а снаружи - с преобладающим содержанием воздуха (визуально наблюдается сине-голубой цвет у корня факела и ярко-красноватый цвет на периферий факела). Из-за сильной турбулентности из центральной зоны пламени вырываются языки пламени, которые проникают в еще непрореагировавшую зону газовоздушной смеси, охватывают его отдельные участки, с концентрацией смеси близкой к стехиометрической, вовлекая их в процесс горения. Пламя бушует, быстрые реакции внутри них проявляют себя в виде микровзрывов, издавая характерный шум горящей турбулентной пламени.

Необходимо отметить, что наличие языков и проблесков пламени характеризует несовершенство процесса смесеобразования в объеме горения. С учетом того, что при ступенчатом сжигании будут созданы зоны с $\alpha<1$ и $\alpha>1$, а также общая зона догорания, необходимо улучшить процесс диффузии. В конечном счете надо добиваться хорошего смесеобразования на молекулярном уровне. Дальнейший путь заключался в поиске беззатратного способа турбулизаций газовоздушной смеси. Для этого был использован принцип «обратить вред (избыточное давление газа) в пользу (отгонка от газового конденсата)».

Таким образом, на котле ТГМ-94 (ст. № 3) НГРЭС была произведена реконструкция газоподводящего устройства горелок, сущность которой заключается в тангенциальной установке входного патрубка относительно центральной газовой трубы (рисунок 2). Это привело к предотвращению забивания и прогорания газовых насадков, кладки амбразуры и решило сложный для эксплуатации вопрос. Процесс длительной эксплуатации котла в течение года после реконструкции показал, что этот котел имеет лучшие технико-экономические показатели (см. таблицу 3). Смесеобразование и горение в горелках настолько улучшилось, что исчезли «языки» и проблески пламени. При визуальном наблюдении горение стало более однородное, беспламенное, не светящееся и значительно прозрачное. Полученные результаты можно объяснить следующим. Установка входного патрубка радиально оси наружной трубы газоподводящего устройства (по традиционному варианту) приводит к изгибу и сжатию газового потока в колене и появлению неравномерного поля статических давлений внутри кольцевой камеры (рисунок 2, а). В результате такого подвода газа появляются застойные зоны и зоны с малыми скоростями газа и, как следствие, неравномерность выхода газовых струй из газораздающих отверстий. Последнее является причиной плохого смесеобразования. Установка входного патрубка тангенциально наружной трубе газоподводящего устройства (рисунок 2, б) приводит к вращению газа в кольцевой камере, равномерному заполнению ее и выравниванию поля статических давлений по сечению кольцевой камеры. В результате давление газа перед газораздающими отверстиями выравнивается, исчезают застойные зоны и газ равномерно распределяется по газораздающим отверстиям, но при этом выходит в объем воздушного потока получив сильную мелкомасштабную турбуленность за счет инверсии режима течения, что резко приводит к улучшению смесеобразования (рисунок 2, б). Поскольку скорость и давление газа более чем в 5 раз выше скорости и давления воздуха, сильно турбулизированные струи газа разлетаются в среде закрученного воздуха. Кроме того, вращательное движение газа внутри кольцевой камеры приводит к обтеканию конденсатом внутренней поверхности газовой трубы, образованию тонкой пленки и равномерному выходу ее через перфорированные отверстия. Это предотвращает образование застойных зон в торце камеры, где в основном идет испарение и спекание газового конденсата с образованием твердых отложений, приводящих к забиванию и прогоранию отверстий газового насадка.

Реконструкция газовой части горелок, апробированная на котле ТГМ-94 (ст. 3), явилась дополнительным средством повышения надежности и экономичности котла. Реконструкция привела в целом к достижению расчетной температуры пара промежуточного перегрева при одноступенчатом сжигании (таблица 3) и к меньшему возрастанию температуры пара промперегрева в режиме двухступенчатого сжигания (ΔT_{nn} = (5-8) К). Температура уходящих газов при переходе с одно- на двухступенчатое сжигание увеличивается на (2-3) К, к.п.д. котла (брутто) уменьшается лишь на (0,10-0,15) %. После реконструкции концентрация NO_x

в режиме одноступенчатого сжигания снизилась на ~23 %, а при переходе на режим двухступенчатого сжигания уменьшилась дополнительно на 45 %.

Таким образом, реконструкция горелок привела к оптимизации технологии сжигания сероводородсодержащего газа, о чем свидетельствует сближение технико-экономических показателей работы котла в режимах одноступенчатого и двухступенчатого сжигания газа.

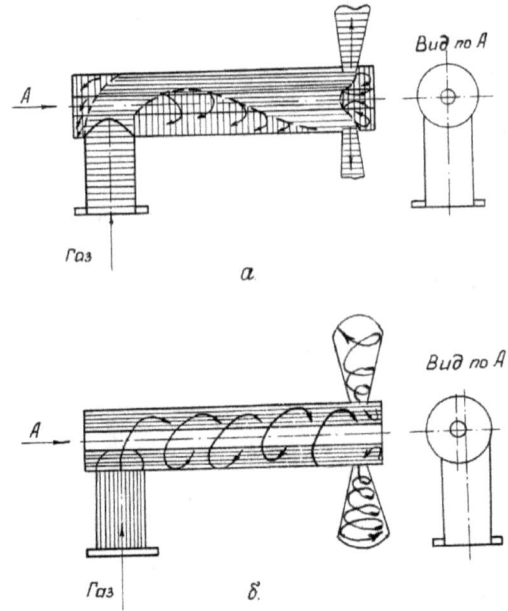

Рисунок 2 – Схема движения газового потока
до (а) и после (б) реконструкции газоподводящего
устройства горелки ТКЗ

ЛИТЕРАТУРА

1 К.Т. Баубеков / Экспресс-способ сокращения выбросов оксидов азота путем ступенчатого сжигания природного газа в топках котлов // Наука и техника Казахстана, 2003. - № 3. - С. 99-107.

2 Росляков П.В., Двойнишников В.А., Зелинский А.Э., Тимофеева С.А., Бурков В.Ю., Наздрюхина Г.В. / Разработка рекомендаций по

снижению выбросов оксидов азота для газомазутных котлов ТЭС // Электрические станции, 1991. - № 9. - С. 9-17.

3 Енякин Ю.П., Котлер В.Р. Технологические методы сокращения выбросов оксидов азота // Теплоэнергетика, 1994. - № 6. - С. 17-20.

4 Тишин А.П., Горюнов И.Т., Гуськов Ю.Л., Баршак Д.А., Преснов Г.В., Турченко В.И., Коржук С.С. / Совершенствование рабочих процессов в топках котлов ТЭЦ-21 на основе применения современных средств численного моделирования термогазодинамических процессов // Электрические станции, 2003. - № 10. - С. 7-12.

5 А. с. 1223705 (СССР). Способ сжигания топлива / Л.М. Цирульников, Валиходжаев А., К.Т. Баубеков. - № 3777253 / 24-06; ДСП.

6 А. с. 1529861 (СССР). Способ сжигания топлива / Валиходжаев А., К.Т. Баубеков. - № 4412736 / 24-06; ДСП.

7 K.T. Baubekov «A Study of the Mechanism through Which Nitrogen Oxides Are Generated in Boiler Furnaces during Staged Combustion of Gas», Teploenergetika, No 9, 44-50 (2008) [Thermal Engineering, 2008, Vol. 55, No. 9, pp. 766 – 773].

Таблица 3 - Сопоставление основных эксплуатационных показателей работы котла ТГМ-94 (ст. № 3) до и после реконструкции газоподводящего устройства горелок с показателями работы других котлов ТГМ-94 (ст. № 4, 8, 9) НГРЭС

Наименование основных эксплуатационных показателей работы котла	Показатели работы котлов № 3, 4, 8, 9							
	до реконструкции котла № 3				после реконструкции котла № 3			
	№ 3	№ 4	№ 8	№ 9	№ 3	№ 4	№ 8	№ 9
Температура промперегрева, K	812	800	810	805	821	818	811	804
Расход электроэнергии на собственные нужды котла, %	4,15	4,46	4,09	4,04	3,69	4,09	3,94	4,03
КПД (брутто) котла, %	92,8	92,86	92,75	92,45	93,0	92,8	92,7	92,5
КПД (нетто) котла, %	88,4	88,0	88,2	87,98	88,85	88,3	88,39	88,21
Средняя годовая электрическая нагрузка, МВт	131,3	135,2	136,6	132,9	146,4	140,5	140,6	139,4

Диханбаев Б.И.[*]

д.т.н., ст. преподаватель

Баубеков К.Т.[*]

д.т.н., ассоциированный профессор,
заведующий кафедрой теплоэнергетики

[*]Казахский агротехнический университет им. С.Сейфуллина

г. Астана, Республика Казахстан

Диханбаев А.Б.[**]

Научный сотрудник,

[**]Институт электрохимии им. Сокольского.

г. Алмата, Республика Казахстан

НОВАЯ СХЕМА ПЕРЕРАБОТКИ СУЛЬФИДНЫХ СВИНЦОВЫХ КОНЦЕНТРАТОВ НА БАЗЕ РЕАКТОРА ИНВЕРСИИ ФАЗ

В настоящее время, наряду с традиционным процессом «агломерация – шахтная плавка - фьюмингование», промышленно апробированы такие современные процессы свинцовой плавки, как Kaldo (Швеция), QSL (Германия), Ausmelt/Isasmelt (Австралия), КИВЦЭТ (Казахстан), SKS (Китай). Все перечисленные процессы работают на богатой смеси вторичного сырья и высокосортных свинцовых концентратов с содержанием свинца в шихте 50-70%. Ограничение на качество сырья в этих процессах обусловлено наличием интенсивно истекаемой газовой струи в ванну богатого свинцового шлака и высокой летучестью соединений свинца, лимитирующей температурные режимы. Снижение качества сырья ведет к снижению содержания свинца в шлаковом расплаве, а значит – к необходимости повышения температуры. В результате процесс переходит из режима выплавки свинца в режим отгонки свинца в возгоны и пыли, аналогично процессу фьюмингования шлаков. Согласно [1], для Ausmelt – процесса при содержании свинца в концентрате 50%, выход свинца на черновой металл – 30-35%, в шлаки 40-45%, в пыли 20-30%. Кроме того современным процессам переработки свинцового сырья присущи недостатки традиционного процесса - огромные тепловые потери и загрязнение окружающей среды на стадии «мокрой» грануляции шлаков фьюмингования; образование отвалов содержащих 2-3% цинка, меди до 1%, железа до 30% и силикатной части шлака – до 60%; производство серной кислоты невысокого качества, хранение и сбыт которой доставляет много проблем ее производителям.

Для комплексного преодоления указанных недостатков традиционной и современных систем производства свинца разработана тепловая схема новой системы переработки сульфидных свинцовых концентратов показанная на рисунке 1. Условные обозначения рисунка 1:

1-трубчатая печь (ТП), 2- трубчатая печь (ТП), 3- реактор инверсий фаз (РИФ), 4- электроотстойник (ЭО), 4а – электропечь для извлечения из медистого чугуна меди и благородных металлов в «богатый» по меди штейн (ЭП), 4б - электроотстойник (ЭО), 5 – шлаковатное производство (ШВП), 6 –вращающийся миксер (М), 7 – высокотемпературный воздухоподогреватель (ВТ ВЗП), 8 – реактор сажеводородистой смеси (РСВС), 9 – радиационная часть котла-утилизатора (РКУ), 10 – миниэлектростанция (МЭС), 11 – химический реактор первичной нейтрализации SO_2 – газов (ХР), 12 – конвективная часть котла-утилизатора (ККУ), 13 – скруббер вторичный нейтрализации SO_2 – газов водной суспензией цинковых возгонов. И, Ш, Шт, Cu-шт, ШМР, СШ – известняк, отвальный шлак, дробленый "богатый" по железу штейн, "богатый" по меди штейн, шлакометаллический расплав, силикатный шлак, соответственно; ГГ– горючие газы; ОГ, УГ- отходящие и уходящие газы, соответственно; МЧ – медистый чугун, Ч– чугун, ПВ –питательная вода, В – дутьевой воздух, ПРГ –природный газ, ВК – воздух компрессорный, ПП – перегретый пар, МП– мятый пар, Э – электроэнергия.

Принцип работы системы следующий. Смесь (шихту) из окатышей свинцового концентрата и дробленого известняка подают в трубчатую печь (1) для нагрева окатышей и декарбонизации известняка. Источник энергии – физическая теплота горючих газов восстановительной камеры РИФ с $t = 1500^0 C$. Нагретую до $1000^0 C$ шихту загружают во вращающийся миксер (6), куда из электроотстойника (4а) заливается очищенный от меди чугун с $t = 1400^0 C \cdot$ В миксере (6) смесь расплава чугуна и шихты интенсивно смешиваются, происходит осадительная плавка, основанная на реакции вытеснения свинца из его сульфидов металлическим железом содержащимся в чугуне, шлако- и штейнообразование и экзотермическая реакция растворения окиси кальция в шлаке. Источник энергии – теплота шлакообразования в миксере (6). В электроотстойнике 4б происходит ликвационное разделение продуктов осадительной плавки, после чего черновой свинец идет на рафинирование, а шлак и богатый по железу штейн после охлаждения и дробления совместно с «бедным» отвальным шлаком непрерывно загружают в трубчатую печь, (2). Смесь дробленого штейна и шлака, после нагрева в ТП (2) до $900^0 C$, направляют в камеру окислительной плавки РИФ (3), где их расплавляют и проводят глубокое обессеривание расплава. Топливо – сера в штейне и природный газ, окислитель – дутьевой воздух с $t = 800^0 C$. Получаемый оксидный расплав переходит с окислительной в восстановительную камеру РИФ (3), где из него в газовую фазу возгоняют свинец и цинк, а восстановленное железо в виде медистого чугуна переводят в металлическую фазу. Из РИФ (3), шлакометаллический расплав поступает в электроотстойник (4), где разделяется на медистый чугун и силикатный шлак. Медистый чугун, после очистки от меди и благородных металлов посредством сульфида натрия, в электропечи (4а), используется в виде железо-реагента в миксере осадительной плавки (6), и для первичной нейтрализации SO_2 - газов в химическом реакторе (11). На рисунке 2 показана схема движения железо-реагента по системе. Содержащий медь и благородные металлы штейн из электропечи (4а) идет на дальнейшую переработку по известной схеме. Силикатный расплав направляют в шлаковатное производство (5), для изготовления теплоизоляционных материалов. Горючие газы из восстановительной камеры РИФ (3), содержащие Pb^{Γ}, Zn^{Γ} распределяется между трубчатой печью (1) и радиационной частью котла-утилизатора (9), где в качестве окислителя и инжектирующего ГГ агента используется компрессорный воздух. Далее физическая теплота ГГ используется в трубчатой печи (1) для нагрева окатышей концентрата и декарбонизации известняка. Горючие газы перед ВТ ВЗП (7), реактором СВС (8) дожигаются дутьевым воздухом. Отходящие газы из камеры окислительной плавки РИФ, (3), содержащие SO_2 подогревают шлакоштейновую шихту в ТП (2), а затем поступают в химический реактор (11), для первичной нейтрализации SO_2. Реагент – железо чугуна вырабатываемого в системе. Складируемые продукты химического реактора FeO, FeS могут использоваться, например, для производства железного купороса. Отходящие газы химического реактора (11), ВТ ВЗП (7), реактора СВС (8) подогревают дутьевой воздух, природный газ и питательную воду в конвективной части котла-утилизатора (ККУ) (12), и после охлаждения поступают в скруббер (13), для вторичной нейтрализации SO_2 - газов возгонами цинка содержащимися в газах. Очищенные в скруббере газы выбрасывают в атмосферу. Перегретый пар с радиационной части котла-утилизатора (9) направляют в миниэлектростанцию (10), мятый пар с которого используют для продувки шлаковаты и термической обработки теплоизоляционных материалов в камерах полимеризации шлаковатного производства (5). Электроэнергию выработанную в миниэлектростанции (10) используют внутри системы. Система может работать и без использования отвальных шлаков, в этом случае в трубчатую печь кроме штейна может загружаться кеки цинкового производства, цинксодержащие обороты, флюсы и т.д.

В качестве энергосберегающего оборудования разрабатываемой системы принят принципиально новый тип плавильной камеры - реактор инверсии фаз [2] (см. рис. 3). В качестве основных технологий выбраны:

а) осадительная плавка, основанная на реакции вытеснения свинца из его сульфидов металлическим железом, $PbS + Fe = Pb + FeS$;

б) нейтрализация SO_2 – содержащих газов металлическим железом и водной суспензией цинковых возгонов, $SO_2 + 3Fe = FeS + 2FeO$;

$$SO_2 + ZnO + 2,5H_2O = ZnSO_3 \cdot 2,5H_2O;$$

в) использование сажеводородистой смеси, представляющей собой одну из наиболее эффективных восстановителей, получаемой из природного газа, путем термического разложения его на отходящих газах.

Таблица иллюстрирует результаты сравнительных расчетов новой системы по отношению к технологическим показателям Чимкентского свинцового завода в период его рентабельной работы. Для расчета

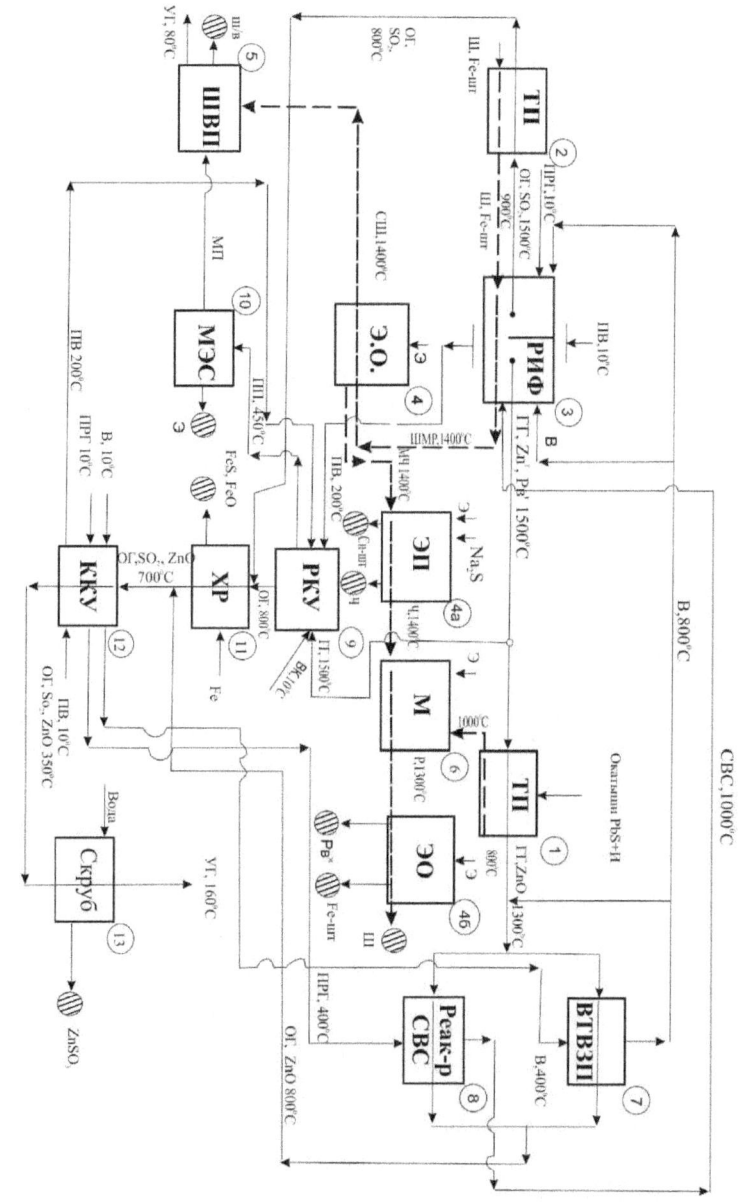

Рисунок 1 – Тепловая схема системы безотходной переработки свинцовых концентратов

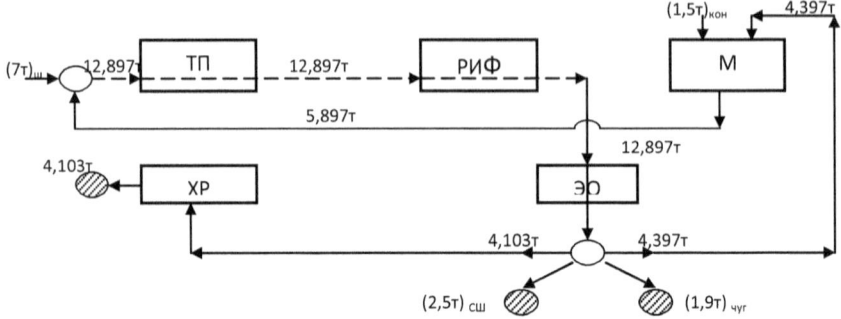

$(7т)_{ш}$, $(1,5т)_{кон}$ – количество железа, поступившее в систему со шлаком и концентратом, $(2,5 m)_{СШ}$, $(1,9)_{чуг}$ – количество железа в силикатном шлаке и чугуне, соответственно.

Рисунок 2– Схема часового расхода железа по новой системе производства свинца

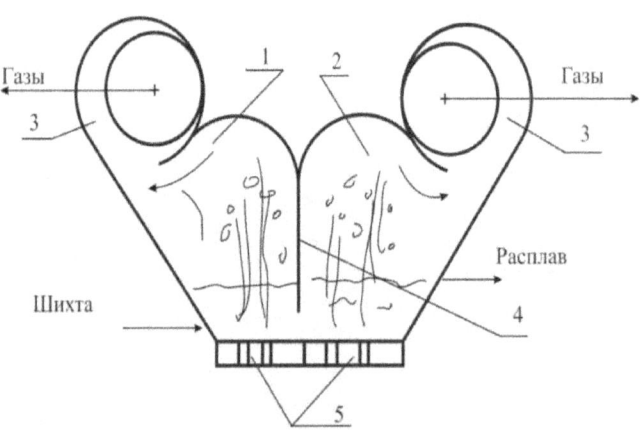

1 – окислительная камера, 2 –восстановительная камера, 3 – сепарационная камера, 4 – перегородка, 5 – топливосжигающее устройство.

Рисунок 3 – Принципиальная конструктивная схема реактора инверсии фаз.

Таблица – Сравнение характеристик действующей (ДС) и предлагаемой систем (ПС) производства свинца

№	Наименование характеристик	Ед. изм.	ДС	ПС
1	2	3	4	5
1	Концентрат/Выработка рафинированного свинца	т/ч	41,66/18,75	9,8/4,41
2	Шихтообразующие компоненты	$\frac{т}{т\,Рв}$	1,866	Нет
3	Известняк	$\frac{т}{т\,Рв}$	Учтен в п.2	0,75
4	Шлак из «бедных» отвалов	$\frac{т}{т\,Рв}$	нет	5,669
5	Природный газ	$\frac{нм^3}{тРв}$	410,4	1440,0
6	Пропан – газ	–	нет	69,16
7	Кокс	$\frac{кг}{тРв}$	500,5	нет
8	Коксовая мелочь	$\frac{кг}{тРв}$	9,66	нет
9	Электроэнергия	$\frac{кВт\cdot ч}{т\,Рв}$	2035,6	2664
10	Кислород	$\frac{нм^3}{тРв}$	272	нет
11	Общий расход условного топлива	$\frac{кг\,у.т}{т\,Рв}$	1663	2735
12	Экономия топлива в «замещающих» агрегатах вырабатывающих дополнительную продукцию - $ZnSO_3$, FeS, FeO, медистый чугун, шлаковатные изделия и электроэнергия	$\frac{кг\,у.т}{т\,Рв}$	нет	- 2388
13	Удельный приведенный расход условного топлива	$\frac{кг\,у.т}{т\,Рв}$	1307	347
14	Экономия условного топлива	$\frac{кг\,у.т}{т\,Рв}$	нет	960
15	Расход сжатого воздуха	$\frac{нм^3}{тРв}$	349,6	330
16	Расход свежей и оборотной воды	$\frac{м^3}{тРв}$	212,9	110,8
17	Вредные выбросы	$\frac{кг}{тРв}$	781,37	8,0

1	2	3	4	5
18	Тепловые потери в процентах от общего количества теплоты поступившей в систему с энергоносителями	%	70,0	34,0
19	Материальные отходы в процентах от его исходного количества			
	$Pв$	%	2,0	2,0
	Zn	–	20,0	5,0
	Cu	–	20,0	10,0
	Fe	–	100,0	29,0
	S	–	40,0	5,0
	Силикатная часть шлака	–	100	15
20	Выработка дополнительной продукции Zn в Zn SO_3	$\dfrac{тZn}{тPв}$	–	0,0796
	Fe в FeS, FeO и в чугуне	$\dfrac{тFe}{тPв}$	–	1,327
	Полужесткие шлаковатные плиты	$\dfrac{м^3}{тPв}$	–	38,55
	Электроэнергия	$\dfrac{кВт \cdot ч}{т\, Pв}$	–	1135,0

действующей системы (ДС) взяты следующие отчетные данные ЧСЗ за 1988 год: расход концентрата 1000 т/сутки (41,66 т/час), шихтовых добавок 840 т/сутки (35 т/ч); выработка рафинированного свинца 135000 т/год. Рабочая кампания свинцовоплавильной печи 300 суток/год.

Из сопоставления данных таблицы следует, что с внедрением новой системы возрастет удельный расход природного газа в 3,5 раза, электроэнергии в 1,3 раза, а общий расход энергии, в переводе на условное топливо, повысится в 1,64 раза. Расход воды снизится в 1,92 раза, тепловые потери сократятся в 2,06 раза. Отходы ценных компонентов шлака ($Pв, Zn, Cu, Fe$) в среднем сократится в 3 раза, использование энергии сульфидной серы повысится в 8 раз, перевод силикатной части в полезный продукт - в 6,7 раза. Ликвидируется расход технологического кислорода, коксовой мелочи и дефицитного, дорогостоящего кокса. Взамен привозных шихтообразующих компонентов (кеки, пыли, клинкер, флюсы) будет использоваться собственные шлаки с «бедных» по цинку отвалов. Так как в новой системе будет вырабатываться дополнительная продукция – $ZnSO_3$, FeS, FeO, медистый чугун, шлаковатные изделия и электроэнергия, то экономия топлива в «замещающих» агрегатах вырабатывающих такую же продукцию, составляет $2388 \frac{\text{кг у.т}}{\text{т } Pв}$. С учетом последнего в новой системе удельный приведенный расход топлива снизится в 3,77 раза, а экономия топлива составит 960 кгу.т/т$Pв$. Значение удельного экономического эффекта от внедрения предлагаемой системы составит 10236 тенге/т Pb (325 млн. тенге/год), а удельная предельно допустимая величина капитальных вложений – 27909 тенге /тPb.

Таким образом, разработана новая схема переработки сульфидного свинцового концентрата, включающая: восстановление железа и возгонку цинка из отвальных шлаков сажеводородистой смесью (СВС) в реакторе инверсии фаз, вытеснение свинца в черновой металл из его сульфидов металлическим железом в автогенном режиме во вращающимся миксере, регенеративное использование тепловых отходов системы, нейтрализацию SO_2 – содержащих газов реагентами получаемыми внутри системы (ZnO, Fe). Реализация новой системы сократит удельный расход топлива в 3-4 раза, увеличит коэффициент использования материальных отходов 2,5-3 раза по сравнению с традиционной системой переработки концентратов.

Литература

1 Mounsey E.N. A Review of Ausmelt technology for lead smelting. // Proceedings of the Lead-Zinc 2000 Simposium. – Pittsburgh, USA, 2000. - P. 149-169

2 Диханбаев Б.И., Жарменов А.А., Диханбаев А.Б. Энергосберега-ющий реактор для переработки отвальных шлаков // Тезисы трудов Международной научно-практической конференции «Горное дело и металлургия в Казахстане. Состояние и перспективы». - Алматы, 2012. – С. 113-115

Бухвалова В.В.
кандидат физ.-мат наук, доцент
vera_cut(at)mail.ru
Зациорский А.С.
аспирант
amartel(at)yandex.ru
Санкт-Петербургский Государственный университет

ЯЗЫК СПЕЦИФИКАЦИЙ DROL И ЕГО РЕАЛИЗАЦИИ

По времени создания первой версии (1972 г.) язык **DROL** (DRawing Oriented Language) является одним из первых языков, в которых геометрические объекты описываются с помощью геометрических понятий без явного использования координат. Идея создания языка для записи алгоритмов элементарной геометрии и выкроек одежды принадлежала И.В. Романовскому. В дальнейшем всё развитие языка и разработка его реализаций выполнялась В.В. Бухваловой, аспирантами и студентами кафедры исследования операций СПбГУ под её руководством. Если первоначально язык был средством описания несложных чертежей с элементами вычислений, то далее он стал предметно-ориентированным языком спецификации для записи алгоритмов вычислительной геометрии на плоскости, сохранив при этом своё имя. На выбор структуры и синтаксиса языка наибольшее влияние оказали языки программирования (ЯП) **Algol 68** и **CLU**. Это позволило уже на ранних этапах использовать технологии структурного, сборочного и объектно-ориентированного программирования и все виды абстракций.

Одновременно с разработкой универсального языка спецификаций продолжалось создание реализаций подмножеств языка **DROL**, ориентированных на решение различных классов задач. Особо следует выделить версию **DROL** для задач прямоугольного раскроя (**Turbo Pascal** с использованием библиотеки **Turbo Vision**). Подробно о ней рассказано в [2]. Эту реализацию следует признать удачной, так как созданная на ее базе программа прямоугольного раскроя до сих пор находится в рабочем состоянии (более 20 лет!) и успешно используется для тестирования вновь создаваемого программного обеспечения.

От упомянутых выше реализаций языка **DROL** отличается подход, при котором создается интерпретатор, непосредственно выполняющий все необходимые вычисления по алгоритмам. Интерпретатор не привязан к какому-либо ЯП и записывает всю информацию об имеющихся в программе объектах в собственном внутреннем коде. Далее этот код может быть использован для генерации всего изображения или его фрагмента на каком-либо ЯП. На данном этапе в качестве ЯП был выбран язык **LaTeX**. К настоящему моменту создано уже несколько версий интерпретатора. Начиная с первой версии, интерпретатор реализован как многооконный редактор текстов, соответствующий международному стандарту **SAA/CUA** (System Application Architecture Common User Access) и поддерживает стандартный набор операций работы с файлами, блоками и буфером обмена.

Существенные изменения внес в интерпретатор А.С. Зациорский ([4; 5]). Устаревшие графические пакеты были заменены одним современным и мощным – **TikZ**, что позволило значительно улучшить визуальное качество изображения и устранить проблемы совместимости. Создан **WYSIWYG**-предпросмотрщик для проверки семантической корректности описания изображения без компиляции **LaTeX**-документа. Набор выходных форматов пополнился растровыми форматами **BMP**, **JPG** и **PNG**. Пользовательский интерфейс был улучшен (моноширинные шрифты, возможность автоматического создания осей координат, помещение сгенерированной **LaTeX**-программы в буфер обмена для дальнейшей вставки в документ). Изменения коснулись и языка **DROL**: была расширена библиотека графических функций и операций, добавлен условный оператор и оператор **Exit**, что позволило объединять описания серии рисунков с единой элементной базой. Сам программный продукт (интерпретатор **DROL2LaTeX**, v. 3.2) и подробное руководство к нему с многочисленными примерами размещено авторами в свободном доступе на сайте **exponenta.ru** ([6]).

Изначально в системе **LaTeX** присутствовал весьма ограниченный набор графических средств, позволявший создавать только простейшие изображения. За всё время существование **LaTeX** было создано большое количество графических расширений: пакеты **PSTricks**, **XY-pic**, **PGF/TikZ**, система **METAFONT** и др. Недостатком этих средств является явное использование координат изображаемых объектов, что затрудняет модификацию создаваемых изображений. Использование геометрического языка **DROL** является одним из возможных подходов к решению этой проблемы. Часто рисунки для статьи или главы книги имеют схожую структуру. С помощью языка **DROL** описания схожих рисунков можно объединить, однократно задав общие и отличающиеся объекты.

Рассмотрим применение языка **DROL** на примере задачи М. М. Сперанского: *на бильярдном столе имеются два шара А и В. Определить направление, в котором нужно стукнуть шар А, чтобы он после двух отражений от бортов стола CDEF ударил шар В (рис. 1).*

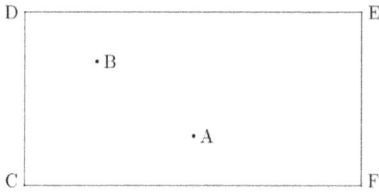

Рис. 1: Задача Сперанского: данные

Предположим для определенности, что сначала шар *A* ударяется о борт *CF* в точке *G*, затем о борт *CD* в точке *H* и потом ударяет шар *B*. Обозначим через α угол удара по отношению к борту *CF*. Из школьного курса физики известно, что при ударе упругого тела в плоскую преграду угол отражения равен углу удара: угол *FGA* равен углу *HGC*, угол *BHD* равен углу *CHG*. Поэтому решение задачи сводится к построению точки , симметричной точке *A* относительно стороны *CF*, и точки , симметричной точке *B* относительно стороны *CD*. Если отрезок пересекает отрезки *CF* и *CD* (рис. 2), то задача имеет единственное решение и точки пересечения его со сторонами стола (*G*, *H*) являются точками, в которых шар будет ударяться о борта стола. В противном случае (рис. 3) решения для указанной пары сторон не существует, но оно существует для другой пары сторон.

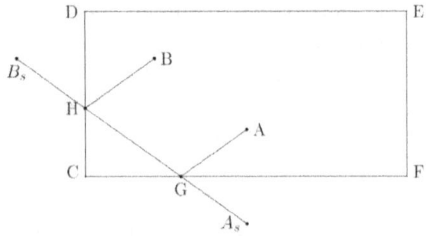

Рис. 2: Задача Сперанского: определение угла удара и точек отражения

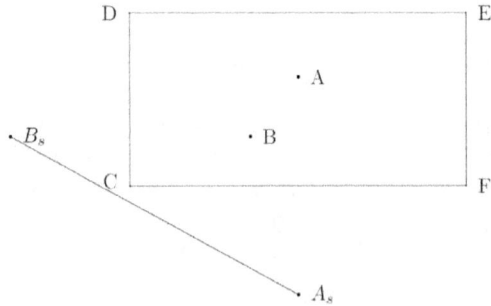

Рис. 3: Задача Сперанского: решения не существует

Приведем теперь описание всех трех рисунков на языке **DROL**. Для удобства комментариев каждая строка начинается с номера, который отделен от основного текста знаком двоеточия (:). Кроме того, чтобы сделать текст предельно понятным, в него включены много комментариев (7 строк, которые начинаются знаком %).

```
1: % 3 рисунка к задаче Сперанского
2: bool pic1 = False, pic2 = False, pic3 = False;
3: pic1 = True; % какой из рисунков выполняется
4: real l = 70, w = 35;  % размеры прямоугольника
5: % координаты точек для рис. 1 и 2
6: real xa = 35, ya = 10, xb = 15, yb = 25;
7: if pic3 then
8:    xa = 35; ya = 22; xb = 25; yb = 10;
9: fi;
10: % определение заданных объектов
11: point A = cr(xa,ya), B = cr(xb,yb);
12: point C = origin, D = up C on w;
13: point F = rt C on l, E = rt D on l;
14: lineseg CF = cr(C,F), DE = cr(D,E);
15: lineseg CD = cr(C,D), FE = cr(F,E);
16: % изображение объектов, общих для всех рисунков
17: draw(A:l:A, B:l:B, C:r:C, D:r:D, E:l:E, F:l:F, CD, DE, FE, CF);
18: if pic1 then exit fi;
19: % определение симметричных точек
20: point As = syma(A, CF), Bs = syma(B, CD);
21: lineseg ls = cr(As,Bs);
22: % изображение объектов, общих для рис. 2 и 3
23: draw(As:l:$A_s$, Bs:l:$B_s$, ls);
24: if pic3 then exit fi;
25: point G = CF intersect ls, H = CD intersect ls;
26: lineseg AG = cr(A,G), BH = cr(B,H);
27: % изображение объектов только рис. 2
28: draw(G:t:G, H:r:H, AG, BH);
```

Большую часть приведенного выше текста занимают комментарии и описания числовых (вещественные), булевских и геометрических (точки, отрезки) объектов (строки 1–15). Описание геометрии решения задачи занимает всего 4 строки: 20, 21, 25, 26. Результатом обработки приведенного выше текста является рис. 1. Для получения рис. 2 и 3 следует поменять (перед трансляцией) в строке 3 номер выполняемого рисунка: **pic2 = True;** или **pic3 = True;**. Заметим также, что рис. 3 выполняется при других значениях координатах точек *A* и *B* (строки 7–9).

Полное описание языка спецификаций **DROL** приведено в [3]. Описание версии языка, соответствующей интерпретатору **DROL2TeX,** и сам интерпретатор находятся в свободном доступе на сайте exponenta.ru ([6]). Многочисленные примеры использования языка **DROL** приведены в [1-6].

Литература:

1. *Бухвалова В.В.* Геометрический язык для конструирования одежды. //Известия вузов. Технология легкой промышленности, 1986, № 4, С. 132 – 138.
2. *Бухвалова В.В.* Задача прямоугольного раскроя: метод зон и другие алгоритмы. — СПб.: СПбГУ, 2001.
3. *Бухвалова В.В., Зациорский А.С.* Применение языка DROL для создания параметризованных изображений. // Обозрение прикладной и промышленной математики, 2011, т. 18, в. 5, С.750–751.
4. *Бухвалова В.В., Зациорский А.С.* Банки типовых рисунков для учебных курсов: применение языка DROL. // Обозрение прикладной и промышленной математики, 2012, т. 19, в. 5 (в печати).
5. *Бухвалова В.В., Зациорский А.С.* Язык DROL как средство расширения графических возможностей системы LaTeX. // Компьютерные инструменты в образовании, 2013 (в печати).
6. http://exponenta.ru/educat/systemat/buhvalova/index3.asp

К.С. Бормотин

доцент, к.ф.-м.н., ФГБОУ ВПО «Комсомольский-на-Амуре
государственный технический университет», cvmi@knastu.ru

Л.В. Нагаева

ФГБОУ ВПО «Комсомольский-на-Амуре государственный технический
университет»

МЕТОД РЕШЕНИЯ ОБРАТНОЙ ЗАДАЧИ ФОРМООБРАЗОВАНИЯ ДЕТАЛЕЙ В УСЛОВИЯХ ПЛАСТИЧНОСТИ И ПОЛЗУЧЕСТИ

Будем рассматривать формулировку уравнений механики деформируемого твердого тела относительно приращений или скоростей этих величин. Выраженные через приращения перемещений эти уравнения удобно использовать при решении общего класса геометрически и физически нелинейных задач МДТТ [1, 67]. В этом случае рассматривается квазистатическое деформирование, уравнения которого формулируются вариационным принципом относительно скоростей.

Обратная задача формообразования определяет внешние кинематические воздействия, под действием которых в течение заданного времени должно происходить неупругое деформирование, обеспечивающее заданную остаточную конфигурацию после упругой разгрузки [2, 37]. Обратную квазистатическую задачу теории ползучести можно сформулировать в виде вариационного принципа с функционалом

$$J(\dot{u},\dot{\tilde{u}}) = \int_V W(\dot{\varepsilon}_{ij})dV - \int_{S_u} \dot{p}_i(\dot{u}_i - \dot{u}_i^*)dS + \int_V W(\dot{\tilde{\varepsilon}}_{ij})dV - \int_{S_u} \dot{\tilde{p}}_i(\dot{\tilde{u}}_i - \dot{\tilde{u}}_i^*)dS ,$$

где $W(\dot{\varepsilon}_{ij}) = \dfrac{1}{2}c_{ijkl}\dot{\varepsilon}_{ij}\dot{\varepsilon}_{kl} - c_{ijkl}\dot{\varepsilon}_{ij}\eta_{kl}$, $W(\dot{\tilde{\varepsilon}}_{ij}) = \dfrac{1}{2}c_{ijkl}\dot{\tilde{\varepsilon}}_{ij}\dot{\tilde{\varepsilon}}_{kl} - c_{ijkl}\dot{\tilde{\varepsilon}}_{ij}\eta_{kl}$ - потенциалы деформирования в ползучести [1, 103], $\dot{\varepsilon}_{ij}$, $\dot{\tilde{\varepsilon}}_{ij}$ - скорости текущих и остаточных деформаций, $V \subset R^3$ - ограниченная область с достаточно регулярной границей S, S_u - часть границы S, где заданы скорости перемещений, $u = (u_1, u_2, u_3)$, $\tilde{u} = (\tilde{u}_1, \tilde{u}_2, \tilde{u}_3)$ - вектора текущих и остаточных перемещений, $u, \tilde{u} \in [W_2^1(Q)]^3$, $Q = V \times \{0 \le t \le T\}$, $\dot{u}^*$, $\dot{\tilde{u}}^*$ - вектора искомых текущих скоростей перемещений и заданных остаточных скоростей перемещений на границе S_u, $\eta_{kl} = \eta_{kl}(\sigma_{ij}, q_n)$ - скорости деформаций ползучести, q_n - набор структурных параметров, $i, j, k, l = 1, 2, 3$, $n = 1, 2, ..., p$,

$$\dot{\varepsilon}_{ij} = \frac{1}{2}(\dot{u}_{i,j} + \dot{u}_{j,i}), \dot{\tilde{\varepsilon}}_{ij} = \frac{1}{2}(\dot{\tilde{u}}_{i,j} + \dot{\tilde{u}}_{j,i}), \tag{1}$$

выражения с повторяющимися индексами означают суммирование по ним от 1 до 3, а через запятую обозначено дифференцирование: $u_{i,j} = \dfrac{\partial u_i}{\partial x_j}$.

Достаточные условия единственности краевых задач

$$\int_V \Delta\left(\frac{\partial W(\dot{\varepsilon}_{ij})}{\partial \dot{\varepsilon}_{ij}}\right)\Delta\dot{\varepsilon}_{ij}dV > 0, \quad \int_V \Delta\left(\frac{\partial W(\ddot{\varepsilon}_{ij})}{\partial \ddot{\varepsilon}_{ij}}\right)\Delta\ddot{\varepsilon}_{ij}dV > 0,$$

выполняемые для всех пар непрерывно дифференцируемых полей скоростей перемещений (учитываются соотношения (1)) и принимающих заданные значения на границе, обеспечивают выпуклость функционалов вариационных принципов [3,453], что позволяет построить и доказать сходимость итеративного метода.

В силу независимости скоростей перемещений и учета достаточного критерия единственности обратную задачу формообразования в ползучести можно представить в виде вариационных неравенств:

$$a(\dot{u}, \dot{v} - \dot{u}) \geq 0 \quad \forall \dot{v}, \quad \| \dot{v} - \dot{u} \|_S^2 = 0,$$

$$a(\ddot{u}, \ddot{v} - \ddot{u}) \geq 0 \quad \forall \ddot{v}, \quad \| \ddot{u} - \ddot{u}^* \|_S^2 = 0,$$

где $\ddot{u}^* = (\ddot{u}_1^*, \ddot{u}_2^*, \ddot{u}_3^*)$ - заданная скорость остаточных перемещений, символ $(\cdot, \cdot)_S$ означает в дальнейшем скалярное произведение в $L_2(S)$:

$$(u,v)_{|S} = \int_S \sum_{i=1}^3 u_i v_i dS. \quad a(\dot{u}, \dot{v}) = \int_V \frac{\partial W(\dot{u}_{i,j})}{\partial \dot{u}_{i,j}}\dot{v}_{i,j}dV, \quad a(\ddot{u}, \ddot{v}) = \int_V \left(\frac{\partial W(\ddot{u}_{i,j})}{\partial \ddot{u}_{i,j}}\right)\ddot{v}_{i,j}dV.$$

Складывая эти неравенства с учетом ограничений методом штрафных функций можно прийти к итеративному процессу, который можно представить в виде [4, 144]

$$\dot{u}_i^{k+1} = \dot{u}_i^k + \alpha^k(\ddot{u}_i^* - \ddot{u}_i^k) \text{ на } S. \tag{2}$$

Доказывается, что данный процесс сходится при $\alpha^k < 2$.

Определяющие соотношения теории пластического течения допускают также запись в виде $\dot{\sigma}_{ij} = \dfrac{\partial W^p(\dot{\varepsilon}_{ij})}{\partial \dot{\varepsilon}_{ij}}$, где $W^p(\dot{\varepsilon}_{ij})$ - потенциальная функция для упругопластического материала [1, 97]. В этом случае, с учетом достаточного критерия единственности, обратная задача формообразования в пластичности может быть так же представлена в виде вариационных неравенств, которые приводят к итеративному процессу (2), с тем же условием сходимости.

Применяя основные процедуры МКЭ [1, 156] к рассмотренному вариационному принципу обратной задач формообразования, получаем систему линейных алгебраических уравнений двух задач (задача деформирования и задача разгрузки)

$$\mathbf{K}\dot{\mathbf{U}} = \dot{\mathbf{R}}, \quad \tilde{\mathbf{K}}\ddot{\mathbf{U}} = \ddot{\mathbf{R}}(\dot{\mathbf{U}}),$$

где $\mathbf{K}$, $\tilde{\mathbf{K}}$ - симметричные матрицы касательной жесткости, определенные в момент t, $\dot{\mathbf{R}}$ - вектор внутренних и внешних сил, $\dot{\tilde{\mathbf{R}}}$ - вектор сил, обусловленных начальными деформациям и начальными напряжениям.

Выполнение достаточного критерия единственности (устойчивости) означает положительную определенность квадратичной формы

$$\dot{\mathbf{U}}^T \mathbf{K} \dot{\mathbf{U}} > 0 \text{ и } \dot{\tilde{\mathbf{U}}}^T \tilde{\mathbf{K}} \dot{\tilde{\mathbf{U}}} > 0$$

для всех кинематически возможных векторов скоростей перемещений $\dot{\mathbf{U}}, \dot{\tilde{\mathbf{U}}}$ отличных от нулевых. Таким образом, для обеспечения устойчивого решения нелинейных квазистатических задач необходимо на каждом шаге по времени проверять элементы матриц $\mathbf{K}$, $\tilde{\mathbf{K}}$ [1, 213]. В программах конечно-элементного анализа, в частности MSC.Marc, используется данный алгоритм получения устойчивого решения нелинейных квазистатических краевых задач. Вследствие этого разработаны программы, реализующие итеративный метод в системе MSC.Marc.

Рассмотрим квадратную пластинку с известным прогибом, моделирующим кручение, в виде узловых перемещений по координате, нормальной к поверхности пластинки [5, 355]. В расчетах деформирования в условиях ползучести для пластинки используются характеристики материала АК4-1Т (алюминиевого сплава), а при пластическом деформировании – характеристики материала В95очТ2 при температуре 20°C. В результате расчетов определения упреждающей формы пластинки для обеспечения заданной кривизны в условиях ползучести и пластичности после упругой разгрузки по итеративному методу (2) с разными постоянными коэффициентами α построены графики сходимости по среднеквадратичной норме (рис.1, 2).

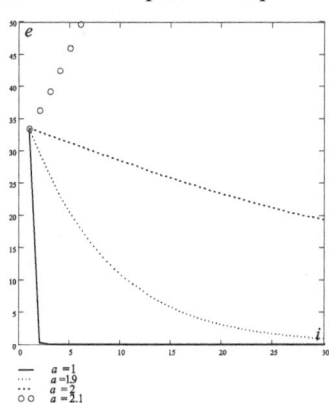 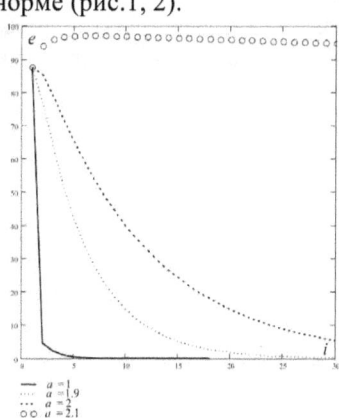

Рис. 1. График сходимости
в режиме ползучести

Рис. 2. График сходимости с учетом
пластических деформаций

Графики сходимости с разными постоянными коэффициентами подтверждают условия сходимости, которые не зависят от материала.

Применение разработанных алгоритмов проводится при моделировании процессов формообразования панелей крыла самолета [6, 161].

Список использованной литературы

1.   Коробейников С.Н. Нелинейное деформирование твердых тел. Новосибирск: Изд-во СО РАН, 2000.

2.   Цвелодуб И.Ю. Постулат устойчивости и его приложения в теории ползучести металлических материалов. Новосибирск: ИГиЛ СО АН СССР, 1991. – 216 с.

3.   Хилл Р. Бифуркация и единственность в нелинейной механике сплошной среды // Проблемы механики сплошной среды: Сб. науч. тр. М.: АН СССР, 1961. С. 448-457.

4.   Бормотин К.С. Итеративный метод решения обратных задач формообразования элементов конструкций в режиме ползучести // Вычислительные методы и программирование. 2013. Т.14. Раздел 1. С. 141-148.

5.   Коробейников С.Н., Олейников А.И., Горев Б.В., Бормотин К.С. Математическое моделирование процессов ползучести металлических изделий из материалов, имеющих разные свойства при растяжении и сжатии // Вычислительные методы и программирование. 2008. Т. 9. С. 346-365.

6.   Аннин Б.Д., Олейников А.И., Бормотин К.С. Моделирование процессов формообразования панелей крыла самолета SSJ-100 // Прикладная механика и техническая физика, 2010. - Т.51. - №4. - С.155-165.

Смольков Г.Я.[1]**, Баркин Ю.В.**[2]**, Базаржапов А.Д.**[1]**, Петрухин В.Ф.**[1]**, Щепкина В.А.**[1]

[1])Профессор, ИСЗФ СО РАН, Иркутск, smolkov@iszf.irk.ru,
[2])Профессор ГАИШ МГУ, Москва

СОЛНЕЧНО-ЗЕМНЫЕ СВЯЗИ, ОБУСЛОВЛЕННЫЕ ГРАВИТАЦИОННЫМ ВОЗДЕЙСТВИЕМ

Несмотря на большие успехи в развитии экспериментальных и теоретических исследований в области физики Солнца и наук о Земле, фундаментальная проблема «Солнечно-земные связи» до сих пор остаётся не решённой в достаточной степени. Высокая актуальность результатов исследований в этом направлении определяется необходимостью их применения или учёта при использовании многих современных технологий, особенно в прогнозировании предстоящего состояния и дальнейших изменений природной среды на Земле и в околоземном космосе. Осложняющими обстоятельствами при этом являются сложный, иерархичный характер солнечно-земных связей, взаимосвязь и взаимообусловленность их проявлений, многофакторность исходных причин их вариаций. Попытки объяснить природу солнечно-земных связей воздействием лишь одного внешнего фактора – солнечной активности (наряду с влиянием последствий «грязных технологий» при изучении вариаций климата) оказались неудачными. На успех можно рассчитывать при системном подходе, междисциплинарном объединении исследований и содействии им заинтересованных отраслей [3, 85; 4, 31; 5, 292].

Благодаря успехам глобальной геосейсмологии, спутниковой геодезии и гравиметрии, установлены внутреннее строение Земли (твёрдое и жидкое ядра, пластичная и плотная мантия, литосфера, земная кора), изменчивость её формы (вследствие смещения центров масс оболочек и Земли в целом), нестабильность её суточного вращения и др. геодинамические особенности. Несферичные эксцентричные оболочки имеют неоднородную структуру (до поверхности ядра – линзо-, пластично-, чешуйчато-, ритмично-слоистую с переслаиванием и чередованием самых различных по составу, строению и физико-механическим свойствам слоёв, [2, 595], их моменты инерции и динамические сжатия различны. Непрерывное дифференциальное гравитационное воздействие Луны, Солнца и др. планет на отдельные оболочки Земли также различно. Многие планетарные тектонические и геофизические процессы являются динамическими следствиями одного и того же механизма – относительных смещений, покачиваний и деформации ядра, мантии и др. оболочек. Этот механизм является мощным источником энергии для всех эндогенных процессов. Вследствие различий ускорения центров масс оболочек и угловых ускорений их вращательных движений между оболочками возникают мощные силовые взаимодействия более значимые по величине, чем приливные явления. Внешнее воздействие зависит от положения окружающих небесных тел. Поскольку последние меняются циклически в различных шкалах времени, взаимодействия оболочек друг с другом также происходят с циклическим набором частот, являющимся производным от базисных частот орбитальных движений небесных тел. Деформация эластичных слоёв сопровождается поглощением, а затем возвращением механической энергии поступательно вращательного движения оболочек и их относительной раскачки. Пластичные свойства слоёв оболочек приводят к поглощению механической энергии и к преобразованию её в тепловую энергии. Направленные механические воздействия нижней оболочки на верхнюю (основными взаимодействующими оболочками являются ядро и мантия) в соответствующих интервалах времени приводят к колоссальным дополнительным вариациям напряжённого состояния верхних оболочек, также упорядоченным в пространстве и времени (к тому же в различных шкалах времени). Это воздействие может передаваться на все природные процессы, которые будут обладать аналогичными свойствами цикличности, синхронности, упорядоченности и асимметрии. В этом состоит в основном суть эндогенной активности Земли и её геодинамической модели [1, 60]. Геодинамические процессы подвержены изменчивому гравитационному воздействию как внутри Солнечной системы, так и в процессе её барицентрического движения в силовом поле Галактики [6, 75].

Современные геодезические, гравиметрические и геофизические наблюдения свидетельствуют о реальности фундаментального геодинамического явления – дрейфа ядра и его вынужденных колебаний с широким спектром частот относительно вязкоупругой мантии. Благодаря высокой точности космической геодезии уверенно установлен преимущественно полярный дрейф центра масс Земли в современную эпоху к Северу. Последнее способствует большему прогреву северного полушария.

Гравитационное воздействие на Землю обуславливает:

1) эволюционные вариации - тренды усреднённых глобальных геофизических и термодинамических характеристик (с N/S- асимметрией и региональными отличиями, [4, 31; 5, 290; 7, 14291];

2) спорадические (скачкообразные) всплески на фоне трендов с сохранением нового уровня интенсивности процессов, например, в 1997-98 гг.: скачки координат и ориентации смещения центра масс Земли (подтверждённое данными по крупным сейсмическим событиям), гармоник геопотенциала и силы тяжести, скорости осевого вращения Земли, практически во всех планетарных геодинамических и геофизических процессах (вариациях полярной и экваториальных

компонент векторов кинетических моментов атмосферы, океана и др. флюидных масс в гидрогеологии, вариациях площадей ледовых покрытий в Арктике и Антарктике, изменениях глобальных температур различных слоёв атмосферы, развитии облачности, содержании водяного пара в стратосфере, циклонической активности и др. [1, 60]. Поскольку ***Ap-, aa-* и *AE-*** индексы геомагнитного поля приняли минимальные, а ***Dst-*** индекс - максимальное значение, возможными причинами этих спорадических явлений могли быть: мощные скачкообразные изменения характера солнечной активности (***CME*** с возмущением магнитосферы Земли) или поступление в пределы Солнечной системы дополнительной массы и энергии из межзвёздного пространства [сообщения Амбарцумяна 1956 г.; NASA News / NASA+1999+confirmation+ hydrogen+cloud+in+solar+system&form, 2009 / http://science1.nasa.gov/science- news/science-at-nasa/2009/23dec_voyager/].

Следовательно, наряду с геоэффективностью солнечной активности гравитационное воздействие на Землю следует признать вторым внешним исходным фактором, обуславливающим солнечно-земные связи с геофизическими, тектоническими, вулканическими и климатическими последствиями. Геодинамическая модель Земли уже позволяет объяснить природу явлений, которые раньше были непонятными и вынужденно относились к «природным аномалиям», например, глобальное потепление.

Работа выполнена при поддержке Министерства Образования и Науки РФ по ГК (Государственным Контрактам) 14.518.11.7047, Государственному соглашению № 8407.

Литература

1. Баркин Ю.В., Клиге Р.К. Гравитационные воздействия гелиокосмических факторов на эндогенную активность Земли // Современные глобальные изменения природной среды. Том 3. Факторы глобальных изменений.- М.: Научный мир, 2012. – 444 С., §16.2, С.46-62.

2. Мауленов А.М. Введение в учение о Земле XXI века с новой (научной) мирагенией алмазов. Алмааты: Өнер, 2001. 598 с.

3. Смольков Г.Я., Базаржапов А.Д., Петрухин В.Ф., Ковадло П.Г. Взаимосвязь и взаимообусловленность гелиогеофизических событий в 1966-1986 гг. // Солнечно-земная физика. Вып 18 (2011) с. 79-85.

4. Смольков Г.Я., Базаржапов А.Д., Петрухин В.Ф., Щепкина В.Л. Глобальные и региональные геомагнитные, ионосферные и климатические вариации, обусловленные нестабильностью скорости суточного вращения Земли // Тез. Докладов Всерос. конф. «Солнечная активность и природа глобальных и региональных климатических изменений» (19-22.06.2012, Иркутск), С.30-31, (статья в печати).

5. Смольков Г.Я., Баркин Ю.В. Роль и вклад гравитационного воздействия на Землю в солнечно-земные связи // Материалы международной заочной научно-практической конференции "21 век: фундаментальная наука и технологии" (15-16.08. 2013 г., Москва), сс. 289-292 (в печати).

6. Хлыстов А.И., Долгачев В.П., Доможилова Л.М. Барицентрическое движение Солнца и его следствия для Солнечной системы // Современные глобальные изменения природной среды. Т.3. Факторы глобальных изменений. М.: Научный мир, 2012а, сс.62-77.

7. Hansen, J., Mki. Sato, R. Ruedy, K. Lo, D.W. Lea, and M. Medina-Elizade, 2006: Global temperature change. Proc. Natl. Acad. Sci., **103**, 14288-14293, doi:10.1073/pnas.0606291103.

Сибирцев В.А

профессор, доктор экономических наук, Новосибирский
государственный университет экономики и управления
vsib@sibmail.ru

ПЕРВОЧАСТИЦЫ КАК ОСНОВА МИРОЗДАНИЯ

Задача этой статьи – привлечь внимание физиков к весьма необычной гипотезе, высказанной автором – доктором экономических наук - после многолетнего изучения физики элементарных частиц. Возможно излагаемую здесь гипотезу специалистам в области физики удастся изложить языком физико-математических наук, а главное – развить и углубить её. Если, конечно, в гипотезе они найдут рациональное зерно.

Изучая физику элементарных частиц, автор статьи пришел к убеждению в том, что эти частицы далеко не элементарны. Они представляют собой очень сложные комплексы по-настоящему элементарных частиц, которые нами названы **первочастицами**. В чем их сущность и каковы их свойства?

Первочастицы – это наимельчайшие, далее неделимые на структурные элементы материальные образования. Они находятся на самом тонком, нижайшем уровне материи, ничем не отличаются друг от друга, кроме размера, формы и местоположения Являясь бесконечно малыми, первочастицы - не точки, а материальные объекты конечной протяженности, которые в триллионы раз меньше кварков и других элементарных частиц. Их нельзя представлять себе, как откалиброванные шарики. Возможно, они различаются и по внутреннему составу, но, скорее всего, они бесструктурны, неделимы, несотворимы и существуют вечно.

По существу, именно первочастицы являются подлинно элементарными частицами, комбинации которых порождают любые микрообъекты. Никакими современными приборами обнаружить их не удается, ибо они проходят через них совершенно свободно.

Свое существование первочастицы обнаруживают благодаря существованию более высоких уровней структурной организации материи. По Лейбницу, обязательно должны существовать простые субстанции, потому что существуют сложные.

Первочастицы отвечают сформулированным А.Т.Ахиезером и М.П.Рекало общим свойствам материи:

1. количественности (первочастица образована, несмотря на бесконечно малый размер, конечным количеством материи);
2. пространственностью (первочастица занимает конечный, хотя и бесконечно малый, объем пространства);

3.   инерционностью (способностью сохранять состояние своего движения при отсутствии внешнего влияния);
4.   непосредственностью   взаимодействия   (первочастица взаимодействует только с другими первочастицами);

Поскольку первочастицы это   крайний   предел   деления   материи, то   далее   они   неделимы   по определению. Из этого вытекает их неизменность и вечность. Первочастицы даже в «черной дыре» и в момент ее взрыва остаются сами собой, изменяется только плотность их расположения.

Первочастица – это та бесконечно малая частица, которая в каждой точке пространства существует хотя и бесконечно малое, но не нулевое время. Бесконечное множество бесконечно малых частиц составляет все объекты Вселенной и саму бесконечную Вселенную (правда, вместе с вакуумом).

То обстоятельство, что первочастицы находятся в пространстве, еще не означает, что они порождены пространством, «сделаны» из пространства. Есть   квант пространства, заполненный первочастицей, а есть соседний квант пространства, не заполненный первочастицей. В этот второй квант пространства первочастица может переместиться, но не   может спонтанно возникнуть в нем. Если бы хоть один квант пространства мог превратиться в квант материи (первочастицу), то что бы помешало всем квантам пространства превратиться в материю?   Но тогда все кванты пространства были бы заняты квантами материи и материя превратилась бы в монолит, в котором невозможно никакое движение. Чтобы движение было возможно, кванты материи, первочастицы должны чередоваться с квантами пустого пространства, что и было изначально.

Материя, пространство и время - самостоятельные сущности, сосуществующие вечно и бесконечно. Из ничего, то есть из чистого пространства и построить можно только ничто, а структурированное ничто - это лишь плод воображения, чисто умозрительная конструкция.

Итак, самой маленькой частицей вещества, основой материи, фундаментом Вселенной являются не атомы, не элементарные частицы, в том числе и не лептоны и даже не кварки, а первочастицы.

Первочастицы существуют в вакууме. Вакуум – это среда их обитания, пространство между первочастицами, совершенное ничто, в котором находится нечто – первочастицы. Одна из характерных особенностей первочастиц состоит в том, что внутри них нет вакуума.

Вакуум и первочастицы – это самые яркие диалектические противоположности. Вакуум – полное отсутствие материи, это – ноль материи. Первочастицы – полное отсутствие вакуума. Первочастицы могут сколь угодно дробиться, но превратиться в ничто, в вакуум, не могут.

Первочастицы нейтральны по отношению одна к другой. В силу данного обстоятельства первочастица может сколь угодно далеко лететь по прямой до столкновения с ближайшей. Ее путь не искривляется даже тогда, когда она пролетает почти впритык к другим первочастицам.

Материя и пространство, первочастицы и вакуум возникли бесконечно давно и будут сосуществовать вечно.

Что может двигать первочастицы? Поскольку в пространстве и во времени существуют только две исходные сущности: первочастицы (материя) и вакуум (пространство, свободное от первочастиц), то изменять положение первочастиц в пространстве, придавать им ускорение может только вакуум. Сами, как мухи, двигаться они не могут, а других источников энергии просто нет.

Абсолютный вакуум. обладает отрицательным давлением. Как только квант вакуума затягивает в себя первочастицу, один из соседних с ним сразу же возвращает ее себе. Это повторяется непрерывно и постоянно. Втягивая в себя первочастицы, кванты вакуума как бы ведут за них постоянную борьбу, что делает вакуум вечным двигателем первочастиц. Бесконечно большой вакуум Вселенной обусловливает постоянное наличие бесконечно большой неисчерпаемой энергии.

Квант вакуума, втягивая в себя первочастицу, придает ей ускорение, и она летит дальше со скоростью, стремящейся к бесконечности, до столкновения с другой первочастицей. Чем дальше друг от друга отстоят первочастицы - в межзвездной и межгалактической среде, тем их пробег длиннее, а температура ближе к абсолютному нулю, и наоборот. Наименьшая длина пробега первочастиц обнаруживается в электронах, протонах и нейтронах.

Вакуум дает импульс первочастице, и она, не встречая сопротивления, будет двигаться по прямой с бесконечно большой скоростью и бесконечно большое расстояние. Изменить направление движения данной первочастицы может только другая первочастица в момент их столкновения. После этого обе первочастицы летят в других направлениях, но опять-таки по прямым линиям до следующего столкновения.

Последовательный ряд столкновений первочастиц порождает их волны, которые могут нести информацию с бесконечно большой скоростью, передавая её за доли секунды из одного края Вселенной в противоположный край. Эти волны можно назвать волнами Бога.

В мире хаоса по законам синергетики – науки о том, как из хаоса образуется порядок - возникают островки стабильности, Получившиеся микроэлементарные, относительно устойчивые образования из первочастиц можно назвать ансамблями. Сначала благодаря вакууму образуются простейшие ансамбли, включающие 2-3 первочастицы, затем они усложняются. Сначала образуются очень рыхлые ансамбли, затем они становятся более плотными.

Связи между первочастицами в ансамбле благодаря вакууму более «тесные», «плотные» и интенсивные, чем между первочастицами вне ансамблей. То же самое можно сказать и об ансамбле ансамблей: внутри ансамбля каждого уровня связи «прочнее», чем между ансамблями или структурами более низкого уровня.

Ансамбли, в отличие от первочастиц, видимо, могут быть обнаружены экспериментально. Сначала могут быть обнаружены ансамбли самого высокого уровня, непосредственно предшествующие простейшим элементарным частицам, а затем обнаружатся и ансамбли более глубоких уровней вплоть до первочастиц. Это произойдет на высшей ступени развития человеческого разума.

Дуплеты, триплеты и гораздо более сложные ансамбли начинают оказывать организующее воздействие на окружающие первочастицы. Абсолютно хаотичные в начале движения и колебания первочастиц ведут в конце концов к повышению уровня их организованности, к эволюционированию вдоль интегральных кривых самоорганизации в пространстве метастабильных состояний. Дуплеты, триплеты и так далее претерпевают дискретную серию нелинейных бифуркаций. Но диалектика такова, что именно в точках бифуркаций осуществляется телеономный фазовый переход к новым, можно сказать, диссипативным структурам.

Вакуум то растаскивает, то стягивает первочастицы. Так образуются и взрываются своеобразные «черные дыры» на самом глубоком уровне своего существования. Вначале внутренний вакуум (между первочастицами) стягивает их. Это можно схематично изобразить так:

(Здесь и далее точка изображает первочастицу, а палочка - вакуум). Но затем, когда первочастицы сближаются вплотную, внутренний вакуум исчезает, и картина меняется:

Внешний вакуум растаскивает их. В любом случае первочастица всегда связана с квантом вакуума. Их единство нами названо дуполем, графически который можно изобразить как —•.

Если вакуум принять за положительный знак, за плюс, то первочастица будет иметь отрицательный знак, минус. В этом состоит первооснова и первопричина положительных и отрицательных зарядов, магнитных полюсов и электричества.

Представление о флуктуации первочастиц можно дать с помощью следующей схемы:

1)   —••—, 2) •—•, 3) —••—.

Это значит, что первочастицы сначала сталкиваются, затем упруго отталкиваются и втягиваются «своим» квантом вакуума до наступления следующего столкновения и так далее.

По моим расчётам лишь одна сто миллиардная доля объёма атома заполнена ядром и электронами, а 99 999 999 999 долей – это вакуум с первочастицами и ансамблями. Значит, только одна из ста миллиардов первочастиц имеет шанс войти в состав электрона, протона, нейтрона или какой-то другой элементарной частицы.

Что такое масса и от чего она зависит? По нашему мнению масса – это количество первочастиц в кубической единице объема. Чем их больше в элементарной частице, тем больше её масса.

Масса элементарной частицы, как известно, постоянна и одинакова у всех частиц данного типа и их античастиц. Это вполне логично, поскольку каждый тип частиц состоит из строго определенных сложных ансамблей, в которых содержится строго определённое количество первочастиц..

Чтобы исследовать более глубокий уровень строения вещества, надо сломать более высокий уровень организации материи. Чтобы исследовать предкварки, надо разрушить кварки. До недавнего времени у физиков-экспериментаторов это не получалось. Но если сейчас делаются заявления о том, что бозон Хиггса открыт, то это значит, что удалось разрушить кварки и получить составляющие их бозоны Хиггса.

Бозон Хиггса, как стало известно, очень быстро распадается на два гамма-кванта, а гамма-квант в поле ядра превращается в электрон и позитрон. За счёт чего из одного бозона Хиггса образуются в конечном счёте два электрона и два позитрона?

Механизм здесь может быть таким же, как при дефекте масс, когда изначальная масса ядра меньше суммы масс его составляющих. С позиции нашей гипотезы при распаде, например, ядра гелия его масса меньше двух протонов и двух нейтронов. Откуда берется излишняя масса? По нашему мнению, осколки, образовавшиеся после распада ядра гелия, для формирования полноценных протонов и нейтронов захватывают из окружающего пространства сложные ансамбли. Именно за их счёт прирастает масса образовавшихся после распада ядра гелия (и ядер других элементов) частиц.

Итак, когда что-то теряется или возникает как бы из ничего, на самом деле оно или превращается в пока ещё ненаблюдаемые ансамбли, или присоединяется к частицам из моря окружающих ансамблей первочастиц.

Список литературы

1   Сибирцев В.А. Жизнь и разум. Раскрытые тайны Вселенной. – 2-е изд. – М.: Амрита, 2012. – 320 с.

Пикуль В.В.

д.ф.-м.н., профессор, Институт проблем морских технологий ДВО РАН

E-mail: pikulv@mail.ru

СПЕЦИФИЧЕСКИЕ ЗАКОНОМЕРНОСТИ ДЕФОРМИРОВАНИЯ ТВЕРДЫХ ТЕЛ ПРИ СЖАТИИ В ПРЕДДВЕРИИ РАЗРУШЕНИЯ

Исследования процесса потери устойчивости оболочек и анализ аномального деформирования образцов горных пород при сильном сжатии позволили выявить неизвестные науке закономерности деформирования твердых тел в преддверии их разрушения. Установлено, что в критическом состоянии твердого деформируемого тела, предшествующем его разрушению при сжатии, утрачиваются межатомные связи, которые удерживали упругие деформации, приобретенные твердым телом вследствие эффектов Пуассона и взаимного влияния угловых и линейных деформаций друг на друга. Утрата межатомных связей сопровождается высвобождением внутренней энергии, которая преобразуется в потенциальную энергию рассматриваемых упругих деформаций и расходуется на работу по их полному сокращению [1, 341-343; 2, 81-87; 3, 93-100].

Через коэффициенты Пуассона и коэффициенты взаимного влияния угловых и линейных деформаций друг на друга обеспечивается непосредственная связь между атомным строением твердого тела и его теоретическим представлением в виде сплошной среды. В механику деформируемого твердого тела эти коэффициенты вводятся с помощью уравнений состояния, а их величины определяются путем испытания реальных образцов твердого тела, имеющих атомное строение. В результате осуществляется связь между физикой и механикой деформируемого твердого тела.

В механике деформируемого твердого тела используются осредненные величины взаимодействия атомных частиц. Изменения взаимодействия атомных частиц в преддверии разрушения твердого тела при сжатии является прерогативой физики твердого тела. Вследствие эффектов Пуассона и взаимного влияния угловых и линейных деформаций друг на друга сжатие твердого тела сопровождается растяжением и сдвигом в ортогональных направлениях и на ортогональных площадках. При разрыве межатомных связей, которые удерживают упругие деформации растяжения и сдвига, последние под воздействием сил упругости вызовут дополнительное обжатие и скручивание твердого тела. Эти силы упругости вводятся в механику деформируемого твердого тела в качестве внешнего воздействующего фактора, поскольку процесс высвобождения энергии межатомных связей выходит за рамки механики сплошных сред.

На основе открытых закономерностей построена новая теория устойчивости оболочек [4, 407-517], которая впервые за столетнюю историю развития пришла в полное соответствие с результатами эксперимен-тальных исследований реальных оболочек [2, 81-87; 4, 514 - 516]. Новая теория устойчивости оболочек позволяет разрабатывать практические ме-тоды расчета оболочечных конструкций в различных отраслях техники. Эта теория использована нами при разработке методики проектирования и расчета прочного корпуса подводного аппарата [5, 92], которая нашла применение при проектировании и изготовлении глубоководных аппара-тов.

Вскрытые закономерности открывают новые перспективы и в иссле-дованиях деформирования коры земного шара. Еще сорок лет тому назад выявлено аномальное деформирование образцов горной породы при силь-ном сжатии: до некоторого порогового напряжения деформации сжатия имеют обычный характер, увеличиваясь с ростом напряжений, но затем с увеличением напряжений неожиданно начинают уменьшаться [6, 21].

На рис. 1 представлена диаграмма деформирования среднего слоя сильно сжатого образца горной породы, на которой отчетливо проявляется аномальный характер деформирования горной породы при сильном сжа-тии [6, 76].

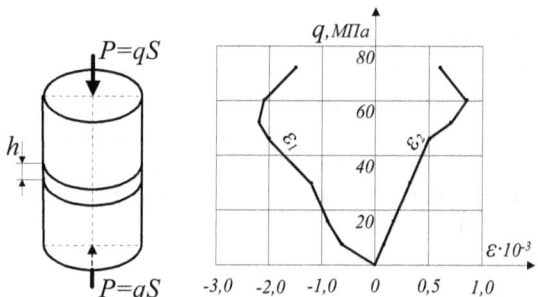

Рис. 1. Диаграмма деформирования среднего слоя h
образца горной породы [6, 76].

Здесь (рис. 1) использованы следующие обозначения: h - толщина средне-го слоя образца горной породы, в пределах которой произведено измере-ние продольных (ε_1) и поперечных (ε_2) деформаций; q - осевое давление на торцевые поверхности образца; S - площадь торцевой поверхности об-разца; P - равнодействующая осевого давления.

На основе открытых закономерностей в статье [3, 96-100] исследова-но деформирование среднего слоя образца горной породы, представленно-го на рис. 1. Установлено, что аномальное деформирование среднего слоя образца горной породы происходит вследствие анизотропии горных пород. При трансверсально-изотропной анизотропии высвобождаемая энергия межатомных связей сопоставима с потенциальной энергией среднего слоя образца горной породы, накопленного в результате его деформирования внешним давлением.

На рис. 2 представлена схема нагружения и деформирования среднего слоя образца горной породы [3, 98]. На средний слой образца после высвобождения внутренней энергии межатомных связей действуют: в объеме тела радиальные (σ_{11}) и окружные (σ_{22}) напряжения, в поперечных сечениях осевые напряжения σ_{33}.

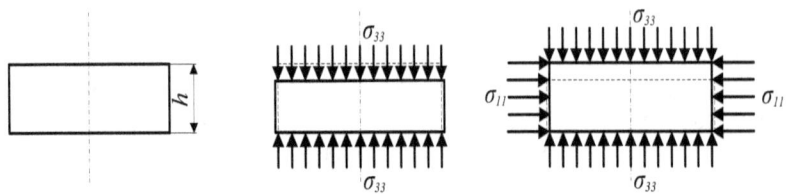

Рис. 2. Схема нагружения и деформирования среднего слоя образца гонной породы [3, 98]

При разрушении горных пород на больших глубинах необходимо учитывать высвобождаемую энергию внутренних связей. Для этого следует в математическую модель деформирования горной породы включить силы упругости, которые появляются в преддверии разрушения из-за утраты межатомных связей, удерживающих упругие деформации, приобретенные твердым телом вследствие эффектов Пуассона и взаимного влияния угловых и линейных деформаций друг на друга.

Литература

1. Пикуль В.В. К теории устойчивости оболочек // ДАН, 2007. – Т. 416, № 3. – С. 341 – 343.
2. Пикуль В.В. Устойчивость оболочек // Проблемы машиностроения и автоматизации, 2012. – № 2. – С. 81 – 87.
3. Пикуль В.В. К аномальному деформированию твердых тел // Физическая мезомеханика, 2013. – Т. 16, № 2. – С.93 – 100.
4. Пикуль В.В. Механика оболочек. – Владивосток: Дальнаука, 2009. – 536 с.
5. Пикуль В.В. Методика проектирования и расчета прочного корпуса подводного аппарата. – Владивосток: Дальнаука, 2011. – 92 с.
6. Гузев М.А., Макаров В.В. Деформирование и разрушение сильно сжатых горных пород вокруг выработок. – Владивосток: Дальнаука, 2007. – 232 с.

Зеленина Т. И.
доктор филологических наук, профессор, Удмуртский госуниверситет
Боченкова Е. В.
магистрант, Удмуртский госуниверситет

ЭРГОНИМЫ КАК ОТРАЖЕНИЕ ВЗАИМОДЕЙСТВИЯ ЛИНГВОКУЛЬТУР (на материале наименований предприятий общественного питания г. Москвы)

В последние десятилетия широко развивается сеть заведений общественного питания и, соответственно, возрастает их роль на туристической карте городов мира. В современном мире с развитой инфраструктурой и налаженной туристической сферой названия коммерческих объединений людей уже не являются редко употребляемыми словами, понятными ограниченному кругу лиц.

Названия предприятий, учреждений, обществ, объединений, союзов, деловых объектов выделяют в лингвистике в отдельную группу, называемую эргонимической лексикой, или эргонимами – искусственно созданными словами. Эргонимы современного города – это активно изменяющийся и широко используемый пласт лексики, требующий детального изучения с целью исследования его влияния на текущее состояние языков.

Материалом для исследования послужили 500 наименований кафе и ресторанов Москвы, пользующихся наибольшей популярностью среди гостей и жителей столицы, согласно данным сайта tripadvisor.com.

С каждым годом возрастает потребность в преодолении языковых и межкультурных барьеров в связи с активизацией мировых интеграционных процессов. Ученые отмечают масштабность, необратимость и очевидную интенсивность этих процессов.

Лингвистика активно участвует в процессах глобализации, затронувших всё мировое сообщество. Современное языкознание предстаёт перед нами как разветвлённая многоаспектная лингвистика, имеющая широкие связи практически со всеми областями современного знания [2, 17]. Язык, таким образом, «выступает неким концентратом культуры нации, воплощенной в различных группах данного культурно-языкового сообщества» [4, 28]. Известно, что основную культурную нагрузку несёт лексика. Всё в окружающем нас мире имеет название. Всё, что знает человек (человечество) о природе и обществе, вся «картина мира» отражается в языке. Лексическая система является наиболее открытой для внеязыковых культурных воздействий и изменений вообще, и именно на уровне лексики наиболее ярко проявляются иноязычные культурные влияния и взаимодействия [3, 189].

С незапамятных времён человек испытывает потребность в наименовании объектов окружающего мира. Во всех языках слова, обозначающие факты действительности, относятся к категории имён существительных, которые подразделяются на имена нарицательные и имена собственные. Первые называют объект путём соотнесения его с определённым классом подобных ему объектов, обладающих одинаковыми признаками. Вторые дают наименования уникальным явлениям, потому зачастую каждое имя собственное закреплено за отдельным объектом окружающей действительности [1, 41].

В исследовании эргонимов Москвы мы рассмотрим исключительно имена собственные, поскольку именно к этой группе существительных относятся названия кафе и ресторанов.

При изучении имен собственных, а именно эргонимов и словесных товарных знаков, становится возможным рассмотреть не только специфику семантической структуры и механизм их формирования, но и обнаружить лингвокультурную информацию. Так, наименования кафе и ресторанов Москвы могут многое рассказать о культурной жизни города, о современных тенденциях в ресторанном бизнесе, о предпочтениях номинаторов и потенциальных клиентов.

Проведенное нами исследование этимологии лексических единиц показало, что данный эргонимический пласт лексики широко представлен заимствованиями (45 %). Они могут быть переданы путем транслитерации (иностранное слово написано кириллицей) или латинской графикой (т. е. на языке оригинала).

Известно, что **английские** заимствования занимают лидирующие позиции во многих современных языках мира, что не могло не сказаться на общемировых тенденциях в эргонимии. Именно англоязычные лексемы являются самыми многочисленными среди наименований кафе и ресторанов Москвы (39 % всех заимствований): *Кофе-Тайм* (англ. *coffee time* «время кофе»), *Оки Доки* (англ. разг. *okie-dokie* «хорошо, ладно, согласен»), *Loving Hut* («любящая хижина»), *Seven Fridays* («семь пятниц») и др.

Примерно такое же количество слов в общей сложности приходится на три романских языка. Среди них прочную позицию занимают **итало-язычные** наименования (26%): *Бенвенуто* (benvenuto «добро пожаловать»), *Песто кафе* (pesto «песто» – популярный соус итальянской кухни на основе оливкового масла, базилика и сыра), Bocconcino («лакомый кусочек»), Il Forno («печь, духовка») и др. Среди заимствований в функции эргонимов Москвы мы выявили **французские** наименования (8 %): *Грильяж* (фр. *grillage*, букв «жаренье» – десерт из жареных орехов с сахаром), *Крепери де Пари* (*Crêperie de Paris* «Парижская блинная»), *Bistrot* («бар, закусочная»), *Bon* («хороший») и др. Встречаются также **испано-язычные** названия (6%): *Амиго Мигель* (*amigo* «друг»), *Болеро* (испанский танец), *El Asador* (*el asador* «вертел жаровня» – ресторан, где подают мясо на жаровне»)*, Muchachos* («юноши») и др.

Остальные наименования в группе заимствований приходятся на языки ближнего зарубежья (напр., грузинский, узбекский, молдавский, белорусский, украинский) и другие иностранные языки (напр., немецкий, японский, китайский, чешский). В целом, география заимствований в названиях кафе и ресторанов столицы достаточно обширна и насчитывает более 30 различных языков и диалектов. В большинстве случаев использование иностранных названий обусловлено узкой специализацией заведения, отражающей ту или иную национальную кухню. Иногда выбор иноязычного слова объясняется привлекательностью иностранных слов.

Таким образом, языковое многообразие эргонимов отражает исторические и современные контакты народов, и вместе с тем – интернационализацию эргонимической лексики столицы. Владельцы заведений общественного питания заинтересованы в привлечении клиентов и увеличении числа постоянных посетителей, поэтому так популярны иностранные наименования кафе и ресторанов. Данная тенденция отражается в языке, что ещё раз подчёркивает связь языка и культуры, о которой писали многие отечественные и зарубежные учёные-лингвокультурологи. Улицы Москвы и большинства российских городов XXI века пестрят иностранными вывесками, которые, согласно веяниям рекламной моды, привлекают большое внимание прохожих, очаровывают их загадочностью и красотой звучания и написания зачастую неясного по смыслу слова.

Литература
1. Виноградов В. С. Лексикология испанского языка: учебник. 2-е изд., испр. и доп. М.: Высш. шк., 2003.
2. Гируцкий А. А. Введение в языкознание: учеб. пособие. 2-е изд., стер. Мн.: ТетраСистемс, 2003.
3. Качала Я. Словацкий язык в межкультурных контактах // Встречи этнических культур в зеркале языка: (в сопоставительном лингвокультурном аспекте) / Науч. совет по истории мировой культуры; отв. ред. Г. П. Нещименко. М.: Наука, 2002. С. 186–201.
4. Лихачёв Д. С. Очерки по философии художественного творчества / РАН. Ин-т рус. лит. СПб.: Рус.-Балт. информ. центр БЛИЦ, 1996.

Христова Е.Ю.

аспирантка Дальневосточного федерального университета, г. Владивосток, Россия, khristova_eu@mail.ru

АНАЛИЗ МЕТОДОВ ОЦЕНКИ ФАКТОРОВ, ВЛИЯЮЩИХ НА ФУНКЦИОНИРОВАНИЕ РЫНКА

В российской практике маркетинга и менеджмента в настоящее время ведется дискуссия о роли и месте различных методик анализа среды, оценки факторов функционирования рынка. В этой полемике можно выделить несколько ключевых проблем. Прежде всего, та роль, которую играет анализ в современных российских условиях для процесса планирования и управления. Далее встает вопрос о соотношении отдельных методик в процессе планирования и управления компаний. Последняя проблема – это правильный выбор методики, которая в наибольшей степени отвечает целям и задачам менеджмента, а также правильное ее использование.

Все существующие методы оценки факторов, влияющих на функционирование рынка условно можно разделить на группы (таблица 1).

Таблица 1 – Методы оценки факторов, влияющих на функционирование рынка

Метод	Характеристика
Индексный метод	Основывается на относительных показателях. Исчисляется мо сопоставлением соизмеряемой (отчетной) величины с базисной. используя агрегатную формулу индекса и соблюдая установленную вычислительную процедуру, можно определить влияние факторов на изменением результативного показателя
Метод цепных подстановок	Используется для определения количественного влияния отдельных факторов на общий результативный показатель. Данный способ применяется в том случае, если между изучаемыми явлениями имеет место функциональная, прямая или обратно пропорциональная зависимость. Суть данного метода заключается в последовательной замене плановой (базисной) величины каждого факторного показателя на фактическую величину в отчетном периоде, все остальное при этом считается неизменным
Экспертные методы	Предполагает \экспертные оценки – количественные или порядковые оценки процессов или явление не поддающихся непосредственному измерению. Они основываются на суждениях специалистов
Интегральный метод	Применяется для измерения влияния факторов в мультипликативных, кратных и смешанных моделях. Использование этого способа позволяет получить более точные результаты расчета влияния факторов по сравнению со способами цепной подстановки и избежать неоднозначной оценки влияния факторов
Экономико-математический	Позволяют выявить взаимосвязь между исследуемыми факторами, сравнить из значения. Для этой цели применяются способы корреляционного, регрессионного, дисперсионного, компонентного и других анализов

Составлено по [12,17]

Общим недостатком методов является то, согласно предоставленным методикам факторы изменяются независимо друг от друга. На самом деле, они изменяются совместно, взаимосвязано и от этого взаимодействия получается дополнительный прирост результативного показателя. В связи с этим наиболее объективным методом является интегральный метод. Однако, существует проблема в количественном измерении различных факторов, поэтому, с нашей точки зрения для оценки влияния факторов функционирования рынка необходимо использовать экспертные методы.

Все существующие методы анализа факторов функционирования рынка разделим на методы анализа внутренней и внешней среды. Внешние, в свою очередь, разделим на микро и макроокружение (таблица 2).

Таблица 2 – Методы анализа внешней среды (макроокружение)

Метод	Группа факторов, учитываемых в методе	Особенности изложения метода
SWOT – анализ А. Хамфри, Черенков В.И., Глушаков В.Е., Петрова А.Н. Разумова С.А.	Внутренние и внешние	Представляет собой, как правило, четыре квадранта, где рассматриваются факторы внутренней и внешней среды предприятия, которые распределяются на силы, слабости, возможности и угрозы
PEST (STEP) – анализ Маркова В.Д., Кузнецова С.А., Веснин В.Р., Куприянов Н.С., Дюков И.И., Сломан Дж., Зуб А.Т.	Политико-правовые (P), экономические (E), социокультурные (S), технологические (T)	Методы PEST (STEP) являются одними из самых простых. Они используют четыре группы факторов. В группах приведен перечень факторов
PESTplus-анализ Дюков И.И.	Политические, экономические, социальные, технологические, правовые, экологические, демографические, физические, культурные	Метод анализа макросреды, который представляет собой усовершенствованный PEST-анализ путем добавления исследования дополнительной группы факторов
STEEP – анализ Фляйшер К., Бенсуссан Б.	Социальные (S), технологические (T), экономические (E), экологические (E), политические / юридические (P)	Принцип STEEP – анализа отличается от PEST (STEP) – анализа только наличием дополнительной группы факторов – экологической среды
GRID – матрица Черенков В.И.	PEST факторы и MM-маска	Предназначена для того, чтобы сфокусировать внимание исследователя на более значимых факторах. Представляет собой

		«отфильтрованный» PEST-анализ
SCAN – анализ	Данные SWOT-анализа	Связывает этапы стратегического анализа и планирования
Форма EFAS Whellen T., Hunger D	Внешние стратегически факторы (подразделяясь на угрозы и возможности)	Представляет собой формы, где указывается перечь факторов и определяется степень значимости факторов
Таблица профиля среды Глушаков В.Е.	Внешние и внутренние факторы	Представляет форму, где определяется степень важности фактора
TEMPLES – анализ Гершун А., Горский М.	Технологические (T), экономические (E), рыночной ситуации (M), политические (P), законодательные (L), экологические (E), социальные (S)	TEMPLES – анализ отличается от STEEP – анализа наличием факторов рыночной ситуации
Метод Чернышева А.В. и Лесника А.Л.	Экономические, научно-технические, государственно-политические, экологические, демографические, социально-культурные и национальные	Отличается от PEST-анализа наличием демографических, социально-культурных и национальных факторов
ETOM –анализ Гайдаенко Т.А.	Экономический, социальный и культурный, политический, технологический, конкурентный	Представляет собой матрицу, где указывается перечь факторов и определяется степень значимости факторов
QUEST-анализ Гайдаенко Т.А.	Внешние факторы	Техника быстрого сканирования внешней среды
SNW-анализ Болошин Г.А	Факторы уровня PEST-анализа	Выделенные факторы в результате PEST-анализа ранжируют по степени неопределенности

Составлено по [10; 6, с. 22-25; 14, с. 210-217; 18; 11; 3, с. 96-100; 5; 13; 16; 2]

Рассмотрим методы анализа внешней среды (микроокружение) в таблице 3.

Таблица 3 – Методы анализа внешней среды (микроокружение)

№ п/п, метод, автор	Группа факторов, учитываемых в методе	Особенности изложения метода
Анализ конкурентной ситуации Портер М., Стриклен А. Дж., Томпсон А.А., И. Дюков, Ланкин В.Е., Болошин Г.А.	Структура отрасли, барьеры на вход, конкуренты, товары-заменители, дистрибуторы, поставщики, прибыльность отрасли, ключевые факторы успеха отрасли	Изучают конкурентов по критерию занимаемой доли рынка, объему товарооборота конкурентов и т.д. позволяют оценить положение своей фирмы относительно остальных конкурентов

Стратегические группы конкурентов Маркова В.Д., Кузнецова С.А.	Товар, цена, качество	Анализируется положение конкурентов на карте стратегических групп
Комплексный анализ (проект PIMS)	Включает ряд стратегических переменных – интенсивность инвестиций, рыночную позицию, качество товаров и услуг	Стратегический анализ и моделирование обеспечивают компаниям – членам PIMS доступ к стратегическим базам, основанным на анализе опыта различных стратегических отраслей
Матрица взаимосвязей изучаемых параметров рынков внешней среды Соловьев В.С.	Номенклатура, ассортимент, транспортные схемы, конкуренты и прочие факторы	Представляет матрицу с указанием влияния одних факторов на другие

Составлено по [11, 4, 5, 9, 15, 1]

Мы рассмотрели основные методы анализа внешней среды: макро и микроокружения. Рассмотрим методы анализа факторов функционирования внутреннего рынка (таблица 4).

Таблица 4 – Методы анализа внутренней среды рынка

№ п/п, метод, автор	Группа факторов, учитываемых в методе	Особенности изложения метода
Анализ удовлетворенности/ Измерение Индекса Потребителя CSI / ACSI / EPSI / RCSI Дюков И.	Рассматриваются атрибуты товара/ услуги для оценки удовлетворенности	Рассчитывается путем опроса потребителей и оценкой ими удовлетворенности продукта по 10-балльной шкале. Представляет собой построение матрицы, а также расчета индекса потребителя
ТРиМ-анализ Лапыгин Ю.Н.	Внутренние подсистемы (кадровый персонал и т.д.)	Анализ характеристик менеджмента в организации состоит из анализа уровня стратегии, качества торговой марки, организационной структуры, имиджа, структуры затрат
ММ – маска Черенков В.И.	Товар, цена, распределение, продвижение	Применяется для создания маски, которая на основании экспертных оценок «пропустит» после PEST анализа на этап SWOT – анализа только те факторы внешней среды, которые соответствуют маркетинговой значимости
Ключевые факторы успеха (КФУ)	Общие для всех предприятий отрасли управляемые переменные, реализация которых дает возможность улучшить конкурентные позиции предприятия в отрасли	
CFS – критические факторы успеха Пер Дженстер, Дэвид Хасси	Функции, проекты, продукты, цели	Представляет собой построение «сетки влияния»

Составлено по [4, 7, 11, 56]

Литература:

1. Болошин, Г.А. Сравнительный менеджмент / Г.А. Болошин. – Ростов-на-Дону: Издательство РГУ, 2001 – интернет издание найтииииии страниии

2. Гайдаенко, Т.А. Маркетинговое управление. Полный курс МВА. Принципы управленческих решений и российская практика / Т.А. Гайдаенко. – М.: Изд-во Эксмо, 2005. – 480 с.

3. Глушаков, В.Е. Стратегический менеджмент: учебное пособие / В.Е. Глушаков. – Мн.: «Экопрспектива», 2001. – 167 с.

4. Дженстер, Пер. Анализ сильных и слабых сторон компании: определение стратегических возможностей / Пер. Дженстер, Дэвиж Хасси. – М.: Издательский дом «Вильямс», 2003. – 368 с.

5. Дюков, И.И. Стратегия развития бизнеса. Практический подход / И.И. Дюков. – СПб.: Питер, 2008. – 236 с.

6. Зуб, А.Т. Стратегический менеджмент: теория и практика: учебное пособие для вузов. – М.: Аспект Пресс, 2002. – 415 с.

7. Лапыгин, Ю.Н. Стратегический менеджмент: учебное пособие / Ю.Н. Лапыгин, Д.Ю. Лапыгин. – М.: Эксмо, 2010. – 432 с.

8. Маркетинг по нотам: практический курс на российских примерах: учебник / под. ред. Л.А. Данченок. – М.: Маркет ДС, 2006. – 758 с.

9. Маркова, В.Д. Стратегический менеджмент / В.Д. Маркова, С.А. Кузнецова. – М.: Инфра-М, 2001. – 288 с.

10. Методические основы финансового стратегического анализа / Корн А.В. // Управление корпоративными финансами. – М.: Инфра-М., 2006. – С. 324 – 351.

11. Об истории и развитии концепции и техники SWOT-анализа / Черенков В.И. // Маркетинг и маркетинговые исследования. – 2009. - № 06 (84). – С. 434 – 450.

12. Савицкая, Г.В. Анализ хозяйственной деятельности предприятия: Учебное пособие для вузов / Г.В. Савицкая. – Минск: ООО «Новое знание», 1999. – 688 с.

13. Сломан, Дж. Экономика для бизнеса: учебник / Джон Сломан, Кевин Хайнд. – М.: Эксмо, 2010. – 960 с.

14. Соловьев, Б.А. Маркетинг / Б.А. Соловьев. – М.: Инфра-М, 2006. – 383 с.

15. Томпсон, А.А. Стратегический менеджмент. Искусство разработки и реализации стратегии: учебник для вузов / А.А. Томпсон, А. Дж. Стрикленд. – М.: Банки и биржи, Юнити, 1998. – 576 с.

16. Фляйшер, К. Стратегический и конкурентный анализ. Методы и средства конкурентного анализа в бизнесе / К. Фляйшер, Б. Бенсуссан. – М.: Бином. Лабораторий знаний, 2009. – 541 с.

17. Чечевицына, Л.Н. Анализ финансово-хозяйственной деятельности: учебник / Л.Н. Чечевицына. – Ростов н/Д.: Феникс, 2009. – 379 с.

18. Whellen, T. Strategic Management and Business Policy. / Whellen T., Hunger D. – N.Y.: Addison-Wesley. Publishing Company, Inc., 1992.

УДК 338.439.222:330.322.12 (47+57)

Трушкин Е.В.
к.э.н.
Рязанова А.О.
студент 5 курса ЮРГПУ (НПИ) им. М.И. Платова

К ВОПРОСУ О ПРИВЛЕЧЕНИИ ИНОСТРАННЫХ ИНВЕСТИЦИЙ В СЕЛЬСКОЕ ХОЗЯЙСТВО РОССИИ

Интернационализация и глобализация мировых хозяйственных связей закономерно ведет к возрастанию роли иностранных инвестиций. Их привлечение в Россию является объективной необходимостью.

На сегодняшний день вроссийской бизнес-среде малоразвитой является отрасль сельского хозяйства. В условиях экономического роста, и как, вследствие, растущего спроса на натуральную продукцию вопрос привлечения иностранных инвестиций особенно актуален как никогда.

Исследовав отраслевую структуру иностранных инвестиций, можно отметить, что начиная с 2009 года поток денежных инвестиций в сельское хозяйство заметно увеличился на 201 млн.долл.США. Структура годовых притоков иностранных инвестиций приведена в таблице[3].

Распределение иностранных инвестиций в сельском хозяйстве РФ, млн.долл. США

Иностранные инвестиции	2009 г.	2010 г.	2011 г.
Сельское хозяйство, охота и лесное хозяйство	437	466	638

На наш взгляд одну из самых главных проблем функционирования сельского хозяйства – привлечение инвестиционных средств, необходимых для проведения модернизации, реконструкции и строительства новых мощностей, можно решить, с помощью бизнес-планирования.

Необходимость создания в России привлекательного инвестиционного климата уже давно ни у кого не вызывает сомнения. Основные атрибуты привлекательного инвестиционного климата также широко известны: благоприятный налоговый режим, развитое законодательство, условия для справедливой конкуренции, эффективная судебная система, минимальные административные барьеры и качественная инфраструктура для развития бизнеса. В последнее время большое внимание уделяется вопросам культуры корпоративных отношений: взаимодействия акционеров, менеджмента, персонала и общества. Однако, создавая привлекательный инвестиционный климат, необходимо понимать, что инвесторы - это довольно широкий круг субъектов рынка, имеющих различные цели, приоритеты, принципы принятия инвестиционных решений и отношение к рискам [1].

Потенциальные инвесторы нуждаются в информации для выбора наиболее оптимального и выгодного с их стороны решения о вложении средств в ту, или иную отрасль, регион. Для этого необходимо уделить большое внимание бизнес-планированию в сфере сельского хозяйства.

Ни для кого не секрет, что министерство сельского хозяйства РФ оказывает всяческую поддержку в сторону развития малых форм хозяйствования: выдаются субсидии, кредиты с пониженной процентной ставкой, гранты на развитие фермерских хозяйств и так далее [2]. Естественно, что без поддержки со стороны администрации малые предприятия просуществовали бы недолго. Но этой финансовой помощи, к сожалению, недостаточно для успешного функционирования предприятий, занимающихся сельским хозяйством.

Мы считаем, что развитие бизнес-планирования позволит не просто привлечь финансовые вложения в развитие дел начинающих предпринимателей, но и сформировать устойчивую базу функционирования и дальнейшее расширение компаний, превращая обычных индивидуальных предпринимателей в представителей и основателей крупных корпораций. Зарубежный капитал способствует ускорению экономического и технического прогресса, обновлению и модернизации производственного аппарата, расширению потенциала страны, внедрению новых форм управления бизнесом, развитию малого и среднего бизнеса, повышению уровня занятости местного населения, подготовке высококвалифицированных кадров, снятию социальной напряженности, повышению конкурентоспособности отечественного производства.

Привлечение в Россию иностранных инвестиций – это возможность выйти на качественно новый уровень роста. Вложения в проекты по развитию отраслей сельского хозяйства ведет не только к созданию новых рабочих мест, но и к повышению уровня жизни населения.

Таким образом, проблема привлечения иностранных инвестиций весьма многогранна и имеет множество аспектов, поэтому требует к себе значительного внимания.

Решение проблемы инвестиционной привлекательности России и недостатка иностранных инвестиционных ресурсов является необходимым, поскольку бездействие по данному вопросу может привести страну к еще более неблагоприятным условиям, что окажет сильное влияние на все стороны общественной жизни.

Список использованных источников
1.Аскинадзи В.М. Инвестиционное дело. Учебное пособие. – М.: ООО «Маркет ДС Корпорейшн», 2007. – 512 с.
3. http://www.don-agro.ru/
4. http://www.gks.ru/

A.P. Kuznetsov
Institute of social and economic development of territories
of the Russian academy of Sciences
e-mail: *4apk@inbox.ru*

REGIONAL ECONOMY ECOLOGIZATION:
OPPORTUNITIES AND DIRECTIONS

At the present stage of the world economy development negative effects of economic growth are in focus. One of them is the environmental pollution.

This problem is typical for Russia as well, because the structure of the country's economy has a high share of the mining industry (about 12%), as well as metallurgical and petrochemical industries (about 13%), harmfull to the environment.

The degree of contamination of the environment can be characterized by using qualitative and quantitative indicators. Qualitative indicators that shows the accumulated damage from human activities are the air pollution index (API) and a specific combinatorial Water Pollution Index (UKIZV), which reflects the quality of surface waters in the region. Quantitative indicators show the immediate scope of environmental pollution. These indicators are the volume of air emissions, discharges into surface waters and waste generation. The environmental situation in the region could also be evaluated using specific indicators provided by the ratio of emissions, discharges and waste to the results of economic activities.

The Vologda region, as the one of the industrially developed region in the Russian north-west, has an environmetal problems too. It mostly appears in the major cities - Vologda and Cherepovets.

With the increasing number of vehicles the air pollution index in Vologda has increased by 15%. In Cherepovets, the figure has falling from 12 to 9.6 points, due to changes in emissions of benzo (a) pyrene and formaldehyde, but still remains high.

The surface water pollution still remains a serious environmental problem in the region. In 2012, the 67% of the surface waters of the observation points were classified as "dirty", while in 2005 - only 5%. It's noteworthy that the change in water quality has affected rivers, that had no anthropogenic impact before.

To determine whether the problem is due to the influence of industrial activity, we turn to the analysis of quantitative indicators. For example, emissions from stationary sources in the Vologda region for the years 2000-2012 have essentially unchanged and in the year 2012 it was 473,38 tons, or about 13% of the level of the North-West Federal District. The slight decrease in 2007-2009. was due to the decline in production during the global economic crisis. The bulk of emissions (about 73%) are due to the industry of Cherepovets. As for the growth of emissions in Totemsky, Nyuksensky, Gryazovets and Sheksninsky areas, this is due to the leaks from the branches of the North European Gas Pipeline passing through their territories (Table 1).

Table 1

The volume of emissions from stationary sources in the municipalities of the Vologda region in the years 2000-2012., tonnes/year [1; стр. 103-104]

Municipality	2000	2005	2006	2007	2008	2009	2010	2011	2012	2012 to 2000,%
Vologda region	476,5	485,6	486,1	465,9	465,6	425,9	478,1	472,9	473,4	99,33
Gryazovetsky	7,9	21,31	14,14	16,33	18,68	17,60	17,21	26,8	21,85	В 2,76 раза
Nyuksensky	12,1	15,89	14,67	6,15	11,89	17,09	17,92	25,33	20,04	165,6
Totemsky	13,5	19,81	10,95	13,68	22,67	14,21	16,96	20,25	18,17	134,6
Sheksninsky	10,5	7,17	7,88	4,10	10,61	9,00	10,01	5,32	2,8	26,66

The analysis of the dynamics of emissions from stationary sources lead to the conclusion that emissions have mostly increased in sectors such as free transport and communications (147,1%) and manufacture of other non-metallic mineral products (2,8 times) during 2000-2012. At the same time, the implementation of technical measures to improve the quality of treatment of captured contaminants has allowed to reduce emissions in the wood industry by 29%.

It should be noted that in the whole region specific emissions per unit of GRP and commercial products shipped have decreased by 23% and 24% during the period, respectively. During the years 2000-2012 these indicators have declined in all industries except agriculture. The largest decrease (by 70%) have been observed in the wood industry.

As for the surface water pollution, it should be noted that the largest discharge comes from the major cities - Vologda, Cherepovets and Sokol. However, in the analyzed period in the whole region there has been a reduction of discharges to surface waters by 36% (Table 2).

Table 2

The volume of discharges into water bodies in the district of the Vologda region in 2000-2012, mln. m^3 per year [2; стр. 51]

Муниципальные образования	2000 г.	2005 г.	2006 г.	2007 г.	2008 г.	2009 г.	2010 г.	2011 г.	2012 г.	2012 г. к 2000 г., %
Вологодская область	240,6	181,2	177,6	174	170,3	148,8	149,9	156,7	154,4	64,2
г. Вологда	-	51,10	51,10	51,80	55,10	54,10	53,40	55,28	50,65	99,1*
г. Череповец	-	62,50	59,70	57,40	49,10	36,10	43,00	45,34	47,31	75,7*

Note:
* - 2012 to 2005,%

The analysis of the reduction of this indicator in the context of production also shows a reduction of discharges. The exceptions are energy (up 3%), chemical (17%) and pulp and paper industries - 45%. Due to obsolescence of fixed assets and the lack of measures for the reconstruction of treatment facilities of the municipal utilities of Vologda, Cherepovets and Sokol there has been an increase in the concentration of pollutants in the effluent for the years

2000-2012 6%, 4,5% and 21,6% respectively.

In the whole region specific discharge per unit of GRP and shipped products has decreased by 55%, which is equally caused by the growing economic performance and decrease in the volume of discharged pollutants. At the same time, most of these figures are typical for the timber industry (in 2012 — 0,49 million m^3).

Among the branches of the industrial complex in the region the largest producers of waste are enterprises of ferrous metallurgy and chemical industry. In 2012, their share of the total waste generated in the region was 57%. It should be noted that the waste has decreased in all sectors, except for metallurgy, pulp and paper industry, where the growth in the years 2000-2012 has been 14% and 32% respectively. Also, in the region the use of waste has increased by 24%. Specific indicators of waste per unit of GRP and shipped products for the years 2000-2012 decreased by 11% and 12%, respectively.

Thus the activities of the manufacturing sector have a significant negative impact on the environment in the region.

It should be taken into consideration that the high levels of pollution as a result of industrial activity have been observed in other countries in 50-70 years of the XX century. However considerable experience in reducing the negative impact on the environment has been accumulated in the last years. First of all it's the principle of the best available techniques, according to which the regulation of the negative impact on the environment should be based on the modern of technologies that having minimal impact on the ecosystem.

Russian Federation is still developing a legal framework to assess negative impacts on the environment by using the principle of best available techniques. In our opinion, a more complete implementation of this principle will help to address a significant part of environmental problems both in the regions and in the entire country.

List of references:
1. Report on the state and protection of the Vologda region environment in 2012 / Vologda Oblast Government, Department of Natural Resources and Environmental Protection of the Vologda region - Vologda, 2013. - 260 p.;
2. State of the Vologda region environment in 2012 / stat. Collection / / Vologdastat, 2013. - 74.;
3. Statistical Yearbook of the Vologda region - 2011 [electronic resource]. Mode of access: http://vologdastat.ru/bgd/egegodnik/main.htm;
4. Rumina, E.V. Analysis of influence factors of natural resources on the level of economic development of regions of Russia / E.V. Rumina, A.M. Anikina / / Problems of Forecasting, 2007. - № 5. - P.106-126;
5. Krivov V.D. Environmental aspects of sustainable development / analytical report / / Analytical Bulletin number 12 (455), 2012. - 107 p.;

Anishchenko A.N.
Institute of Socio-Economic Development of Territories of Russian
academy of sciences
**DAYRI CATTLE OF THE REGION: TO THE QUESTION OF
TECHNOLOGICAL MODERNIZATION OF THE INDUSTRY**

Problems and directions of technological modernization of animal husbandry industry of the Vologda region has long discussed at various levels of government. So slow pace of structural and technological modernization of the sub-sector, renovation basic production assets are the defining reasons for the slow development organizations in the industry as a whole.

In our view, increasing the efficiency and competitiveness of the of dairy farming is impossible without the reconstruction and modernization of farms, systems based on the latest technology and equipment.

The Vologda region is one of Russia's largest dairy farming region and among the top ten for the production of milk. So animal products in general agricultural production in the region (all farms) in 2011 was 15933,4 million rubles. (65,0%, see Table 1).

Table 1 - **Production of agricultural productsin all categories of the Vologda region, million rubles [1]**

Index	Year					2011 to 2000, %
	2000	2008	2009	2010	2011	
Total production, including	9470	19994	19242	21038	24481	growth in 2,5 times
1. Animal husbandry	4973	13056	12597	14835	15934	growth in 3,2 times
2. Plant growing	4497	6938	6646	6202	8548	190,1

The largest share of the industry is the production of milk (see Table 2), so that dairy farming is the main priority in the development of industry in the region [1; 4].

Table 2 - **Production of livestock products of the region**

Index	Year					2011 to 2010, %
	2000	2008	2009	2010	2011	
1. Population of cattle, thousands of heads,	317,0	215,3	204,5	196,7	184,9	94,0
including cows	150,4	99,9	93,6	90,9	86,6	95,0
2. The gross milk yield, thousand tons	495,0	481,5	465,9	443,0	446,6	90,0
3. The average milk yield from one cow, kg	2975	4793	4891	5491	5685	191,0

For the first time in Russia began using robots in December 2007 on a farm breeding factory «Rodina» of the Vologda region, while in the region of about 95% of the cows kept tethered.

Since 1990, the farm is implementing a set of measures dairy direction, which allows to increase the productivity of cows (milk production for 2011 in the agricultural enterprise was 14,6 thousand tons, which is 103% compared to last year, or more than 761 ton; obtained milk yield cow 8389 kg, 338 kg more than in 2010, and the number of cattle increased by 76 goals on 01.01.2012 was 5012 goals), as well as implementing a system of feeding young stock and cows feed mix, which includes silage, cake, milled barley, patoka, salt and phosphates.

The farm with the June 2004 put into operation a farm with a milking parlor "Evroparallel" (Holland), the reconstruction of a dairy farm with 200 goals in 2007 built another farm with loose housing of cows are nine new tanks made in Sweden, Germany and the Netherlands with a capacity of 50 tons of chilled milk at the same time the daily milk yield of the herd 30-31 tons [3; 4] Also in 2007, on the farm in one of the first projects in the Vologda region, but also in Russia implemented a voluntary milking system VMS cows, built and put into operation on a farm with 250 head of milking cows three robots. Using the robot did not have a negative impact on the productivity of cows: the average yield for the 6 months was 21,8 kg, at the same time maintaining the quality of milk in cows analogues – 21 kg.

At this moment of time in the agricultural organizations of the region continues to technical and technological modernization of livestock facilities. So for 2009-2012 introduced new technologies of production of milk with a loose housing of cows and milking parlors in farms Babayevsky, Griazovetsky, Vologdsky, Velikoustugsky, Cyrillovskiy, Mezhdurechensky, Ust-Cubansky, Cherepovetsky and Sheksninsky areas. Total translated into loose housing more than 12 million cows in the milking parlors (that 28 farms, 33 milking hall).

Also, as of 01.01.2013, the region has 17 automatic stations using voluntary milking system (Plemzavod «Rodina» of the Vologda district, «50th anniversary of the USSR», «Pokrovsky» of the Griazovetsky district), which served 980 cows. In the 11 agricultural organizations conducted a new construction of livestock facilities by 4,7 thousand heads (among them, «Pokrovsky», «Kalinin», Inc. «Plemzavod Zarya» Griazovetsky district, «Maysky», the farm «Rodina» of the Vologda district, «Yushkevich» of the Babayevsky district). In 2012 the reconstruction and modernization of livestock facilities conducted in 23 agricultural organizations of 15 districts. In 2013 12 calf-houses will be repaired by 3,7 thousand heads and 16 dairy farms by 4,5 thousand heads [2].

At the same time, work on improving the quality of output in the sector through the introduction of refrigeration domestic and foreign production. In the area in 2012, working 504 refrigerators, equipped and technically equipped with 124 laboratory to determine the quality and safety of raw milk. However, the development of modern technology, except the deep knowledge of the features of these technologies require significant financial costs.

So one of the mechanisms of support the industry in this direction was the implementation of long-term target program «Development of dairy farming

Vologda region in 2009-2012», whose purpose was to improve the efficiency of production of dairy farming on the basis of intensive methods of doing business, the introduction of new technologies for production of competitive productsthe provision of food security in the region [5]. In 2011 in this Program included 45 agricultural enterprises and peasant farms were allocated subsidies from the regional budget in the amount of 103,0 million rubles., including the purchase of equipment and livestock equipment – 57,1 million rubles, renovation and repair of livestock buildings – 48,9 million rubles, on the development of breeding base – 1,0 million rubles.

As a result, with the support of the regional budget program participants purchased more than 4,000 head of breeding cattle, reconstruction and modernization of the 92 livestock buildings by 21.9 thousand heads, of which seven farms with a milking parlor and loose housing of livestock (Kolhoz Plemzavod «Prigorodny», «Nefedotovsky», Plemzavod «Rodina» of the Vologda district etc.).

Thus, in dairy cattle of the Vologda region, despite the challenges, there are positive trends in the modernization of industry and government support is an effective mechanism for stabilization and growth performance of the industry. However, you must fold increase in the allocation of funds by region and state, including solutions to the problems of inefficient and unsustainable use of technological capabilities and the need to expand the coverage of the technological modernization of agricultural organizations.

Sources:
1. Agro-industry and the consumer market of the Vologda region in figures / The Department of agriculture, food supply and trade of the Vologda region. – Vologda, 2012. – 84 p.
2. Anishchenko, A.N. About development of dairy farming in the Vologda region [Text] / A.N. Anishchenko // Research Journal of International Studies. – 2013. – № 5-2. – P. 26-28.
3. Anishchenko, A.N. The modernization of dairy farms of the Vologda region based on the use of robotic systems and loose housing of livestock [Text] / A.N. Anishchenko // Collection of articles on the results of the IV International scientific-practical conference "Improving the managerial, economic, social and technological innovation capacity of enterprises, industries and the national economy. – Penza. – 2012. – P.23-26
4. Official statistics of the Territorial Department of the Federal State Statistics Service of the Vologda region [Electronic resource]. – Access: http://vologdastat.ru:8085/digital/region4/default.aspx
5. Decision of Government of the Vologda region from September 9, 2008 number 1727 on the approval of long-term target program «Development of dairy farming Vologda Region for 2009-2012» [Electronic resource]. – Access: support2011.mcx.ru/docs/vologodskaya_oblast/1727.doc

Немцева Ю.В.
к.э.н, доцент кафедры финансов,
Новосибирский государственный университет экономики и управления «НИНХ»
E-mail: nemtseva_july@mail.ru

УПРАВЛЕНИЕ ИНВЕСТИЦИОННЫМ ПОРТФЕЛЕМ СТРАХОВЩИКА: ПРОБЛЕМЫ ФОРМИРОВАНИЯ, ОЦЕНКА ЭФФЕКТИВНОСТИ

В статье рассмотрены проблемы управления инвестиционной деятельностью страховой организации. Показаны сложившиеся виды стратегических инвестиционных схем, используемые в управлении инвестиционной деятельностью страховщика. Предложена структура инвестиционного портфеля, максимизирующая доходность с целью возможного снижения тарифной ставки для обеспечения компании существенного конкурентного преимущества.

Ключевые слова: инвестиционная деятельность; структура инвестиционного портфеля; рентабельность инвестиций.

Внимание к инвестиционной деятельности страховой организации обусловлено существенным влиянием ее результатов на финансовое состояние страховщика в целом. Финансовый результат в определенной мере является отражением правильности инвестиционной политики.

Анализ статистических данных, характеризующих эффективность деятельности страховщика в посткризисный период, фиксирует снижение рентабельность бизнеса страховых организаций. При этом рентабельность собственных средств страховщика превышает показатель инфляции (6,1%), но уступает аналогичному показателю кредитных организаций (рис.1). А ключевыми факторами снижения рентабельности необходимо признать снижение инвестиционного дохода и рост доли расходов на ведение дела.

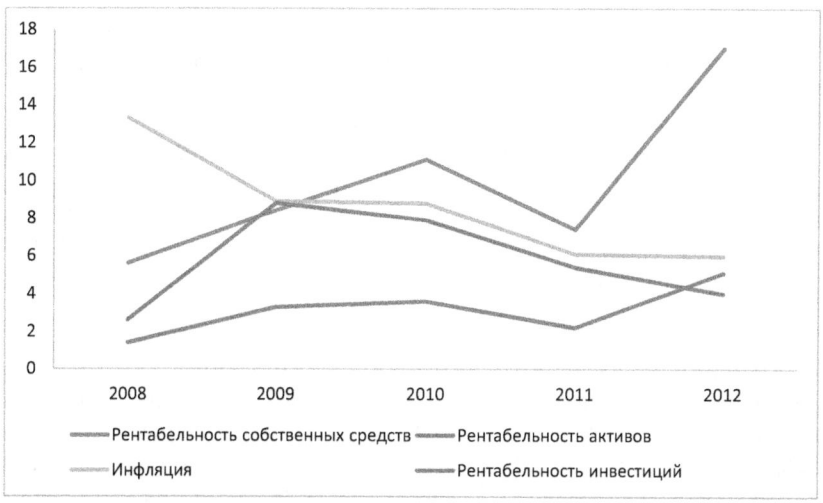

Рис. 1. Динамика годовых показателей рентабельности и показателя инфляции*

*Примечание - Построено по данным рейтингового агентства «Эксперт РА»

Негативная динамика рентабельности инвестиций фиксируется на фоне 50%-го увеличения объема страховых резервов, переданных в доверительное управление, и обеспечивших рост рынка доверительного управления в 2011 году (табл.1) [7].

Таблица 1

Объем резервов страховых организаций в доверительном управлении управляющих компаний в 2010-2011 гг

Показатель	Объем активов на 31.12.2011, млн.руб.	Объем активов на 31.12.2010, млн.руб.	Абсолютное изменение за период, млн.руб.	Относи-тельное изменение за период, %
Объем средств под управлением, млн.руб.	2 091 244	1 712 934	467 811	27
Резервы страховых компаний, млн.руб.	47 607	31 828	15 779	50

Риски роста расходов имеют под собой основание в виде увеличения стоимости перестраховочной защиты (как следствие крупных катастроф в

2010 г) и увеличение ставок страховых взносов во внебюджетные фонды до 34%. Усредненный показатель доли расходов на ведение дела российских страховых организаций составляет около 42%, почти вдвое превышая средние показатели по европейским страховым рынкам. Эксперты признают, что высокие ставки комиссии банкам (с учетом ускоренного роста банкострахования), рост штрафов Федеральной службы по финансовым рынкам, расходы на подготовку отчетности по МСФО и др.факторы обусловливают дальнейшее увеличение показателя до 46% [6]. Указанные обстоятельства крайне актуализирует проблему оптимизации подходов к управлению инвестиционной деятельностью страховщика.

Исторически сложилось, что инвестиционный доход не рассматривается в качестве основного источника прибыли страховой организации. Некоторые авторы связывают это с преобладанием государственного механизма регулирования инвестиционной деятельности над рыночным (что свидетельствует о незрелости отечественного страхового рынка) [5]. Ряд исследователей оценивают деятельность страховщиков в сфере управления инвестиционным потенциалом организации как неэффективную и настаивают на необходимости повышения качества управления активами в т.ч. методом аутсорсинга [2, 4].

Основным условием реализации инвестиционной политики страховой организации является формирование инвестиционных ресурсов как совокупности денежных средств в распоряжении компании, которые могут быть использованы для инвестирования с целью получения инвестиционного дохода. Основными источниками формирования инвестиционных ресурсов выступают собственный капитал и привлеченный капитал (преобладающий в структуре капитала страховой организации). Порядок формирования инвестиционного портфеля страховой организации представлен на рис.2. Под инвестиционным портфелем мы понимаем целенаправленно сформированную совокупность инвестиционных инструментов, предназначенную для осуществления инвестиционной деятельности в соответствии с инвестиционной стратегией страховщика.

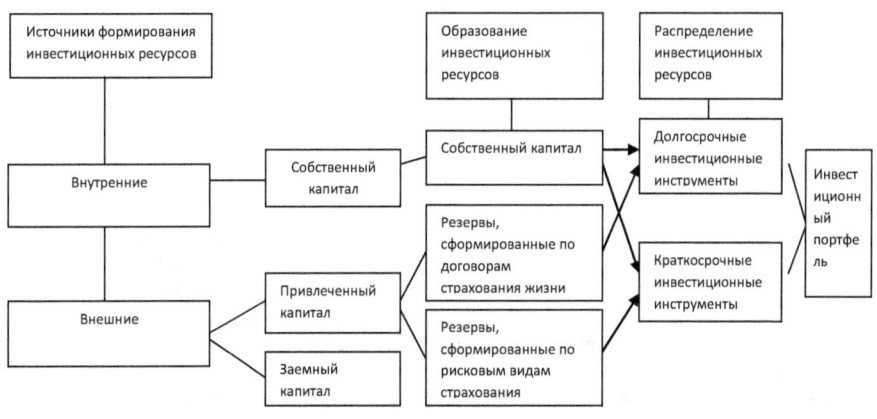

Рис.2. Модель формирования инвестиционного портфеля страховщика

Анализ показывает, что инвестирование ресурсов в рамках используемых инвестиционных стратегий не обладает высокой эффективностью, поскольку страховщику предлагаются неоптимальные условия размещения средств как с позиций доходности, так и с позиций управления финансовыми рисками. Используемые стратегические инвестиционные схемы предоставляют страховщику минимальные возможности для оптимизации инвестиционной деятельности и сводятся, в основном, к следующим (табл.2) [3].

Таблица 2

Виды стратегических инвестиционных схем в управлении инвестиционной деятельностью страховщика

Стратегическая инвестиционная схема в управлении инвестиционной деятельностью	Формы реализации на практике	Возможные угрозы для бизнеса
Слияние страховой и инвестиционной деятельности	- создание дочерних и зависимых обществ (рассматриваемых как каналы продаж страховых продуктов) и размещение в них депозитов; - получение доступа к страхованию соответствующих рисков взамен размещения в банке средств на депозитных счетах; - территориально-географическое	концентрация финансовых рисков; угроза потери финансовой устойчивости; рыночные риски, риск ликвидности

	размещение инвестиций под влиянием взаимоотношений страховщика с региональными властями	
Осуществление «вынужденных» инвестиций в рамках единой финансово-промышленной группы		лишение права выбора инвестиционных направлений; минимизация возможности оптимизации инвестиционной деятельности
Передача функций управления инвестиционными ресурсами управляющей компании	- создание собственной управляющей компании, как правило, входящей в единую финансово-промышленную группу; - передача инвестиционных ресурсов в управление нескольким управляющим компаниям	- концентрация финансовых рисков; риск потери платежеспособности и финансовой устойчивости; - перераспределение финансовых рисков между управляющими компаниями, но усиление риска аутсорсинга
Структурирование инвестиционного портфеля	- схема «70 на 30%» (размещение 70% в банковских депозитах и 30% в инструментах фондового рынка); - деление портфеля на три составляющие: для обеспечения ликвидности, для получения дохода, для сохранения покрытия страховых резервов при умеренном подходе; - осуществление высокорискованных операций на фондовом рынке в больших объемах с последующим приведением структуры активов с помощью операций РЕПО в соответствие с законодательными требованиями	- оптимальна для крупного бизнеса, т.к. обеспечивает необходимый уровень ликвидности портфеля и максимальный доход (за счет большого объема инвестиционных ресурсов) при контролируемом уровне финансового риска; - необходимость «грамотного» пропорционального деления портфеля с учетом структуры инвестиционных ресурсов страховщика и характера страхового бизнеса; - схема содержит элементы агрессивности, и хотя обеспечивает высокую рентабельность инвестиций, не является легитимной

Признавая тесную связь между инвестиционной и страховой деятельностью, «вторичность» инвестиционной деятельности по отношению к страховой, учитывая четко регламентированный характер государственного регулирования инвестиционной деятельности российских страховых организаций, мы полагаем необходимым активизировать усилия по структурированию инвестиционного портфеля с целью увеличения рентабельности инвестиций страховщика.

Результаты исследования российского рынка страховых услуг констатируют изменение структуры активов крупнейших страховых организаций РФ в сторону сокращения уровня диверсификации. В 2011 году в Тор – 40 вошло 18 страховщиков против 13 в 2010 году, доля одного актива у которых составляла более 40% от общей стоимости активов. Так, у 12-ти страховщиков доля депозитов составила от 40% до 63%; у 3-х доля денежных средств составила от 45% до 62%; у 2-х доля государственных и муниципальных ценных бумаг составила от 48% до 50%; у 1-го доля долговых ценных бумаг составила 48% (рис. 3) [8]. Очевидно, что компании продолжают отдавать предпочтение высоколиквидным активам – банковским депозитам и денежным средствам. Для компаний первой 20-ки характерен более низкий уровень диверсификации активов, чем для компаний второй 20-ки. Компании первой 20-ки лидеров предпочитают активы с высоким уровнем ликвидности (депозиты, денежные средства). Компании второй 20-ки лидеров большую часть временно свободных денежных средств размещают преимущественно в активы со средней или низкой ликвидность (государственные и муниципальные ценные бумаги, долговые ценные бумаги). Однако среди них есть и те, кто отдает предпочтение депозитам и денежным средствам.

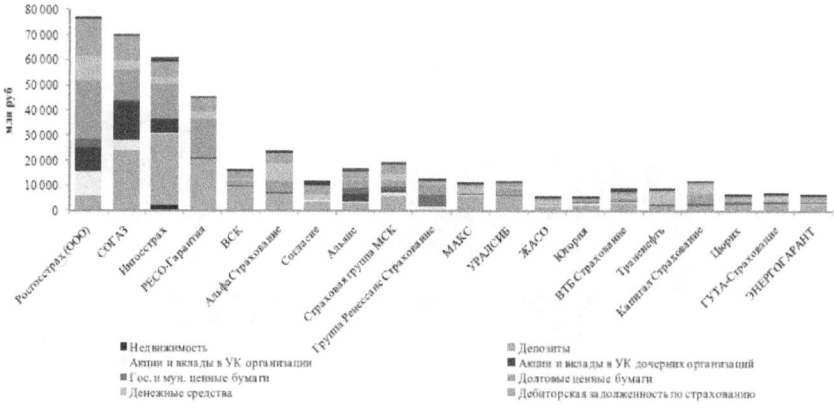

Рис.3. Структура активов первой 20-ки лидеров, 2011г

Рассмотрим динамику структурного соотношения активов одной из страховых организаций г.Новосибирска, входящих в первую 20-ку лидеров, проанализируем динамику структуры инвестиций данной компании с целью оценки эффективности ее инвестиционной деятельности.

В анализируемый период времени (2010-2012гг) суммарный прирост активов составил более 60%. Более чем в 2 раза увеличилась дебиторская задолженность страхователей и перестраховщиков, неплохой рост наблюдается в доле перестраховщиков в страховых резервах. Доля инвестиций в активах, наоборот, сокращается (рис.4, рис.5) [9].

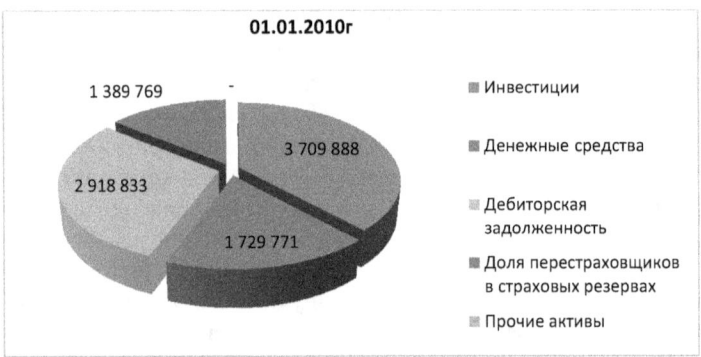

Рис. 4. Структурное соотношение активов страховой организации на 01.01.2010 года, в тыс. руб.

Рис. 5. Структурное соотношение активов страховой организации на 01.01.2012 года, в тыс. руб.

Результаты анализа структуры инвестиционного портфеля организации демонстрируют подверженность общерыночным тенденциям: существенная доля инвестиций приходится на банковские депозиты (70-80%), причём из года в год это соотношение только увеличивается (от 75% в 2010г до 83% в 2012г). А количественный размер вложений в депозиты за 3 года увеличился на 28%. Другие виды вложений демонстрируют незначительные изменения либо отрицательную динамику (рис.6, рис.7).

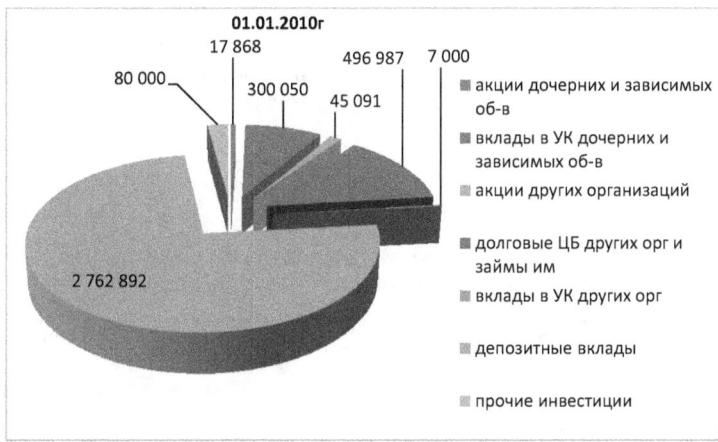

Рис. 6. Структура инвестиций страховой организации на 01.01.2010 года, в тыс. руб.

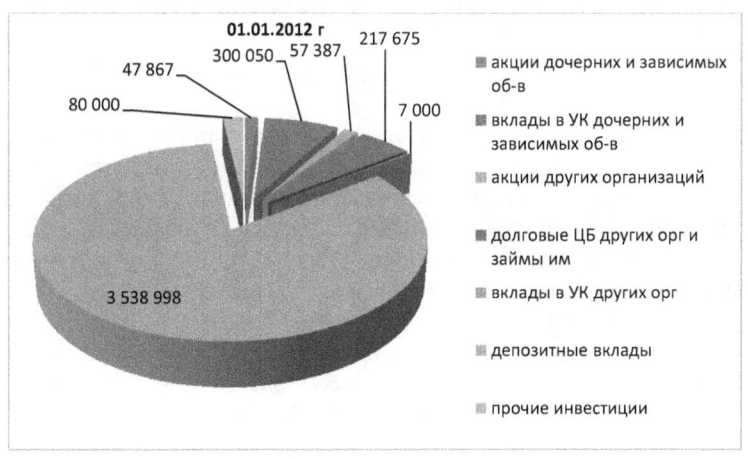

Рис. 7. Структура инвестиций страховой организации на 01.01.2012 года, в тыс. руб.

Подобное распределение сложно назвать сбалансированным, что подтверждает величина показателя эффективности инвестиционной деятельности страховой организации. Оценив значение показателя (как отношение годового дохода от инвестиционной деятельности к среднегодовому объему инвестиционных активов), констатируем, что доходность от инвестиций едва доходит до ставки рефинансирования, не превышая показателя инфляции. А вот значение показателя эффективности страховых операций (рассчитываемое отношением технического результата к страховой премии-нетто) значительно превышает нормативное (15%) (табл.3). Соотношение премий и выплат является достаточно низким и находится на уровне 50%.

Таблица 3

Значения показателей эффективности инвестиционной и страховой деятельности компании в 2010-2012гг, %

Показатель	Расчет показателя	Значение на начало 2010г	Значение на начало 2011г	Значение на начало 2012г
Показатель эффективности инвестиционной деятельности, %	Годовой доход от инвест.деятельности ___ Среднегодовой объем инвест.активов	7,27	3,77	5,55
Показатель эффективности страховых операций,%	Технический результат (выручка) Страховые премии-нетто	49,53	46,16	57,82

Очевидно, инвестиционная деятельность для данной компании носит скорее вспомогательный характер и основной доход она получает исключительно от страховой деятельности. Вместе с тем, оптимизация инвестиционного портфеля с целью повышения доходности способна спровоцировать снижение величины тарифных ставок, что обеспечит компании существенное конкурентное преимущество. Мы полагаем сбалансировать портфель путем уменьшения доли депозитов и увеличения доли акций и долговых ценных бумаг как с наивысшим кредитным рейтингом международных рейтинговых агентств (Moody's, S&P, Fitch), так и входящих в котировальный лист А1 (компании-эмитенты с высокой капитализацией, ликвидностью и надежностью) на ММВБ-РТС и предлагаем следующее распределение (рис.8).

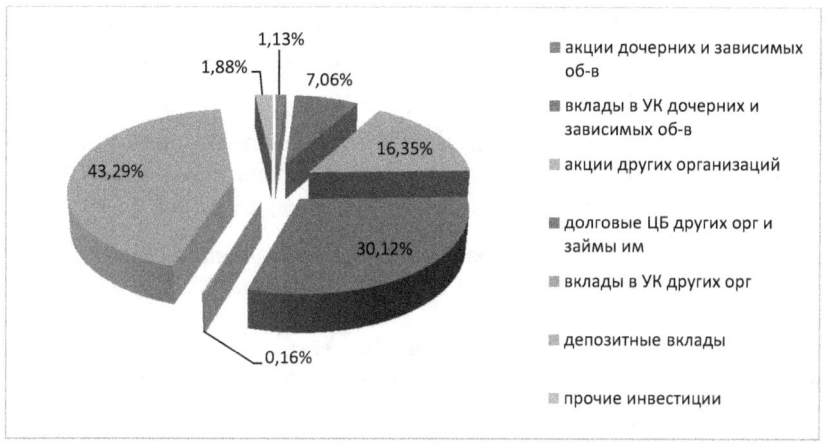

Рис. 8. Структура инвестиций страховой организации на 01.01.2013 года, %

При прочих равных, учитывая среднюю доходность указанных инструментов и среднюю ставку по депозитам в 2012г, прогнозная доходность оптимизированного портфеля превосходит фактическую почти на треть и составляет 9,04%. Портфель обладает признаками возвратности, прибыльности и ликвидности, сформирован методом диверсификации и соответствует законодательным требованиям, регламентирующим перечни активов, принимаемых в покрытие собственных средств и резервов страховых организаций (установленным Приказом Минфина России № 100н) [1].

Литература

1.Приказ Министерства финансов Российской Федерации (Минфин России) от 2 июля 2012 г. N 100н "Об утверждении Порядка размещения страховщиками средств страховых резервов". [Электронный документ] URL: http://www.rg.ru/2012/08/17/st-rezerv-dok.html

2.Березина С.В. Совершенствование формирования инвестиционной политики (на примере страховых организаций Приволжского федерального округа): автореф. дисс. … канд. экон. наук. Н. Новгород, 2005. 34 с.

3.Воронина С.А., Фролова В.В. Приоритетные направления инвестиционной деятельности российских страховых компаний // Финансы и кредит 2012.- №35. -С.52-58.

4.Павлов А.В. Повышение эффективности инвестиционной деятельности страховых компаний на рынке слияний и поглощений в сфере страхования: автореф. дисс. … канд. экон. наук. М., 2009. 32 с.

5.Файницкая Т.М. Управление инвестиционным портфелем страховой компании: автореф. дисс. … канд. экон. наук. Спб., 2002. 28 с.

6.Ключевые риски и рейтинговые действия «Эксперт РА» на страховом рынке России. [Электронный ресурс] URL: http://www.raexpert.ru/researches/insurance/ins_risks/ (дата обращения: 21.03.2013).

7.Обзор рынка доверительного управления России по итогам 2011 года. Бюллетень рейтингового агентства «Эксперт РА». [Электронный ресурс] URL: raexpert.ru/researches/ua/dov_upr_itogi_2011/pens_rinok_du/ (дата обращения: 21.03.2013).

8.Топ-40: рынок России. Общее страхование 2011. Обзор аудиторской компании «Мариллион». [Электронный ресурс] URL: www.marillion.ru/doc/article004.pdf (дата обращения: 05.04.2013).

9. http://www.soglasie.ru/

Mironov A.V.
Institute of Socio-Economic Development of Territories of Russian
academy of sciences

**INVESTMENT FUND OF INNOVATIVE DEVELOPMENT OF
FORESTS AS INSTRUMENT OF PUBLIC-PRIVATE PARTNERSHIP**

The changes in the Forest Law and, in particularly, in the adoption of the new Forest Code in 2007 predetermined a development of new economic and organizational mechanisms of interaction between entities of forest relations and authorities in the forest sector. Such a mechanism is a public-private partnership (PPP). PPP is an institutional and organizational alliance of the government and a private sector in order to implement socially significant projects in a wide range of areas of activity – from development of strategic economical sectors of to provision of services throughout a country or individual territories [1].

Depending on the nature of specific tasks to be solved within the framework of PPP, the whole variety of existing and emerging sorts of partnership can be divided into distinct forms (see Fig. 1).

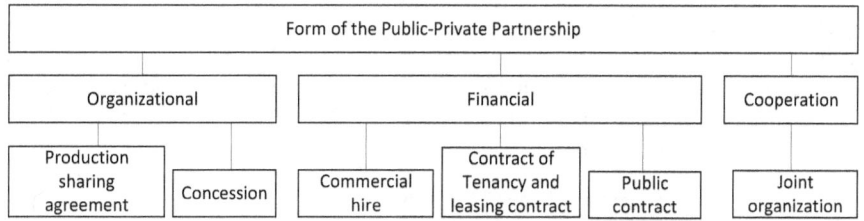

Figure 1. Form of the Public-Private Partnership

One of PPP's instruments in the forest sector can be a mechanism of accumulation of financial funds. An investment regional fund of innovative development of forests established under the Department of Forestry may become this mechanism. The Fund should be established on a statutory basis, since forests are in the use of constituent entities of the Russian Federation, while remaining state property. Moreover, not only forest users are interested in qualitative forests, but society too. The Fund is formed by deductions from proceeds of timber products of all forest stakeholders.

To establish the Fund it is necessary to create an initiative group under the auspices of the Department of Forestry, that would develop a draft bill to establish the fund of the forest investment rehabilitation on the basis of a non-profit organization and substantiate fee payments into the Fund, unified for all the entities involved in the forest sector of economy.

The amount of fee payments is determined in percent by annual averages of the Forest plan by Formula 1:

$$T = C / R*100, (1)$$

where C is average annual plan costs for reforestation, rub.
R is average annual plan revenue from timber products, rub.

The size of the Fund's budget is determined by Formula 2:

$$IFID = (Rfe*T + Rle*T + Rwe*T + Rpp*T + Irb*T) / 100, rub. (2)$$

where IFID is a fund of innovative development of the forests;
Rfe is a revenue of the forest enterprises from off-budget activities;
Rle is a revenue of the logging enterprises;
Rwe is a revenue of the woodworking enterprises;
Rpp is a revenue of the pulp and paper enterprises;
Irb is an income of the regional budget.

In order to accumulate funds the Department has to open a trust account in the Treasury and establish a Directorate of the Fund. Members of the initiative group can join the Directorate at their request. The Directorate is activity is guided by the Charter approved by the Department of Forestry, which defines the scope of the delegated functions to manage the Fund. The Department remains the owner and distributor of the Fund. The organizational chart of the Fund is presented in figure 2.

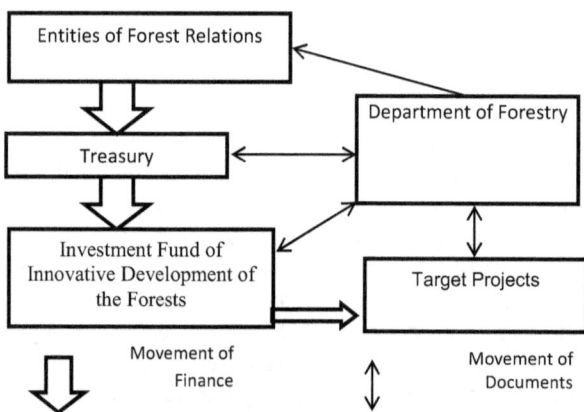

Figure 2. The organizational chart of the Fund

In the future, after activation of the forest cluster as organizational and economic mechanism of management of innovative and investment activities in the forest sector, the Department may delegate the functions of the Fund management to the Directorate cluster or to a newly created non-profit state unitary enterprise within the cluster, while remaining the owner and distributor of the Fund.

The possible increase in investment in innovative regeneration of forests through the establishment of the Fund is given in Table 1.

Table 1.

Projected revenues for the regional fund of innovative development of the forests.

Year	Average annual plan costs for reforestation, mln. rub.	Average annual plan revenue from timber products, mln. rub.				T, %	IFID, mln. rub.
		Rfe	Irb	(Rle+Rwe+Rpp)	Total		
2010	1090	430	313	12855	13598		680
2011	1218	441	347	15346	16134		807
2012	1238	453	381	17612	18446		922
2013	1295	454	416	29119	29990		1499
2014	1263	454	453	23128	24035		1202
2015	1277	454	494	25843	26791		1340
2016	1315	454	532	32152	33138		1657
2017	1317	454	562	52039	53056		2653
2010-2017	10013	3597	3497	208094	215188	5	10759

The fee payments as a percentage of revenue are defined for the period 2010-2017 by dividing the sum of costs from forestry activities and the total revenue from the sale of standing timber and products, for production of which raw wood of different degree of processing was used.

Implementation and sustainable development of the system in the forest resources as a management state property can help effectively to solve the problems of conservation, under silvicultural principles (continuity and sustainability of the forest), and at the same time to get the maximum number of economically viable products and services from each hectare of forest.

Sources:

1. Varnavskiy V.G. Public-private partnership: forms, projects, risks. / V.G. Varnavskiy. - Moscow: Nauka. - 2005. - P.34-37.

2. A.N.. Petrov Capitals pull into the thicket / / Russian business newspaper. -2011. Number 811 (29)

3. Forest plan of the Vologda region, approved by order of the Governor of 29.08.2011 № 1888-r.

Оксанич Е.А.

к.э.н., доцент кафедры теории бухгалтерского учета, Кубанского государственного аграрного университета

ПРОФЕССИОНАЛЬНОЕ СУЖДЕНИЕ В БУХГАЛТЕРСКОМ УЧЕТЕ

Изменения в учетную политику и методики оценки вносят для того, чтобы повысить сопоставимость и логичность представления данных в финансовой отчетности. При этом, Международные стандарты финансовой отчетности (МСФО) предписывают принимать во внимание качественные характеристики финансовой отчетности и применять профессиональное суждение при подготовке отчетности.

Согласно Концепции МСФО (Framework), целью подготовки финансовой отчетности является удовлетворение потребности в информации о компании со стороны широкого круга пользователей. Пользователи финансовой отчетности могут на основании данных отчетности принимать как политические, так и экономические решения. Разные компании могут иметь разный круг пользователей финансовой отчетности. При этом компании должны понимать информационные потребности своих пользователей. Выбирая учетную политику или методику оценки для подготовки финансовой отчетности, руководство компании должно определить, какая информация лучше подойдет пользователям для принятия решений. Вопрос состоит в том, как выбирать учетную политику согласно МСФО, и что делать, если методика оценки оказалась некорректной.

При выборе или изменении учетной политики, а также при изменении оценок или корректировке ошибок предприятия должны следовать требованиям МСФО (IAS) 8 «Учетная политика, изменения в бухгалтерских оценках и ошибки». Согласно МСФО учетная политика должна быть выбрана для каждой существенной статьи. При этом считается, что пользователи финансовой отчетности обладают достаточной бухгалтерской грамотностью и готовы приложить достаточно усилий для того, чтобы изучить финансовую отчетность.

МСФО (IAS) 1 «Представление финансовой отчетности» требует, чтобы предприятия, финансовая отчетность которых соответствует МСФО делали четкое и безоговорочное заявление о таком соответствии в примечаниях к финансовой отчетности. Предприятие не может компенсировать ненадлежащую учетную политику ни раскрытием применяемой учетной политики, ни примечаниями или иными пояснительными материалами. В исключительно редких случаях, когда руководство приходит к выводу, что соблюдение какого- либо требования МСФО может до такой степени вводить в заблуждение, что возникнет противоречие с целью финансовой отчетности, изложенной в Концепции, предприятие должно отказаться от выполнения такого требования. При этом предприятие детально раскрывает характер, причины и влияние такого отступления.

Согласно МСФО (IAS) 8 «Учетная политика, изменения в бухгалтерских оценках и ошибки» неприемлемо допускать несущественные отклонения от МСФО или оставлять такие отступления неисправленными в целях представления финансового положения, финансовых результатов или движения денежных средств предприятия определенным образом. К примеру, при оценке машин и оборудования по модели переоценки согласно МСФО (IAS) 16 «Основные средства», величина переоценки может оказаться несущественной. Предприятие допустим такую переоценку не провело, а потом при проверке отчетности может выясниться, что недоначисленная амортизация привела к формированию не прибыли, а убытка за период.

Если в МСФО нет четких требований в отношении учета операции, то руководство должно применять профессиональное суждение при разработке и выборе учетной политики. Применяемая учетная политика должно соответствовать потребностям пользователей отчетности.

Руководство может также рассматривать самые последние нормативные документы других устанавливающих стандарты органов, которые используют схожую концепцию для разработки стандартов бухгалтерского учета. Предприятие должно выбрать и применять учетную политику последовательно для аналогичных операций. Если какой-либо МСФО требует или допускает деление статьи по категориям, то для каждой такой категории следует выбрать соответствующую учетную политику и применять ее последовательно. Предприятие должно вносить изменения в учетную политику, только если такое изменение требуется каким-либо МСФО или приведет к тому, что финансовая отчетность будет предоставлять надежную и более уместную финансовую информацию. Значительные изменения учетной политики вне специальных требований МСФО должны быть редки. В МСФО прописана учетная политика для большинства стандартных операций, с которыми может сталкиваться предприятие. Поэтому у предприятия не так много возможностей выбирать учетную политику, которая будет противоречить требованиям МСФО.

МСФО (IAS) 8 «Учетная политика, изменения в бухгалтерских оценках и ошибки» устанавливает, что применение учетной политики в отношении операций, обстоятельства которых изменились, или в отношении новых операций, а также операций которые ранее были несущественными, не является изменением учетной политики, а значит такие изменении должны учитываться перспективно (без корректировки прошлых периодов).

Когда предприятие меняет учетную политику при первоначальном применении МСФО, которые не предписывают специфических переходных положений, применяемых к такому изменению, или добровольно меняет учетную политику, оно должно применять изменение ретроспективно. Многие новые или переработанные стандарты содержат переходные положения, которые позволяют не использовать полный ретроспективный подход. Иногда сложно достичь сопоставимости прошлых периодов с отчетным периодом, к примеру, когда не была собрана необходимая информация в отношении прошлых периодов, необходимая для ретроспективного применения. Пересчет сравнительных данных за предыдущие периоды часто требует сложной и детальной оценки. Однако это не мешает проводить надежные корректировки.

Если оценка проводится в отношении прошлых периодов, то во внимание должны приниматься обстоятельства, которые существовали в то прошлое время. Определить эти обстоятельства по прошествии времени становится очень сложно. Оценки могут быть искажены знаниями о событиях и обстоятельствах, которые возникли или стали известны позднее.

Так согласно МСФО (IAS) 8 «Учетная политика, изменения в бухгалтерских оценках и ошибки» появившаяся позднее информация о прошлых событиях не должна использоваться при применении новой учетной политики к предыдущему периоду или корректировки суммы предыдущего периода для определения допущений о намерениях руководства в предыдущем периоде, или для оценочных расчетов признанных, оцененных или раскрытых в предыдущем периоде сумм. Если практически невозможно определить эффект изменения учетной политики на информацию, представленную в сопоставимых периодах, то предприятие должно применять новую учетную политику к балансовой стоимости активов или обязательств на начало самого раннего периода, для которого ретроспективное применение практически осуществимо. Этот период может являться и текущим, однако предприятие должно попытаться применить учетную политику с ранней из возможных дат.

В результате неопределенностей, свойственных хозяйственной деятельности, многие статьи финансовой отчетности не могут быть оценены точно, а могут быть лишь рассчитаны приблизительно. Использование обоснованных расчетных оценок является важной частью подготовки финансовой отчетности и не снижает степени ее надежности.

Расчетная оценка предполагает суждения, основывающиеся на самой свежей, доступной и надежной информации. Оценка применяется для определения срока полезной службы основных средств, величины суммы резерва, справедливой стоимости финансовых активов и обязательств. Оценкой также являются и актуарные расчеты для определения величины пенсионных обязательств по планам с установленными выплатами.

Тобиен М.А.,
ассистент кафедры «Экономика и управление инвестициями и инновациями», Владимирский государственный университет имени А.Г. и Н.Г.Столетовых, kalinina_m5a@mail.ru
Тобиен А.О.,
аспирант кафедры «Экономика и управление инвестициями и инновациями», Владимирский государственный университет имени А.Г. и Н.Г.Столетовых, alexlike@mail.ru

МЕТОДИКА ОЦЕНКИ ЧЕЛОВЕЧЕСКОГО КАПИТАЛА РЕГИОНА

Необходимым условием модернизации российской экономики является повышение результативности инновационной деятельности, которая определяется способностями экономических субъектов к использованию и генерации новых знаний, полученными интеллектуальными результатами, приобретенными продуктивными отношениями с внешней средой. Другими словами, именно уровень человеческого развития определяет степень развития страны.
Оценка человеческого капитала (далее ЧК) является важнейшим инструментом эффективного управления его качеством в интересах инновационного развития региона и обеспечивает обратную связь в человеко-ориентированном управлении инновационной деятельностью. В связи с этим разработка методологии комплексной оценки ЧК является актуальной задачей, имеющей научное и практическое значение.

Развитие методологии и совершенствование практики оценки ЧК на региональном уровне позволит создать научно-методическую основу разработки и мониторинга программ, направленных на повышение качества функционирования человеческого капитала в региональной инновационной системе и стимулирование инновационной активности среднего и малого бизнеса. Как отмечают исследователи, о концепции ЧК уже много сказано и написано, но крайне мало сделано для его эмпирического измерения.

Авторами статьи была разработана комплексная методика оценки ЧК региона, в которой предлагается рассматривать ЧК с трех позиций:

1. Обеспеченность ЧК.
2. Качество ЧК, включающее оценку таких показателей как качество жизни, капитал здоровья, капитал знаний, кадры науки, предпринимательский потенциал, информационная грамотность населения и преступность.
3. Эффективность использования ЧК.

По данной методике мы оценили ЧК регионов ЦФО.

В таблицах 1-3 приведен пример расчета ЧК для Владимирской области как типичному представителю ЦФО.

Таблица 1

Оценка блока «Обеспеченность ЧК»

Наименование показателя	Значение по Владимирской области	Макс. Знач.	Мин. знач.	Итоговое знач., $F_{норм}$
Среднегодовая численность занятых в экономике, чел.	704,2	6479,6	34,2	0,10
Доля городского населения, %	77,6	100	28	0,69
Коэффициент естественного прироста на 1000 чел. населения	-6,2	21,8	-8,9	0,09
Коэффициент миграционного прироста на 10000 человек населения	-2	160	-125	0,43
Коэффициент демографической нагрузки	696	747	492	0,20
Итого по блоку I:				$I_{кач.} = 0,30$

Источник: [4]

Таблица 2

Оценка блока «Качество ЧК»

	Значение по Владимирской области	Макс. Знач.	Мин. знач.	$F_{норм}$
А) Качество жизни				
Уровень безработицы, %	5,8	48,8	1,4	0,91
Доля населения с доходами ниже прожиточного минимума, %	18	38	7	0,65
Уровень износа коммунальной инфраструктуры, %	53	83	28	0,55
Удовлетворенность населения, рейтинговый балл	28,8	96,6	5	0,26
Итого:				*0,59*
Б) Капитал здоровья				
Заболеваемость на 1000 человек населения	931,4	1246,8	405,8	0,38
Численность населения на одного врача, чел.	287,7	372,7	114,7	0,67
Ожидаемая продолжительность жизни при рождении, лет	68	76	61	0,47
Итого:				*0,50*
В) Капитал знаний				
Численность студентов образовательных учреждений высшего профессионального	345	886	13	0,38

образования на 10000 чел. населения, чел.				
Доля населения с высшим образованием в общей численности населения 1000 чел. населения, %	19	41	15	0,15
Численность пользователей библиотек, тыс. чел.	566	3346	44	0,16
Итого:				*0,23*
Г) Кадры науки				
Выпускники аспирантуры и докторантуры, чел.	191	10288	0	0,02
Удельный вес персонала, занятого исследованиями и разработками, к общей численности занятых в экономике региона, %	0,73	3,67	0,03	0,19
Итого:				*0,11*
Д) Предпринимательский потенциал				
Уровень предпринимательского потенциала	55,00	79,00	1,00	0,69
Потенциально предприимчивое население (склонность к предпринимательству), %	8	20	2	0,33
Доля экономически активного населения, занятого в малом и среднем бизнесе	31,4	37,2	7,2	0,81
Итого:				*0,61*
Е) Информационная грамотность населения				
Число персональных компьютеров на 100 работников (шт.)	36	66	25	0,27
Число ПК, используемых в учеб. целях в высших уч. заведениях на 1000 обучающихся	224	974	50	0,19
Пользуются интернетом, %	32,7	72,9	7,8	0,38
Число пользователей, тыс. чел.	471,5	8421,4	15,2	0,05
Пользуются ПК, %	44,8	75,7	15	0,49
Среднее количество ПК на 1 семью, шт.	0,5	1,13	0,25	0,28
Итого:				*0,28*
Ж) Преступность				
Зарегистрировано преступлений	21753	180240	839	0,88
Зарегистрировано экономических преступлений	1658	9485	64	0,83
Итого:				*0,86*
Итого по блоку II:				$I_{обеспеч.}$ **=0,45**

Источник: [1;2;4;5;6]

Таблица 3

Оценка блока «Эффективность использования ЧК»

Наименование показателя	Значение по Владимирской области	Макс. Знач.	Мин. знач.	$F_{норм}$
Количество выданных патентов, шт.	216	10488	0,00	0,02
Число созданных передовых производственных технологий, шт.	9,00	190,00	0,00	0,05
Распределение публикаций по регионам (число зарегистрированных в e-library статей)	86	17262	1	0,005
Объем инновационных товаров, работ, услуг, млн. руб.	17030	270282	0	0,063
Объем поступлений от экспорта технологий в расчете на 1000 руб. ВРП	8239,40	270149,10	0,00	0,030
Итого по блоку III:				$I_{эф.\ исп.}=$ **0,03**

Источник: [3;4]

Итоговое значение по каждому параметру рассчитывались по формуле линейного масштабирования. Тем самым мы нормировали все показатели к диапазону [0;1].

$F_{норм} = (F_i - F_{min})/(F_{max} - F_{min})$, где

F_i - значение выбранного показателя в i-ом регионе;

$F_{норм}$ - нормированное значение показателя в i-ом регионе;

F_{min} - минимальное значение показателя среди всех регионов;

F_{max} - максимальное значение показателя среди всех регионов.

Итоговое значение по каждому из частных потенциалов рассчитывалось как среднее арифметическое из его составляющих.

Общая формула расчета ЧК региона имеет вид:

ЧК$_{рег.}$= (I$_{кач.}$ +I$_{обеспеч.}$+ I$_{эф.\ исп.}$)/3

Шкала оценки ЧК региона:

[0,0-0,2) –очень низкий человеческий потенциал;

[0,2-0,4) –низкий человеческий потенциал;

[0,4-0,6) –средний человеческий потенциал;

[0,6-0,8) –высокий человеческий потенциал;

[0,8-1,0] –очень высокий человеческий потенциал.

ЧК$_{Влад.обл.}$ =0,26

Такое низкое значение Владимирская область получила, в первую очередь, засчет блока «Эффективность использования ЧК». Однако, по блоку «Качество ЧК» область показала хороший результат- 0,45. Таким образом, у региона есть все шансы занять более высокие позиции засчет грамотной реализации имеющегося человеческого потенциала. Региональные власти должны уделять этому вопросу большое внимание и понимать, что высокий уровень жизни населения - залог успешного инновационного развития региона.

Также по итогам исследования был составлен рейтинг регионов ЦФО по уровню развития ЧК:

1-г. Москва, 2- Московская область, 3-Калужская область,4- Белгородская область, 5-Воронежская область, 6-Тульская область, 7-Ярославская область,8-Владимирская область, 9- Липецкая область, 10-Ивановская область, 11-Костромская область,12-Рязанская область, 13-Курская область,14- Смоленская область, 15-Тверская область, 16-Орловская область, 17- Брянская область, 18-Тамбовская область.

Таким образом, повышение показателя качество жизни населения – главный критерий социально-экономического прогресса. И главные причины торможения научно-технической и инновационной деятельности в России — низкое качество ЧК и неблагоприятная, угнетающая среда для инновационной деятельности.

Поэтому особую актуальность на современном этапе приобретают вопросы повышения качества жизни населения, т. е. благосостояния, которое является не только результатом, но и абсолютно необходимой предпосылкой экономического роста.

Литература:

1. Генеральная прокуратура Российской Федерации. Портал правовой статистики. [Электронный ресурс]. Режим доступа: http://crimestat.ru/offenses_table
2. Индикаторы науки: 2012: стат. сб. – М.: Национальный исследовательский университет «Высшая школа экономики», 2012. – 392 с.
3. Научная электронная библиотека. [Электронный ресурс]. Режим доступа: http://elibrary.ru/projects/nano/nano_regions.asp?
4. Регионы России. Социально-экономические показатели. 2012. Стат.сб./ Росстат. – М. 2012. -990 с.
5. Рейтинг «Склонность россиян к предпринимательской деятельности». [Электронный ресурс]. Режим доступа:

http://ikaluga.com/news/2012/06/01/kaluzhskaya-oblast-v-pyaterka-samyh-predpriimchivyh

6. Рейтинг регионов по доле пользователей сети Интернет. [Электронный ресурс]. Режим доступа: http://ria.ru/research_rating/20110928/445112931.html

Рыбянцева М. С.
к.э.н., доцент кафедры ФГБОУ ВПО «Кубанский ГАУ»
Сигидова Н. Ю.
ассистент кафедры теории бухгалтерского учета ФГБОУ ВПО
«Кубанский ГАУ»

СИСТЕМНЫЙ ПОДХОД К КЛАССИФИКАЦИИ АМОРТИЗАЦИИ КАК КОМПЛЕКСНОЙ ЭКОНОМИЧЕСКОЙ КАТЕГОРИИ

Амортизация является одной из наиболее дискуссионных экономических категорий. Несмотря на это, отечественные нормативные документы не содержат определения ее сущности, что приводит к множественности трактовок. Этому способствует и комплексный характер данной категории, некая полярность: это и элемент себестоимости, и источник воспроизводства основных фондов.

В данной статье предпринята попытка структурировать существующие подходы к классификации амортизации, а также выделить несколько дополнительных оснований. Таким образом, могут быть выделены следующие основания классификации:

1 По связи категорий «амортизация» и «износ».

Во многих учебных пособиях постсоветского периода, а также в ряде учебных пособий по экономическому анализу амортизация и износ рассматриваются как синонимы. На наш взгляд, существует несколько причин, препятствующих подобному подходу:

– несовпадение по времени объективных процессов изнашивания и амортизационных отчислений (начисление ускоренной амортизации не означает ускорение процессов физического износа);

– действие принципа соответствия доходов и затрат (например, объект на консервации, но неизбежно изнашивается, хотя амортизация не начисляется).

Износ (физический и моральный) – принадлежит полю объективной реальности, амортизация – стоимостное понятие, результат субъективных учетных абстракций.

2 По моделям (статика и динамика).

Первоначально, в рамках немецкой школы бухгалтерского учета развивались две базовые балансовые теории:

– статическая (подробное отражение стоимости чистого имущества – собственного капитала организации);

– динамическая (измерение эффективности деятельности организации, определение показателя рентабельности и прогнозирование перспектив развития бизнеса) [6].

Для статической теории амортизация – обесценение ценности во времени, для динамической – способ учетной политики, позволяющий регулировать финансовый результат [1].

Существует несколько иной взгляд на сущностное наполнение статической и динамической теорий применительно к амортизации.

По мнению Луговского Д. В., при рассмотрении положений статической и динамической концепций следует оперировать такими понятиями, как «амортизация» и «обесценение».

Обесценение – элемент статической концепции, его задача – показать степень утраты стоимости актива, что необходимо для оценки финансового состояния организации. Амортизация – часть динамической концепции, ее суть – отразить процесс распределения (переноса) стоимости актива на себестоимость готовой продукции, что связано с исчислением финансового результата [4, 17].

3 По уровням (макроэкономика, микроэкономика).

Амортизация начисляется в рамках экономического субъекта (микроэкономика), но путем обобщения данных отдельных организаций становится показателем макроуровня.

Амортизация входит в ряд важнейших показателей оценки состояния основных средств, поэтому обобщение данных отчетности отдельных организаций позволяет сделать вывод о степени изношенности основных фондов в различных макроэкономических аспектах, что облегчает управленческие решения соответствующего уровня.

4 По сферам:

а) фискальная – используемая в налоговом учете, при исчислении налоговой базы в соответствии с Налоговым кодексом РФ;

б) финансовая – применяемая в финансовых расчетах (в том числе и в сфере управленческого учета);

в) учетная – используемая в области бухгалтерского финансового учета.

5 По фазам (амортизация, себестоимость, выручка (общее условие – прибыльность деятельности), денежные средства, фонд реновации).

6 По экономическому субъекту:

– для коммерческих организаций – амортизация;

– для некоммерческих – износ.

7 По характеру воспроизводственного процесса:

7а: простое и расширенное;

В экономической литературе выделяется два вида воспроизводства основных средств: простое и расширенное.

В условиях динамичного внедрения достижений научно-технического прогресса, развития экономики, а также инфляционной составляющей, простое воспроизводство в его классическом понимании невозможно. По сути, в современных экономических условиях, говоря о воспроизводстве основных средств, неизбежно следует иметь в виду расширенное воспроизводство (как по стоимости, так и по технологическим характеристикам). Хотя, конечно, если игнорировать стоимостной критерий и ориентироваться на примерно одинаковый уровень технических характеристик у старого и нового объектов основных средств, то, с определенной долей условности, применение термина «простое воспроизводство» достаточно корректно.

7б с привлечением платных источников или за счет средств амортизации и нераспределенной прибыли.

8 По объектам (основных средств, нематериальных активов, природных ресурсов (как истощение)).

9 По горизонту планирования (тактический учет – нацеленный на ближайшие горизонты планирования, стратегический учет).

Стратегический учет амортизации основных средств – единая учетно-аналитическая система, базирующаяся на функциях финансового, налогового и управленческого учета, обеспечивающая менеджеров информацией для принятия стратегических решений в процессе формирования и использования амортизационных отчислений [7, 19].

10 По концепциям амортизации.

В экономической литературе приводятся различные концепции амортизации. В работе Кутера М. И. приведены следующие концепции: юридическая, экономическая, финансовая, фискально-финансовая [3].

В работе Веретенниковой О. Б. и Бикметовой З. М. приводится иная классификация концепций амортизации: экономическая, финансовая, налоговая и инвестиционная (как результат синтеза финансовой и налоговой концепций) [2, 42].

11 По равномерности:
– линейная – начисляемая в соответствии с линейной зависимостью;
– ускоренная – начисляемая по увеличенной норме [5, 12].

12 По отношению к объему производству: переменные затраты и постоянные затраты на амортизацию.

13 По степени дискретности:
– непрерывная – амортизация, начисляемая с момента поступления объекта в организацию до его выбытия (ликвидации);
– дискретная – амортизация, в начислении которой были промежутки (например, обусловленные переводом на консервацию).

14 По возможности формирования амортизационного фонда:
– начисленная – амортизация, отраженная по кредиту счета 02 «Амортизация основных средств» за отчетный период;
– фактическая – амортизация, преобразованная в денежные средства в связи с получением выручки от покупателей в денежной форме.

Начисленная амортизация всегда превышает фактическую по причине наличия незавершенного производства и остатков непроданной продукции.

Таким образом, выделенные классификации амортизации позволяют рассмотреть данную категорию с различных точек зрения, что позволит сформировать комплексный подход к ее рассмотрению в различных учетных системах.

Литература

1 Балансоведение: учеб. пособие / Ю. И. Сигидов, М. С. Рыбянцева, Г. Н. Ясменко, Е. А. Оксанич, О. М. Игнатова; под ред. Ю. И. Сигидова. – М.: Рид Групп, 2011. – 352 с.

2 Веретенникова О. Б. Амортизационные отчисления как форма собственных источников финансирования инвестиций / О. Б. Веретенникова, З. М. Бикметова // Известия УрГЭУ. – 2011. – № 6(38). – С. 41-44.

3 Кутер М. И. Влияние амортизационных процессов на формирование структуры и величины собственного капитала / М. И. Кутер //Государство и регионы. – 2012. – № 1(2).– С. 35-40.

4 Луговской Д. В. Амортизация и обесценение: проблемы учета в условиях статико-динамической учетной практики / Д. В. Луговской // Все для бухгалтера. – 2009. – № 9 (237). – С. 11-18.

5 Медведев М. Ю. Бухгалтерский словарь / М. Ю. Медведев. – М.: ТК Велби, изд-во проспект, 2008. – 496 с.

6 Сигидов Ю. И., Рыбянцева М. С. История бухгалтерского учета: Учеб. пособие. – М.: ИНФРА-М, 2013. – 160 с.

7 Чиркова М. Б. Концепции развития учета амортизации основного капитала / М. Б. Чиркова, И. В. Фецкович, С. И. Хорошков // Вестник Мичуринского государственного аграрного университета. – 2012. – № 1-2. – С. 17-20.

Холодов П.П.
кандидат экономических наук, доцент, доцент кафедры бухгалтерского учета, анализа и аудита ФГБОУ Кемеровский технологический институт перерабатывающей промышленности
Габдрахманов М.М.
кандидат экономических наук, старший преподаватель кафедры экономики и менеджмента Томского сельскохозяйственного института – филиала ФГБОУ ВПО Новосибирский государственный аграрный университет
Афанасьева И.В.
Место работы: лаборант кафедры финансов и статистики ФГБОУ ВПО Новосибирский государственный аграрный университет
Shelkovnikov1@rambler.ru

ОЦЕНКА ЭКОНОМИЧЕСКОЙ ЭФФЕКТИВНОСТИ ПРОИЗВОДСТВА В СЕЛЬСКОХОЗЯЙСТВЕННЫХ ОРГАНИЗАЦИЯХ

Экономическая эффективность затрагивает проблему «затраты – выпуск», поскольку должна быть положительная связь между количеством единиц ограниченных ресурсов, которые применяются в аграрном производстве, и получаемым в результате количеством сельхозпродукции. Следовательно, большее количество продукции, получаемой от данного объёма затрат, означает повышение эффективности и наоборот.

К.П. Оболенский [1,25], И.Н. Буздалов [2,105], показатели экономической эффективности совмещали с динамикой абсолютных показателей роста или сокращения производства продукции.

По мнению В.В. Новожилова, «Все применяемые показатели эффективности отличаются неполнотой. В них недостаточно учитываются либо затраты, либо эффект, или же недостаточно учитывается и то и другое» [3,142].

Существующие концепции учёных и практиков ориентированы на применение при проведении анализа экономической эффективности сельскохозяйственного производства системы натуральных и стоимостных показателей с расчетом отношения стоимости валовой продукции, валового или чистого дохода к затратам живого и овеществлённого труда.

При этом достоинством использования дохода при исчислении показателей эффективности считается то, что он позволяет устранить влияние уровня товарности на результаты производства. Но в сельском хозяйстве уровень товарности – объективный показатель, и пренебрежение им привело к ситуации, что при учете затрат их часть не входит в расчеты, тем самым показывая доходность только реализованной продукции, но не всей произведенной.

Под экономической эффективностью сельскохозяйственного производства нами понимается возмещение доходом, полученным от данного вида деятельности, затрат на производство не только реализованной, но и всей произведенной валовой сельхозпродукции на уровне, обеспечивающем расширенное, инвестионо-инновационное воспроизводство.

Инвестиционно-инновационный способ воспроизводства позволяет организации, в отличие от расширенного, осуществлять инвестиции в свое развитие сверх удовлетворения текущих инвестиционных потребностей замены выбывающих активов или их прироста в связи с происходящими изменениями объема и структуры хозяйственной деятельности, используя инновационные разработки ведущих научных учреждений и промышленных компаний в сфере АПК.

Для оценки эффективности экономической деятельности сельскохозяйственных организаций и определения целевых нормативов их государственной поддержки при производстве определенных видов сельхозпродукции нами предлагается использовать новые показатели, которые развивают систему показателей результативности сельскохозяйственного производства, предложенную А.Т. Стадником и С.А. Шелковниковым [4, 27].

Показатель доходности продаж валовой сельхозпродукции ($ДП_{в.с.-х.n}$) характеризует, сколько приходится денежных средств организации на рубль выручки от реализации сельхозпродукции с учетом затрат на производство всей валовой продукции, которые она может направить на погашение своих обязательств и воспроизводство:

$$ДП_{в.с.-х.n} = \frac{\sum_i (B_i - 3_i)}{\sum_i B_i} \cdot 100, \qquad (1)$$

где i – вид сельхозпродукции;

I – множество видов сельхозпродукции;

B_i – выручка от реализации i-й сельхозпродукции, $i \in I$;

3_i – затраты на производство i-й валовой сельхозпродукции, $i \in I$.

Разность между выручкой от реализации и затратами на производство валовой сельхозпродукции – реализационный доход от производства i-й валовой сельхозпродукции или ее множества.

Комплексный показатель определения эффективности производства сельскохозяйственных организаций – доходность валового сельхозпроизводства ($Д_{ВП}$) – рассчитывается по следующей формуле:

$$Д_{ВП} = \frac{\sum_i (B_i - 3_i)}{\sum_i 3_i} \cdot 100\%. \qquad (2)$$

Таким образом, с помощью данного показателя можно оценить эффективность производства отдельного вида сельскохозяйственной продукции, их группы, отрасли или в целом по организации.

Изучение опыта передовых сельхозорганизаций позволило нам установить целевые значения доходности валового производства, обеспечивающие его расширенное воспроизводство при значении показателя 40-60% и инвестиционно-инновационное – 60% и более.

Расчет предложенных показателей представлен в таблице 1.

Таблица 1. Результаты сельхозпроизводства и его бюджетной поддержки в сельскохозяйственных организациях Новосибирской области*

Показатели	2008 г.	2009 г.	2010 г.	2011 г.	2012 г.
Выручка от реализации продукции, млн руб.	19890	20716	25156	26445	28498
Затраты на основное производство, млн руб.	22307	24854	25492	30056	31604
Уровень рентабельности, %	12,4	4,6	7,6	9,1	11,1
Доходность продаж сельхозпродукции, %	-12,2	-20,0	-1,3	-13,7	-10,9
Доходность валового производства сельхозпродукции, %	-10,8	-16,6	-1,3	-12,0	-9,8

* Составлено автором по данным бухгалтерской отчетности сельскохозяйственных организаций Новосибирской области за 2008-2012 гг.

При уровне рентабельности 11,1% доходность валового производства сельхозпродукции в сельскохозяйственных организациях Новосибирской области в 2012 г. составила минус 9,8%.

Литература:

1. Оболенский К.П. Экономическая эффективность сельскохозяйственного производства: Теория и практика / К.П. Оболенский – М.: Экономика, 1974.

2. Буздалов И. Н. Интенсификация сельскохозяйственного производства / И. Н. Буздалов. – М.: Экономиздат, 1962.

3. Новожилов В. В. Проблемы измерения затрат и результатов при оптимальном планировании / В. В. Новожилов – М.: Экономика, 1967.

4. Шелковников С.А. Система государственной поддержки сельскохозяйственного производства региона / С.А. Шелковников. – Новосибирск: Прометей, 2010.

Arakelova I.V.

Ph.D. in Ec.Sc., Docent, the Department of Economy and Economic Theory,
Volgograd State Technical University, e-mail: iv.arakelova@gmail.com

CONTEMPORARY CUSTOMER LOYALTY PROGRAMS: THEORETICAL FOUNDATIONS

Customer loyalty programs are gaining more popularity among both sellers and customers, to whom this marketing instrument is basically oriented. What are the reasons for this phenomenon? At present, there are several reasons for the strong interest, which entrepreneurial structures place on customer loyalty. Firstly, maintaining and strengthening relations with existing clients is better than attracting new ones. In the present situation of economic crisis and deficiency of working assets, clients'loyalty gives bonuses to the company. Secondly, client's loyalty ensures profit maximization as far as it deals with guaranteed long-term relations. Thirdly, a loyal client practically becomes a business partner, providing a higher benefit for the company (synergistic effect of interaction).

Russia's economy has accumulated little experience of several companies trying to manage relations with their clients. There also exists a need for a new customer-orientated approach conditioned by the contemporary economic situation. Investigating the works of domestic and foreign scientists [1] on interaction with customers, we conclude that, first, this question is insufficiently studied and occurs to be innovative in Russia, and, second, the tools for establishing customer loyalty offered by foreign experts demand being adapted to the Russian specifics.

The English-from-French translation for loyalty is fidelity. Studying the synonyms given by the dictionaries of French synonyms, we found the following words: *probity, righteousness,* (la droiture, la probité); *rightness, correctness* (la rectitude); *candour, sincerity* (la sincérité); *credibility, trustworthiness, presentability, believability* (la crédibilité); *justice* (l'équité); *franchise, privilege, frankness* (la franchise); *honesty, decency, integrity* (l'honnêteté); *impartiality, candour* (l'impartialité); *fairness, righteousness* (la justice); *frankness, authenticity* (l'authenticié); *exactness, correctness, accuracy* (l'exactitude); *truthfulness, truth, veracity* (la véracité, la vérité); *constancy, steadiness, stability,* (la constance); *fidelity, trustfulness, trustworthiness* (la fidélité); *devotion, dedication, devotedness* (le dévouement); *perfection, spotlessness, candour, integrity* (l'integrité); *dependability, reliability, trustworthiness* (la fiabilité)[1]. All the given synonyms accurately reflect the concept of loyalty. In fact, these are key indexes determining the relations with

---

[1]http://www.tv5.org/cms/chaine-francophone/outils/p-7550-Traducteur-Alexandria.htm?sl=fr&terme=loyaute&tl=fr&ok.x=47&ok.y=25

clients, personnel, business partners, authorities, which ultimately develop loyalty. Loyalty is a term used in socio-ethic marketing. On the B2B and B2C markets, loyalty is closely related to credence and exactness, credibility and practical veracity, reliability, presentability, and believability. Loyalty is incompatible with dishonesty, trickery and lie. We believe *loyalty* should be considered as both a new philosophy and strategy of business to achieve and preserve the confidence of clients, personnel and partners in the process of creating mutually advantageous relationships based on the positive attitudes of the participants to each other (Arakelova, 2013). A basic idea for the process of developing these relationships is to offer something more than simple goods or services, which is to offer *satisfaction of need*. Thus, the mechanism for developing loyal relations with either the close/distant outer environment or inner one for small business structures is based, firstly, on a unique friendly attitude of companies to their clients (customers, personnel, partners), and secondly, on satisfaction of customers' needs.

We distinguish five stages of forming customer loyalty (Arakelova, Shakhovskaya, 2011).

1) *1ˢᵗ Stage*: The potential customer is driven by his desire to obtain either goods or services; his attitude is limited to the quality of the desired goods/services.

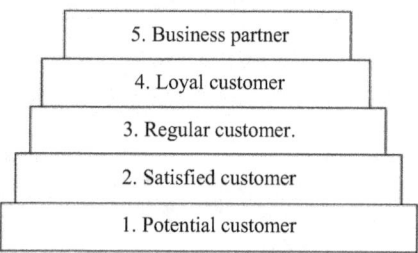

Fig.3 Stages of forming customer loyalty. 1- Potential customer; 2- Satisfied customer; 3 – Regular customer; 4- Loyal customer; 5- Business partner (Arakelova, Shakhovskaya, 2011).

2) *2ⁿᵈ Stage:* The customer is satisfied but highly inconstant in his condition.

3) *3ʳᵈ Stage*: The customer becomes regular in the process of intensive fulfillment of his desires within a definite period.

4) *4ᵗʰ Stage*: The customer becomes loyal; i.e., he begins to distinguish corporate values as soon as they correspond to both his own values and intrinsic judgments based on the gained experience of interaction.

5) *5ᵗʰ Stage (Top Stage):* business partnership comes into life when the customer not only shares the same corporate values and devotion to the company but also is able to offer both something for their development and ideas for mutually advantageous cooperation.

According to the Pareto principle, 80% of the company's profits come from 20% of its regular customers. Moreover, 20% of such customers comprise loyalty customers and business partners as clients. Due to our estimates, the business partner group accounts for 5% of the total 20%. The Pareto principle is subject to concretization if all the chosen clients are distributed into "ABC" categories in relation with their importance. Using the "ABC" notation, the customers are classified, due to their importance for generating the company's profits, into three categories: most important customers, important customers, and less important customers. The "ABC" analysis is based on the following principles:

     – *Most important customers (A-category)* accounts for approximately 15% of the total number of clients. Their share in the total corporate earnings amounts to 65%;

     – *Important customers (B-category)* average 20% of the overall number, with the same 20%-share in the total corporate earnings.

     – *Less important customers (C-category)* account for 65% of the total number of clients. Their share in the total corporate earnings amounts to 15%.

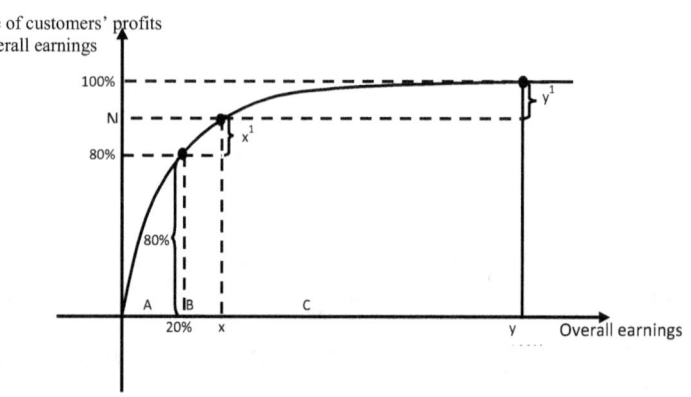

Fig.4 Pareto's principles and ABC analysis priorities (Arakelova, Shakhovskaya, 2011).

Both our studies and estimates show most important customers (Category A) account for 20% of the total number of clients. Their share in the overall corporate earnings amounts to 80% (Fig.3). The share of the customers belonging to Category B (Important Customers) and that of their profit in overall corporate earnings should be found. Fig.4 illustrates these shares as variables x and x´. This appears to be the same for the customers of Category C. We assume the customer dropout corresponds to the principle of largest to smallest; i.e., 100% of the customers experiences a considerable dropout rate (y %), the remaining portion experiences the rest percentage of dropout (x%), leaving final 20% of loyal customers and business partners. One of the marketing instruments which allow these 20% of loyal customers and business partners to be determined deals with establishing a corporate client base. The strategic benefits the company could gain due to maintaining and expanding its client base are associated, first, with accumulating and storing the information, which will contribute to developing relations with customers at the personified level, and, second, with additional data providing wide possibilities to stimulate the customers' demand. The company possessing large amounts of information about its clients is always able to find more possibilities to arouse their interest in its products with further increase in its earnings. Using the data from the client base, commercial offers are prepared for customers with due consideration of private characteristics and personal habits. Expanding the client base with additional personal information provides the largest number of variants for effective interaction with clients. The individual person is associated with a rather concrete person featuring his own tastes, preferences and interests. Thus, the result of such individual approach using both a client card and data bases will help to trigger the effect of continuous presence in the customer's memory with further devotion to either goods or services of this very company, inferring both the customer's loyalty and positive attitude. We believe the customer's loyalty deals with a special relationship with the company. On the one hand, every customer is aware of both his importance and value for the company. The same is for the company demonstrating its importance for the customer. On the other hand, this cooperation brings a definite benefit to both the client and company. Loyalty estimation requires both *qualitative and quantitative indexes*, which are *key loyalty indexes* (KLI) (Arakelova, 2013). To estimate the customers' loyalty, one could use such qualitative indexes as presence of customer feedback, a degree of brand awareness, price sensitivity, aftersales service sensitivity. The company's qualitative indexes deal with profitability, earnings, revenues, customer acquisition costs and customer retention costs. Moreover, a set of KLIs is determined by the company itself. Formula 1 is used to calculate an average score of relationship benefit valuation:

$$Rcl = \frac{1}{m} * \sum_{i=1}^{m} Ri * ai \ (1), \text{ where}$$

Rcl = average valuation of client benefit;
m = number of studied key loyal indexes (KLIs);
Ri = expert valuation of i's KLI;

ai = importance coefficient of i's KLI.

The proposed method evaluates each of the given indexes by ranging them from 1 to 5, where
Score of 1= Lowest value;
Score of 2 = Low value;
Score of 3 = Average value;
Score of 4 = High value;
Score of 5 = Highest value.

Thus, maximum Rcl equals to a score of 5 and means maximum benefit for the customer from cooperation with the company. We believe the given formula is universal and can be similarly implemented for seller benefit valuation (Rv).   We think customer loyalty is built with the key marketing strategy, which is the strategy of individualization. This strategy is based on Kotler's services marketing triangle. According to Kotler's concept, the marketing features three interrelated corporate units (i.e., company, employees, customer) operating in the services sector and establishing three controlled links including "company-customer", "company-personnel", "personnel-customer". At present, in order to achieve individualized activities at both small and micro-businesses, it is necessary to develop three marketing strategies aimed at four core subjects (i.e., company, personnel, customer, and business partner).

A marketing instrument which enables the marketing strategy of individualization to be realized is the customer loyalty program. To evaluate loyalty, let us introduce the Index of loyalty (Il), shown in Formula 2. This is an integral index, which takes into account quality of cooperation within a Loyalty Program.

Formula 2

$$I_l = Rcl/Rv * 100\%, \text{ where}$$

I_l = Index of loyalty;

Rcl = customer benefit;

Rv = seller benefit;

Correspondingly, if I_l = 1, we observe absolute loyalty of both the customer and seller to each other. If $0 <I_l< 0.25$, the loyalty appears to be extremely low. If $0.25 <I_l< 0.5$, the loyalty is low. If I_l = 0.5, the loyalty is average. If $0.5 <I_l \leq 0.75$, the loyalty is high. If $0.75 <I_l \leq 1$, the loyalty reaches its maximum, corresponding to the highest/absolute loyalty.

The Customer Loyalty Program should be explained as cooperation between market participants which operate in different industries and at different markets to satisfy their customers, depending on the company's participation in a Loyalty Program (Arakelova, Shakhovskaya, 2011)   . Any Loyalty Program is based on a voluntary agreement of its participants to grant bonuses to the customers of goods/services of those companies, which share a loyal relationship to their clients. The companies participating in such programs conduct customer servicing in relation to the principle "The customer of my partner is my customer". At the same time, a Program of Loyalty infers a mutual movement of the customers, who prefer to deal with the companies participating in the loyalty program since this promise definite benefits and special attitudes of these companies to their clients.

In conclusion, we emphasize current customer loyalty programs are becoming the marketing instrument, which develops a long-term relationship with customers for both small and micro-businesses, thus maximizing the company's profit. For the customer, loyalty programs are associated with a possibility to satisfy his needs with minimal expenses, i.e., with benefit. Both parties, the customer and the company, are interested in realizing a customer loyalty program. We think customer loyalty programs will gain a particular popularity in next few years. It is necessary to fulfill the main objective, which is to build the mechanism for their practical realization, making it clear for both the company and its customer.

References

1. Arakelova, I., 2013. Reasons and Conditions for Partnership Institutionalization in Small and Micro-Businesses. VSTU's Bulletin, "Socio-Economic Sciences and the Art". 3, pp.88-91.

2. Arakelova, I., Dzhindzholia, A., Morozova, I., Reshetnikova, I., Sergeev, A., Shakhovskaya, L., 2012. Loyalty Programs as a Form of Social Business Responsibility to the Society: the Monograph. Volgograd, p.132

3. Arakelova I., Shakhovskaya, L., 2011. Does Social Resources of Economic Development Deal with a Social Potential or That of Business? VSTU's Bulletin, "Urgent Problems of Russia's Economic Reformation: Theory, Practice, Prospects". Volgograd, 12(14), pp.6-13

4. Covey, S., Merrill, R., 2010. The Speed of Trust: The One Thing that Changes Everything. M: Alpina Publishers, p. 425

www.ingramcontent.com/pod-product-compliance
Lightning Source LLC
Chambersburg PA
CBHW051445170526
45166CB00001B/126